Solution of Hungary Mathematics Olympiad (Volume 1)

匈牙利奥林匹克 数学竞赛题解

第1卷

● 《匈牙利奥林匹克数学竞赛题解》编写组　编译

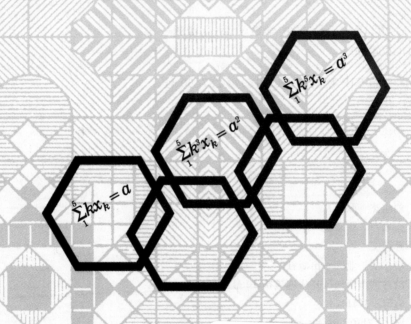

内容提要

本书共分 2 卷,第 1 卷收集了 1894 年至 1933 年匈牙利奥林匹克数学竞赛的一百多道试题及解答,一题多解,并有理论说明. 虽然用中学生学过的初等数学知识就可以解答这些试题,但是它又涉及许多高等数学的课题. 参阅此书不仅有助于锻炼逻辑思维能力,对进一步学习高等数学也颇有好处.

本书可供中学生、中学教师及广大数学爱好者学习与参考.

图书在版编目(CIP)数据

匈牙利奥林匹克数学竞赛题解. 第 1 卷/《匈牙利奥林匹克数学竞赛题解》编写组编译. —哈尔滨:哈尔滨工业大学出版社,2016.5
ISBN 978 - 7 - 5603 - 5733 - 1

Ⅰ.①匈… Ⅱ.①匈 Ⅲ.①中学数学课-竞赛题-题解 Ⅳ.①G634.605

中国版本图书馆 CIP 数据核字(2015)第 287460 号

策划编辑	刘培杰 张永芹
责任编辑	张永芹 张永文
封面设计	孙茵艾
出版发行	哈尔滨工业大学出版社
社　　址	哈尔滨市南岗区复华四道街 10 号　邮编 150006
传　　真	0451 - 86414749
网　　址	http://hitpress.hit.edu.cn
印　　刷	哈尔滨市石桥印务有限公司
开　　本	787mm×1092mm　1/16　印张 14　字数 228 千字
版　　次	2016 年 5 月第 1 版　2016 年 5 月第 1 次印刷
书　　号	ISBN 978 - 7 - 5603 - 5733 - 1
定　　价	28.00 元

(如因印装质量问题影响阅读,我社负责调换)

目 录

第1章 1894年试题及解答 —— 1

§1 整数的可除性及分类 //2
§2 素数的一个重要性质 //3
§3 数学归纳原理 //5

第2章 1895年试题及解答 —— 10

§4 关于重复排列 //11
§5 关于组合 //12
§6 正切定理 //17

第3章 1896年～1897年试题及解答 —— 19

§7 关于将整数分解成素数乘幂的乘积 //19
§8 关于三角形的某些内容 //24
§9 关于三角函数的乘积之和的变换 //27
§10 关于三角形的三角函数乘积的某些关系式 //30
§11 欧拉定理 //30

第4章 1898年试题及解答 —— 34

§12 同余理论的基本概念 //34
§13 关于最大值的存在性 //37

第 5 章　1899 年试题及解答　　39

- §14　关于正星形多边形　//41
- §15　切比雪夫多项式　//42
- §16　复数的一个几何应用　//42
- §17　关于将多项式分解成因式　//43
- §18　关于去掉无理方程中的根号　//46

第 6 章　1900 年～1901 年试题及解答　　49

- §19　费马小定理　//52
- §20　代数数和超越数　//54
- §21　关于求任何一个正整数的约数　//55
- §22　关于最大公约数和最小公倍数　//55
- §23　关于互素的数　//56

第 7 章　1902 年～1903 年试题及解答　　58

- §24　关于取整数值的多项式　//59
- §25　关于二项式级数　//60
- §26　关于波约依几何学　//61
- §27　再论非欧几何　//66
- §28　关于完全数　//70

第 8 章　1904 年～1908 年试题及解答　　74

- §29　伯努利不等式　//77
- §30　狄里希利原理　//82
- §31　整系数代数方程　//83

第 9 章　1909 年～1911 年试题及解答　　88

- §32　关于费马大定理　//88
- §33　关于两个数的调和平均值　//90
- §34　关于诺模图　//93
- §35　三角多项式的一个性质　//99

§36 关于正多边形和它的重心 //100

第10章 1912年～1913年试题及解答 102

§37 包含和排除的公式 //102
§38 关于三角形的边和角的一个关系 //107
§39 关于最大公约数的两个定理 //109

第11章 1914年～1918年试题及解答 111

§40 关于切比雪夫多项式的马尔科夫定理 //112
§41 拉格尔定理 //117
§42 柯西不等式 //119
§43 琴生不等式 //120
§44 凸函数和凹函数 //123

第12章 1922年～1923年试题及解答 132

§45 爱森斯坦定理 //133
§46 关于恒等多项式 //136

第13章 1924年～1926年试题及解答 138

§47 关于抛物线 //139
§48 点关于圆的幂及两圆的根轴 //140
§49 关于将阶乘分解为乘积因子时素数的最大乘幂 //143
§50 关于马遍历无穷象棋盘的格子的问题 //146

第14章 1927年～1933年试题及解答 149

§51 关于矢量 //167
§52 图论的某些知识 //174

附录 对匈牙利数学的一次采访 180

Bolyais,父与子 //180
奥匈协定及解放 //181

竞赛与刊物　//183
匈牙利特色　//186
黎　兹　//189
厄多斯与图兰(Turán)　//193
结　语　//194
Alfred Rényi　//195

参考文献

198

第1章 1894年试题及解答

> **1** 证明:对于同样的整数 x 和 y,表达式
> $$2x+3y \quad \text{和} \quad 9x+5y$$
> 能同时被 17 整除.

证法 1 (1) 首先我们来弄清楚:如果表达式 $2x+3y$ 等于某个任意给定的整数 k,x 和 y 可以取怎样的整数值. 假设
$$2x+3y=k \tag{1}$$
这时
$$x=\frac{k-3y}{2}=-y+\frac{k-y}{2} \tag{2}$$
因此,仅当表达式 $\frac{k-y}{2}$ 等于某个整数 s 时,x 才能是整数. 由 $\frac{k-y}{2}=s$ 得
$$y=k-2s$$
再由等式(2)即得
$$x=-y+s=3s-k$$
因此仅当
$$x=-k+3s,\ y=k-2s \tag{3}$$
时整数 x 和 y 才能满足等式(1),其中 s 是任意的整数.

反之,当 s 取任意的整数时,我们可以由公式(3)得到整数 x 和 y,它们满足等式(1).

(2) 用类似的方法我们可以求得:如果
$$9x+5y=l \tag{4}$$
其中 l 是某个给定的整数,那么 x 和 y 能取什么整数值. 由等式(4)解出 y,得
$$y=\frac{l-9x}{5}=-2x+\frac{l+x}{5} \tag{5}$$
因此,仅当表达式 $\frac{l+x}{5}$ 等于某个整数 t 时,y 才能取整数值. 但这时
$$x=5t-l$$
再由等式(5)即得
$$y=-2x+t=-9t+2l$$

因此仅当
$$x = 5t - l, \quad y = -9t + 2l \tag{6}$$
时,两个整数 x 和 y 才满足等式(4),其中 t 是任意整数.

反之,当 t 取任意的整数时,我们可以由公式(6)求得整数 x 和 y,它们满足等式(4).

(3) 由(1)中的证明知,若表达式 $2x+3y$ 是 17 的倍数(即等于形如 $17n$ 的整数,这里 n 是任意的整数),则 x 和 y 一定可以表示成
$$x = -17n + 3s, \quad y = 17n - 2s$$
的形式,其中 s 是任意的整数.

但这时
$$9x + 5y = 9(-17n + 3s) + 5(17n - 2s) = 17(-4n + s)$$
因此表达式 $9x+5y$ 所取的值也是 17 的倍数.

同样,从(2)中的证明知,使表达式 $9x+5y$ 为 17 的倍数的整数 x 和 y,可以表示成
$$x = 5t - 17m, \quad y = -9t + 37m$$
这样一来
$$2x + 3y = 17(-t + 4m)$$
也是 17 的倍数. ★

证法 2 为了简单起见,我们记
$$u = 2x + 3y, \quad v = 9x + 5y$$
于是
$$3v - 5u = 17x$$
上一关系式可以表示成
$$3v = 5u + 17x \tag{1}$$
$$5u = 3v - 17x \tag{2}$$

如果 x 和 y 是使 u 能被 17 整除的整数,那么由关系式(1),$3v$ 也能被 17 整除.因为乘积 $3v$ 的第一个因子不能被素数 17 整除,所以欲使整个乘积能被 17 整除,仅仅只有在 v 能被 17 整除时才有可能.

同样可以证明:如果 x 和 y 是使 v 能被 17 整除的整数,那么由关系式(2),u 也能被 17 整除. ★

§1 整数的可除性及分类[①]

如果对于某个整数 a 和不为零的整数 b,可以找到这样一个整数 k,使得等式 $a=bk$ 成立,那么就说 a 能被 b 整除.在这种情况下,数 a 叫作数 b 的倍数,数 b 叫作数 a 的约数.

[①] 为了进一步理解上述题解,这里给出相应的数学知识.下同.

整数 a,b,k 并不一定都是正的,它们之中的任何一个都可以是负的,而数 a 和 k 甚至可以为零.

如果 a 能被 b 整除,而 b 能被 c 整除,那么 a 能被 c 整除.

如果 a 和 a' 能被 b 整除,$a+a'$ 和 $a-a'$ 也能被 b 整除.

如果 b 是不为零的整数 a 的约数,那么 b 的绝对值不能超过 a 的绝对值[①].因此,每一个不为零的整数只有有限个不同的约数.例如,数 12 的约数为 $\pm 1, \pm 2, \pm 3, \pm 4, \pm 6, \pm 12$.

通常在求整数的约数时,仅限于求它的正约数,因为所有的负约数可以通过改变正约数的符号而得到.

正单位和负单位(即数 1 和 -1)除了 1 以外,没有其他的正约数.所有绝对值大于 1 的整数至少()有两个正约数:它自身的绝对值和 1.

如果绝对值大于 1 的整数 p,除了 $|p|$ 和 1 以外,没有其他的正约数,那么 p 就叫作素数.

如果某个绝对值大于 1 的整数 a,至少有一个不同于 $|a|$ 和 1 的正约数(我们用 b 表示这个约数),那么 a 可以表示成 $a = kb$ 的形式,这里的 b 和 k 表示整数,且满足不等式 $1 < |k| < |a|$.这样一来,在这种情况下,数 a 可以表示成两个整数乘积的形式,这两个整数的绝对值大于 1 而小于 $|a|$.这样的数 a 叫作复合数.

零可以被任何整数整除.

这样一来,整数可以被分成四类:

(1) 正单位和负单位;

(2) 素数;

(3) 复合数;

(4) 零(构成单独的一类).

数论研究数的可除性和许多与它相近的问题.它的基础早在欧几里得[②]的书——《几何原本》的卷 Ⅶ-Ⅸ 中就奠定了.

§2 素数的一个重要性质

第 1 题的证法 2 利用了下面的素数的性质.

(1) 如果两个整数中的任何一个都不能被某一个给定的素数 p 整除,那么它们的乘积也不能被 p 整除.

---

① 正数或零的绝对值就是它自己.负数的绝对值是一个正数,和原来的数仅仅是符号不同.数 a 的绝对值是用 $|a|$ 来表示.例如,$|5|=|-5|=5$.

② 欧几里得(Euclid,公元前 330—公元前 275),古希腊数学家,被称为"几何之父".——中译者注

为了证明这个论断,只要研究自然数①就行了,因为一方面,任何数 N 和 $-N$ 具有相同的约数,另一方面,任何一个数的负约数乘以(-1)以后就变成了它的正约数.

于是,我们可以把上述论断变成下面的形式来进行证明:

如果某一个自然数 a 不能被素数 p 整除,那么乘积 ab 仅当 p 能除尽第二个因子 b 的时候才能被 p 整除.

于是,假设给定了正素数 p 和某一个不能被 p 整除的数 a. 设 B 是自然数 b 的集合,这里的 b 是那些使乘积 ab 能被 p 整除的自然数(显然,集合 B 包含数 p 本身和它的倍数). 我们来求包含在 B 中的最小的数. 这样的数是存在的. 事实上,只要在数
$$a \cdot 1, a \cdot 2, \cdots, a \cdot (p-1), a \cdot p \qquad (1)$$
之中寻求能被 p 整除的数就行了. 显然,$a \cdot p$ 一定能被 p 整除. 如果在序列(1)中,$a \cdot m$ 是第一个能被 p 整除的数,那么 m 是集合 B 中最小的数.

我们来证明,一方面,所有包含在 B 中的数都能被 m 整除,而另一方面,数 m 只可能是素数 p.

事实上,假设属于集合 B 的某一个数 b 不能被 m 整除. 设在比 b 小的 m 的倍数中,mq 是最大的,即
$$b = mq + r$$
其中 r 表示数 $1, 2, \cdots, m-1$ 中的某一个. 我们来证明,在这种情况,小于 m 的数 r 应该包含在集合 B 中,尽管这与数 m 的定义相违背. 事实上,将等式两边乘以 a,我们得到
$$ab = amq + ar$$
由此
$$ar = ab - (am) \cdot q$$
右端的第一项能被 p 整除. 第二项也能被 p 整除,因为括号中的乘积能被 p 整除. 因此,ar 也能被 p 整除,但这是不可能的. 因为 $0 < r < m$,而在和 a 的乘积为 p 的倍数的正整数中,m 是最小的数.

所得到的矛盾证明了,任何一个属于 B 的数 b 应该能被 m 整除.

因为数 p 本身属于集合 B,所以根据上面所证明的,p 能被 m 整除. 但是 p 只有两个正约数:1 和 p,而 $m \neq 1$,因为根据假设数 $a \cdot 1 = a$ 不能被 p 整除. 因此必须满足等式 $m = p$. 这就证明了第二个断言,因而证明了上面所说的定理.

上述定理中的定理可以有下面的推广.

---

① 通常把正整数叫作自然数. 有点名气的数学家布尔巴基(Bourbaki)还把 0 算作自然数. 在我们的命题中,任何一个数都不会是 0,因为已知它们不能被 p 整除,而 0 可以被任何数整除. —— 俄译编辑注

(2) 如果数
$$a,b,c,d,\cdots$$
中的任何一个数都不能被素数 p 整除，那么乘积
$$ab,abc=(ab)c,abcd=(abc)d,\cdots$$
中的任何一个都不能被 p 整除.

(3) 用类似于我们选取数 m 的方法可以证明下面简单的论断，我们今后将不止一次地用到它.

如果 A 是非空的集合，它的元素是某些自然数，那和在 A 所包含的数中，有一个最小的数.

事实上，如果 a 是属于集合 A 的任一自然数，那么当我们依次来研究数
$$1,2,\cdots,a-1,a$$
时，我们会遇到（不迟于第 a 次）第一个属于集合 A 的数，而这个数将是构成集合 A 的所有数中最小的数.

应该特别着重指出，我们是在由自然数组成的集合 A 中寻求最小的数. 如果不是这样，例如，在所有的（不一定是正的）偶数中，或者是在所有的倒数为自然数（不一定是整数）的数中寻求最小的数，那么是不可能找到最小数的.

§3 数学归纳原理①

(1) 在 §2 中，下面的论断——称之为最小数原理——占有重要的地位.

如果 A 是非空的集合，它的元素是某些自然数，那么在 A 所包含的数中有最小的数.

我们回想一下这个论断是怎样被证明的. 因为这个集合 A 是非空的，所以必存在一个属于它的自然数 a. 依次来看自然数 $1,2,\cdots,a$. 在这些数中，第一个属于 A 的数将是这个集合中最小的数.

对这个论证的完善性很容易产生怀疑. 特别是，为什么从 1 开始我们一定能够到达任一给定的自然数 a？自然地会回答："因为只有有限个小于 a 的自然数". 但这样的回答是不能令人满意的，因为"有限个数"意味着什么呢？借口这是"实践经验的推广"几乎也是无济于事的. 在日常生活中，我们不仅不和"任何给定的"自然数打交道，甚至也不和很大的数打交道.（例如，谁数过 9^{9^9} 个物体？我想，即使是在十亿个数的范

---

① 由俄译编辑补加的.

围内,也不会有人依次选取这些自然数的)因此,在这些骤然看来没有什么不对的话中,例如"任一自然数 a"这句话,已经不明显地包含了比粗糙的感性经验更多的什么东西,这里有巨大的质的飞跃:从若干(不是非常之多)具体的、个别的有限集合(一匹马、两只皮靴、三棵树)中进行抽象,我们得到无穷的自然数序列的概念,它的项使我们有可能讨论任一有限集合的元素的个数[1].阿基米德[2]的《沙粒的计算》是一部优秀的著作,它说明了我们可以想象并说出任意大的自然数.命数法(即关于自然数命名的学说)曾长时间地作为一种单独的算术运算不是没有原因的(例如,M·B·罗蒙诺索夫学习过的Π·马格里兹基的《算术》就是这样的).

我们的怀疑好像是牵强附会的:这一切是如此显然的或几乎是显然的,在繁琐的论证上花费时间和提出荒诞的问题是值得的吗?但是,实际上所涉及的是非常本质的问题:关于数学论证的基本原理.自然数以及它的性质在数学的所有分支中都要用到,而我们甚至并不总能明显地意识到这一点.

(2)数学家在进行证明时所采用的法则,要求精确地叙述原始命题——公理,而所有其他命题应该按照逻辑法则从它们中推出来.在公理中,要指明某种数学理论中必不可少的对象以及这些对象所满足的必不可少的关系.最常用的自然数列的一组公理是由意大利数学家皮亚诺[3]提出的.他成功地指出了,从下面最简单的关系出发:a 紧跟在 b 后面或 b 紧靠在 a 前面(在这里说"$a=b+1$"还为时过早,因为加法还没有定义),可以定义所有的算术运算,并能证明自然数的一切性质.皮亚诺公理是:

① 在自然数中有这样一个数,没有任何自然数紧靠在它的前面,这个数我们用 1 来表示;

② 对于任何一个自然数,有且只有一个自然数紧跟在它后面;

③ 任何一个自然数有不多于一个紧靠在它前面的数;

④(归纳公理)任何一个自然数集合 A,若:

(a) 1 属于 A;

(b) 如果某个自然数属于 A,那么紧跟在它后面的自然数也属于 A,则 A 和整个自然数集合重合.

---

[1] 为了回答什么是"有限集合"这个问题,应该比较深入地研究数学的基础(可见 §60).

[2] 阿基米德(Archimedes,公元前 287—公元前 212),古希腊哲学家、数学家、物理学家,确定了许多物体的表面积和体积的计算方法,发现杠杆原理和浮力定律.——中译者注

[3] 皮亚诺(Peano,1858—1932),意大利数学家,其致力于发展布尔(Boole)所创始的符号逻辑系统.——中译者注

正像我们已经指出的,这四条公理对于建立整个算术已经足够了(见《初等数学百科全书》,卷 1,国家技术出版社,莫斯科,1951①).因此在今后,代替"紧跟在 n 后面的自然数",我们将简单地写作 $n+1$.

(3) 归纳公理用精确的逻辑术语表达了自然数列的这样一种性质,这种性质在直观上用"从 1 开始,一个一个地选取可以到达任何一个自然数"这句话来表达,它是一种形式上方便的办法,使得能够一下子把整个自然数的无穷集合引入到论证中去.这多半借助于数学归纳原理(也叫作数学归纳法或完全归纳法)来实现.

数学归纳原理. 假设 $P(n)$ 是依赖于自然数 n 作为参数的命题. 如果 $P(1)$ 成立,且由 $P(n)$ 成立可以推出 $P(n+1)$ 成立,那么 $P(n)$ 对所有的自然数 n 都成立.

为了从归纳公理引出数学归纳原理,我们用 A 表示使 $P(n)$ 成立的自然数 n 的集合. 这时 A 包含 1,因为 $P(1)$ 成立,且若 A 包含 n,那么 $P(n)$ 成立,这时 $P(n+1)$ 也成立,这意味着 A 包含紧跟在 n 后面的自然数 $n+1$. 根据归纳公理,A 包含所有的自然数,即 $P(n)$ 对所有的 n 都成立.

命题 $P(1)$ 如果成立,叫作归纳基础. 关于 $P(n)$ 成立的假设叫作归纳假设.

作为例子,我们证明下面的命题.

$P(n)$:是自然数 n 或者是 1,或者是跟在某一个自然数后面的数.

$P(1)$(归纳基础)显然成立. 假设 $P(n)$ 成立(归纳假设). 这时 n 是某一个自然数,而 $n+1$ 是紧跟在它后面的数. 这就意味着 $P(n+1)$ 成立. 根据归纳原理,$P(n)$ 对所有的 n 都成立.

在这本书中,我们以后会遇到许多应用归纳原理的例子. 现在我们感兴趣的是下面的事实:前面所说的最小数原理和归纳公理是等价的并可以代替它.

(4) 由归纳公理推出最小数原理. 假设 A 是自然数列的某一个集合. 我们假设在这个集合中没有最小的数. 我们构造一个集合 M,它含有这样的自然数 m,如果所有满足条件 $n \leqslant m$ 的自然数 n 不属于集合 A②. 这时:

1 属于 M;不然的话,1 应该属于 A 并且是 A 中最小的数.

如果自然数 m 属于 M,那么所有满足条件 $n \leqslant m$ 的自然数 n 不属于 A. 因而数 $m+1$ 也不可能属于 A,因为不然的话,它就

---

① 还可参考艾·兰道所著《分析基础》.有中译本(刘绂堂译).——中译者注
② 注意,我们认为所有的算术运算已经建立了.特别是,我们已经会比较自然数的大小.1 是所有自然数中最小的数.

是 A 中最小的数.因此 $m+1$ 也属于 M.

根据归纳公理,M 和整个自然数集合重合,但若 A 是非空的时候,这是不可能的.

(5) 由最小数原理推出归纳公理.设 M 是归纳公理的条件中所说的集合.我们取补集 A,它由所有不属于 M 的自然数构成.如果 M 不和整个自然数列重合,那么 A 是非空的.根据最小数原理,在 A 中有最小数 a.因为 1 属于 M,所以 $a \neq 1$.根据上面所证明的,a 紧跟在某一个自然数 n 的后面.因为 a 是 A 中最小的数,所以 n 不属于 A,于是 n 属于 M,而紧跟在它后面的自然数 a 不属于 M,这和集合 M 的定义相矛盾,这个矛盾表明,A 是空的,于是 M 和整个自然数集合重合.

❷ 给定一个圆和圆内的点 P 和 Q,求作内接于这个圆的直角三角形,使它的一条直角边通过点 P,另一条直角边通过点 Q,点 P 和 Q 在什么位置时,本题无解?

解 对线段 PQ 所张的角为直角的点的轨迹是以 PQ 为直径所画的圆 k'(图1).圆 k' 和已知圆 k 的交点即是内接于圆 k 且直角边或直角边的延长线通过点 P 和 Q 的直角三角形的顶点.为了使得直角边本身而不是它们的延长线通过点 P 和 Q,这两个点应该在圆 k 内.

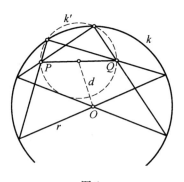

图 1

如果点 P 和 Q 在圆 k 内,圆 k 和 k' 有几个交点,本题就有几个解,因此:

(1) 如果 $\frac{1}{2}PQ > r - d$(其中 r 是圆 k 的半径,d 是圆 k 的圆心到线段 PQ 的中点的距离),则有两个解.

(2) 如果 $\frac{1}{2}PQ = r - d$,则只有一个解.

(3) 如果 $\frac{1}{2}PQ < r - d$,则无解.因为圆 k' 的圆心到圆 k 的最短距离等于 $r - d$.

❸ 三角形的边构成公差为 d 的等差数列,三角形的面积等于 S,求三角形的边长和角,再对 $d=1, S=6$ 这个特殊情况,求解本题.

解 我们将三角形的边表示成 $a=b-d, b, c=b+d$，这里 $0<d<b$. 将表达式

$$p=\frac{a+b+c}{2}=\frac{3b}{2}, p-a=\frac{b}{2}+d$$

$$p-b=\frac{b}{2}, p-c=\frac{b}{2}-d$$

代入海伦①公式

$$S^2=p(p-a)(p-b)(p-c)$$

我们得到

$$S^2=\frac{3b^2}{4}\left(\frac{b^2}{4}-d^2\right)$$

把它看作是（关于 b^2 的）二次方程，我们解得

$$b^2=2\left(d^2+\sqrt{d^4+\frac{4S^2}{3}}\right)$$

开平方（两个根号都取正号，因为 b 是三角形的一条边，所以是正的），我们得到

$$b=\sqrt{2\left(d^2+\sqrt{d^4+\frac{4S^2}{3}}\right)}, a=b-d, c=b+d$$

a 及 b 所对的角 α 和 β 一定是锐角②，且

$$S=\frac{bc}{2}\sin\alpha, S=\frac{ac}{2}\sin\beta$$

最后，c 所对的角 $\gamma=180°-(\alpha+\beta)$.

如果 $d=1, S=6$，那么从上面所得到的公式求得 $b=4$. 于是 $a=3, c=5$，且

$$\sin\alpha=\frac{3}{5}, \sin\beta=\frac{4}{5}=\cos\alpha$$

因此，$\alpha=36°52', \beta=90°-\alpha=53°8', \gamma=90°$.

---

① 海伦（Heron，不详），古希腊人.——中译者注
② 事实上，在三角形中，最大的边所对的角才可能是钝角. 在我们的情形中，只有边 c 所对的角才可能是钝角.——俄译者注

第2章 1895年试题及解答

❹ 有两类卡片,每类卡片都有无穷多张.试证:从这些卡片中,有 $2(2^{n-1}-1)$ 种方法挑选出这样的组,它由 n 张有序的卡片组成,而且每一类卡片至少含有一张.

证明 我们约定认为,包含在一组中的卡片编了号码,并且我们来研究由 n 张卡片构成一组的所有可能的方法,而两种"不允许的"情况(整个一组全由一类卡片构成)以后再除去.

当 $n=2$ 时,可以有下面一些组
$$AA,AB,BA,BB \tag{1}$$
这里 BA 表示这样的组,第一张卡片是 B 类的,第二张卡片是 A 类的.

当 $n=3$ 时,由两类不同卡片可以构成 $2\times 4=8$(个)有序组.为了得到这些组,必须对式(1)中所列举的两个字母的有序组添加第三个字母(A 或 B).由三张卡片构成的组的全部情况看来是
$$AAA,ABA,BAA,BBA$$
$$AAB,ABB,BAB,BBB$$
例如,字母组合 BAB 表示这样的组:第一张卡片是 B 类的,第二张卡片是 A 类的,第三张卡片又是 B 类的.

当每一组的卡片数增加 1 张时,由两类卡片构成有序组的个数增加一倍.因此,有 2^n 种由 n 张两类卡片构成的不同有序组.这些组对应于由两个字母 A 和 B 构成的 n 位重复排列.★

从总的组数中除去本题条件不允许的两个组(完全由一类卡片构成的组),我们得到,对于 n 张两类卡片构成的组来说,所允许的有序组的总个数等于 2^n-2.不满足本题条件的两个卡片组成对应于同一个字母 A 或 B 的 n 位重复排列.

如果在由两个字母 A 和 B 的 n 位重复排列中,用数字 1 来代替 A,用数字 2 来代替 B,那么本题断言可以叙述如下:

有 2^n-2 个不同的 n 位数,这些 n 位数是由数字 1 和 2 构成的,且在这些 n 位数中,两个数字都至少出现一次.

§4 关于重复排列

不难看出,前面在计算字母 A 和 B 的 n 位可重复排列的排列个数时,所得到的结果是下面比较一般的断言的特殊情况:

m 个元素的 n 位可重复排列的排列个数等于 m^n.

关于重复排列的比较详细的知识不是没有用处的,尽管它们和第 4 题没有直接的关系.

对于 m 个元素,用所有可能的方法把它们放在 n 个编了号的位置上,我们便得到 m 个给定元素的 n 位重复排列. 在重复排列中,每个元素可以出现若干次.

通常我们把放元素的位置排成一排(排成一条水平直线),但是位置的排法并非绝对必须如此,例如,它们可以绕着圆周放在圆内接正 n 边形的顶点上,这些顶点是用某种办法编了号的.

我们用所指出的方法在圆周上放好 n 个元素,然后将它绕圆心旋转 $\dfrac{360°}{n}$(我们将认为,仅仅旋转放在圆周上的元素,而内接正 n 边形仍然在原来的地方). 原来的排列做循环置换后,产生了新的排列.

例如,在图 3 中,字母 A,B,C 的排列可借助于循环置换由图 2 所示的字母排列得到,而图 4 所示的排列可借助于循环置换由图 3 所示的排列得到. 再进行一次循环置换,我们由图 4 所示的排列又得到图 2 所示的原来的排列①.

循环置换的特点是:在循环置换时,每一个元素从它在置换之前所占据的位置变到相邻的位置上,而占据第一个位置的元素在置换以后变到了最后一个位置上.

如果进行一次或若干次循环置换,可以从一个排列 U 变到另一个排列 V,那么只要进行一定的循环置换,由 V 变到 U 的逆过程也可以实现. 这样一来,循环置换可以将排列 U 和 V 中的任何一个变到另一个.

我们假设进行 k 次循环置换可以由排列 U 变到排列 V,而进行 l 次循环置换,可以由排列 V 变到排列 W. 这时由排列 U 进行 $k+l$ 次循环置换可以得到排列 W.

如果把循环置换看成是转动圆周,那么上面的两个断言简直是显然的.

我们将排列进行分类,只有进行一次或若干次循环置换可

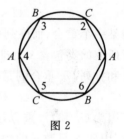

图 2

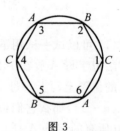

图 3

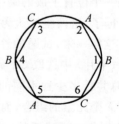

图 4

---

① 在通常的记法中,和三个字母 A,B,C 相应的 6 位排列具有下面的形式:$ACBACB$,$CBACBA$,$BACBAC$.

以互相变换的排列而且仅仅只有这些排列属于同一类.

属于任何一类排列的个数等于数 n 的某个约数.

事实上,我们来研究某一类排列,且假设 U_0 是属于它的一个排列.构成这类排列的每一个排列和下面的排列
$$U_0, U_1, U_2, \cdots, U_r, \cdots, U_s, \cdots \tag{1}$$
中的一个相同,这里的 U_r 表示由 U_0 进行 r 次循环置换所得到的排列.因此,为了计算包含在这一类的排列的个数,必须确定在序列(1)中包含有多少个不同的排列.

如果排列 U_r 和 U_s 重合,那么 U_{r+1} 和 U_{s+1} 也是同一个排列.反之,如果 U_r 和 U_s 是不同的排列,那么 U_{r+1} 和 U_{s+1} 也不相同.

假设 U_s 是第一个和前面某一排列相重合的排列.显然,前面那个排列的附标 r 应等于零,因为要不然的话,排列 U_{s-1} 将和排列 U_{r-1} 重合.

这样一来,序列(1)的每一项和排列
$$U_0, U_1, U_2, \cdots, U_{s-1} \tag{2}$$
中的某一个重合,而序列(2)中的各项是互不相同的.因此,我们所研究的类包含 s 个排列.

和排列 U_0 重合的是序列(1)中下面的那些项
$$U_0, U_s, U_{2s}, \cdots$$

因为 U_n 和 U_0 重合,所以附标 n 等于数 $s, 2s, 3s, \cdots$ 中的一个数.因此,s 是数 n 的约数,这就是所要证明的.

§5 关于组合

(1) 可以试一试用下面的方法来解答第 4 题:用所有可能的方法把字母 A 放在 $1, 2, 3, \cdots, n-2$ 或 $n-1$ 个位置上,而在其余的位置上写上字母 B.如果字母 A 占据 k 个位置($k=1, 2, \cdots, n-1$),那么它们以怎样的次序占据这些位置是无关紧要的(所有的字母 A 都是相同的).但是如果有两个组,在一组中某一个位置上放的是字母 A,而在另一组中这个位置被字母 B 占据了,这两组就认为是不同的.

这样一来,试题的答案可以这样得到:计算由 n 个不同的元素(卡片)中选取 k 个元素,如果不计所选取的元素的先后次序,总共有多少种不同的方法.选取的元素叫作由 n 个元素中选取 k 个元素的组合,而这种组合的个数通常用 C_n^k 来表示.数 C_n^k 也叫作二项式系数(关于二项系数见 §25).

借助于二项式系数,根据本题的条件,字母 A 和 B 的 n 位重复排列的排列个数可以表示成

$$C_n^1 + C_n^2 + \cdots + C_n^{n-2} + C_n^{n-1} \tag{1}$$

的形式. 当然, 所得到的表达式仅在有简单的办法来计算二项式系数时才有价值.

(2) 为了确定由 n 个元素中取 k 个元素的组合数, 我们来看一看, 从由 n 个元素中取 $k-1$ 个元素 ($k>1$) 的某个组合出发, 可以得到多少个由 n 个元素取出 k 个元素的组合. 对于由 $k-1$ 个元素构成的每一个组合, 可以补加 $n-k+1$ 个未取的元素中的任意一个元素. 当对所有由 n 个元素中选取 $k-1$ 个元素的组合都补加完之后, 我们得到由 n 个元素中选取 k 个元素的所有组合, 而且每一个组合出现 k 次, 这是因为 "后来补加的元素" 是这个组合的 k 个元素中的任一个.

因此, 我们可以断定
$$(n-k+1)C_n^{k-1} = kC_n^k$$
或者
$$C_n^k = \frac{n-k+1}{k} C_n^{k-1} \tag{2}$$

此外, 显然有
$$C_n^1 = n$$

假设在公式 (2) 中令 $k = 2, 3, \cdots$, 我们求得
$$C_n^2 = \frac{n-1}{2} C_n^1 = \frac{n(n-1)}{2}$$
$$C_n^3 = \frac{n-2}{3} C_n^2 = \frac{n(n-1)(n-2)}{1 \cdot 2 \cdot 3}$$
$$C_n^4 = \frac{n-3}{4} C_n^3 = \frac{n(n-1)(n-2)(n-3)}{1 \cdot 2 \cdot 3 \cdot 4}$$
$$\vdots$$

继续使 k 的值每次增加 1, 最后我们得到
$$C_n^k = \frac{n(n-1)\cdots(n-k+1)}{1 \cdot 2 \cdot 3 \cdot \cdots \cdot k} \tag{3}$$

(3) 自然数的乘积 $1 \cdot 2 \cdot 3 \cdot \cdots \cdot k$ 通常表示成 $k!$ 并叫作 k 的阶乘. 如果将公式 (3) 中右边的分子和分母乘以
$$(n-k)! = (n-k) \cdot (n-k-1) \cdot \cdots \cdot 3 \cdot 2 \cdot 1$$
那么二项式系数可以变成新的形式
$$C_n^k = \frac{n(n-1)\cdots(n-k+1)(n-k)(n-k-1)\cdots 3 \cdot 2 \cdot 1}{k!\,(n-k)!} = \frac{n!}{k!\,(n-k)!} \tag{4}$$

由表达式 (4) 看出
$$C_n^k = C_n^{n-k}$$
即二项式系数具有对称性.

由公式(3)令 $k=n$ 或者直接根据二项式系数的含义,显然有
$$C_n^n = 1$$
虽然"由 n 个元素中取 0 个元素的组合"这种说法以及这种组合的个数是没有意义的,但通常认为
$$C_n^0 = 1$$
这个假设和最早所指出的二项式系数的对称性是一致的. 如果对上面所给出的定义补充规定 $0! = 1$,那么式(4)当 $k=0$ 时仍然有效.

现在我们已经具备了所有必要的知识来讨论本题的第二种证法. 利用二项式系数的性质 —— 以后再证明它们(见§25),不难证实
$$C_n^0 + C_n^1 + \cdots + C_n^{n-1} + C_n^n = 2^n$$

(4)二项式系数有一个经常用到的性质,即
$$C_n^k + C_n^{k+1} = C_{n+1}^{k+1}$$
它能计算两个相邻的二项式系数的和.

可以用直接计算的办法来证实这一点,将左边的两个表达式通分,得
$$\frac{n(n-1)\cdots(n-k+1)}{k!} + \frac{n(n-1)\cdots(n-k+1)(n-k)}{(k+1)!} =$$
$$\frac{n(n-1)\cdots(n-k+1)(k+1) + n(n-1)\cdots(n-k+1)(n-k)}{(k+1)!} =$$
$$\frac{n(n-1)\cdots(n-k+1)[(k+1)+(n-k)]}{(k+1)!} =$$
$$\frac{n(n-1)\cdots(n-k+1)(n+1)}{(k+1)!} = C_{n+1}^{k+1}$$

❺ 给定一个 Rt△ABC. 在这个三角形内求一点 N,使 $\angle NBC = \angle NCA = \angle NAB$.

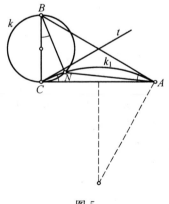

图 5

解法 1 (1)分析. 假设 α, β, γ 是 Rt△ABC 的三个内角,$\gamma = 90°$,点 N 是 Rt△ABC 内的一点,对于点 N(图 5)有
$$\angle NCA = \angle NBC = \angle NAB$$
这时
$$\angle BNC = 180° - (\angle BCN + \angle NBC) =$$
$$180° - (\angle BCN + \angle NCA) =$$
$$180° - \gamma$$
同样的
$$\angle CNA = 180° - \alpha$$
和

$$\angle ANB = 180° - \beta$$

(2) 综合. 因为在我们所研究的情况中，$180° - \gamma = 90°$，所以所要求的点 N 在以 BC 为直径的圆 k 上. 这个圆和边 AC 相切于点 C. 因此，圆 k 和顶点 B 位于直线 AC 的同一侧. 这样一来，点 N 只能是圆 k 和另一个圆弧 k_1 的交点，k_1 是对线段 AC 所张的角为 $180° - \alpha$ 且和顶点 B 在 AC 的同一侧的点的轨迹. 于是作圆 k 和另一个圆弧 k_1 的交点，我们便可求得点 N.

(3) 论证. 顶点 C 同时属于圆 k 和另一个圆的 $\widehat{k_1}$. 这两个圆在点 C 不相切，因为 AC 是圆 k 的切线，而且是另一个圆的割线. 于是这两个圆还交于另一点 N，而且点 N 位于直线 AC 和圆 k 的同一侧，因此也位于和 $\widehat{k_1}$ 的同一侧.

圆 k 和另一个圆的 $\widehat{k_1}$ 的交点 N 在 $\text{Rt}\triangle ABC$ 内，因为 $\widehat{k_1}$ 完全在 $\text{Rt}\triangle ABC$ 内. 事实上，过点 A 引 $\widehat{k_1}$ 的切线，它和三角形的边 AC 的夹角为 α. 这意味着边 AB 和 $\widehat{k_1}$ 相切于点 A. 假设 t 是和 $\widehat{k_1}$ 相切于点 C 的切线. 因为 t 和 $\text{Rt}\triangle ABC$ 的边 CA 的夹角为 α，所以 t 在 $\angle ACB$ 内. 由于 $\widehat{k_1}$ 在直线 AB, AC 和 t 所构成的三角形内，所以 $\widehat{k_1}$ 完全在 $\text{Rt}\triangle ABC$ 内.

因为根据证明，边 CA 和圆 k 相切，边 AB 和 $\widehat{k_1}$ 相切，所以根据弦切角和圆周角的已知定理，有

$$\angle NCA = \angle NBC, \angle NAB = \angle NCA$$

这样一来，所作的点 N 满足本题的所有条件.

解法 2 正如在解法 1 中所证明的那样，点 N 应该在以边 BC 为直径的圆 k 上，而且是在圆 k 的位于 $\text{Rt}\triangle ABC$ 内的那一部分上.

为了完全确定点 N 的位置，我们作直线 AN（图 6），使

$$\angle NBC = \angle NAB \tag{1}$$

如果点 M 也是直线 AN 和圆 k 的一个交点，那么 $\angle NBC = \angle AMC$，因为它们内接于同一个圆 k 且在同一条弧 CN 上. 此外，显然 $\angle NAB = \angle MAB$. 将所得到的 $\angle NBC$ 和 $\angle NAB$ 的值代入式(1)，得

$$\angle AMC = \angle MAB$$

或者换句话说，线段 AB 和 CM 平行.

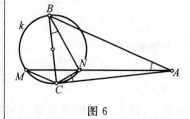

图 6

这样一来，为了确定所要求的点 N 的位置，必须以 BC 为直径作圆 k，且过点 C 作平行于 AB 的直线. 这条直线和圆 k 的另一个交点为 M，线段 AM 和圆 k 不仅交于点 M，而且还有另外一个交点，它就是我们所要求的点 N. 根据作法，点 M 总是在 $\text{Rt}\triangle ABC$ 的外面，而点 N 正像我们所要求的，在三角形的

内部.

注 用类似的方法可以证明：在任意三角形内，存在两个点 N_1 和 N_2，使
$$\angle N_1BC = \angle N_1BA = \angle N_1AB$$
和
$$\angle N_2CB = \angle N_2AC = \angle N_2BA$$
这两个点叫作这个三角形的布罗卡尔点①.

❻ 在某一个三角形中，已知外接圆半径 R，一边 c 和其余两边的比为 $a:b$. 求这个三角形的边和角 α, β, γ.

解法 1 边 c 所对的角 γ 的值可由正弦定理求得，如图 7 所示
$$\sin\gamma = \frac{c}{2R}$$

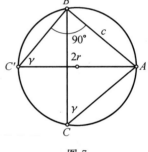

图 7

当 $c < 2R$ 时，我们得到 γ 的两个值，当 $c = 2R$ 时，得到 γ 的一个值，当 $c > 2R$ 时，无解.

三角形其余的角和边，用下面的方法可以用已知的角 γ 和边之比用 $a:b$ 来表示.

根据边 a, b 和它们所对的角 α, β 的正切定理★，它们之间有关系式
$$\frac{\tan\frac{\alpha+\beta}{2}}{\tan\frac{\alpha-\beta}{2}} = \frac{a+b}{a-b} = \frac{\frac{a}{b}+1}{\frac{a}{b}-1}$$

因为半和
$$\frac{\alpha+\beta}{2} = \frac{180°-\gamma}{2}$$

知道了，那么由上面的关系式可以求出半差 $\frac{\alpha-\beta}{2}$ 作为 $\frac{a}{b}$ 的函数.

在用所说的方法确定了 $\angle\alpha$ 和 $\angle\beta$ 的和与差之后，不难求得 $\angle\alpha$ 和 $\angle\beta$ 本身的值
$$\alpha = \frac{\alpha+\beta}{2} + \frac{\alpha-\beta}{2}, \beta = \frac{\alpha+\beta}{2} - \frac{\alpha-\beta}{2} \tag{1}$$

最后，利用正弦定理，得到
$$a = \frac{c\sin\alpha}{\sin\gamma}, b = \frac{c\sin\beta}{\sin\gamma}$$

---

① 布罗卡尔（Brocard, 1845—1922），法国的数学家和气象学家. —— 中译者注

解法 2 由 $\triangle ABC$ 的外接圆圆心 O 作边 AB 的垂线 OC_1（图 8）. 根据对应于圆的同一条弧的圆周角和圆心角的关系，$\angle BOC_1$ 等于边 AB（$\triangle AOB$）所对的三角形的角. 因此

$$\sin\gamma = \frac{BC_1}{OB} = \frac{\frac{c}{2}}{R} = \frac{c}{2R}$$

于是，当 $c < 2R$ 时，我们得到两个角 γ（一个锐角、一个钝角）；当 $c = 2R$ 时，得到一个角 γ（$\gamma = 90°$）. 当 $c > 2R$ 时，本题无解. 对于每一个求得的 γ 的值，对应的三角形其余的量可以用下面的方法来确定.

由顶点 B 作边 AC 的垂线 BM_2. 这时有

$$BM_2 = a\sin\gamma \left(= a\frac{c}{2R}\right)$$

和

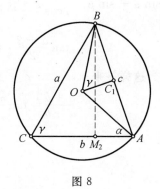

图 8

$$CM_2 = a\cos\gamma \left(= a\frac{\pm\sqrt{4R^2 - c^2}}{2R}\right)$$

根号前面的"正号"对应于锐角，"负号"对应于钝角 γ. 于是

$$\tan\alpha = \frac{BM_2}{AM_2} = \frac{a\sin\gamma}{b - a\cos\gamma} = \frac{\frac{a}{b}\sin\gamma}{1 - \frac{a}{b}\cos\gamma}$$

所得到的表达式在 $\angle\alpha$ 是钝角时也是成立的，因为这时边 AB 在边 AC 上的投影 AM_2 是负的，差 $b - a\cos\gamma$ 也取负值.

当 $\angle\gamma$ 和 $\angle\alpha$ 知道后，$\angle\beta$ 不难由关系式 $\alpha + \beta + \gamma = 180°$ 求出. 最后利用正弦定理，我们得到三角形的边

$$a = \frac{c\sin\alpha}{\sin\gamma} = 2R\sin\alpha, \quad b = \frac{c\sin\beta}{\sin\gamma} = 2R\sin\beta$$

§6 正切定理

在解第 6 题时所利用的定理可以用下面的方式来证明.
把正弦定理写成

$$\frac{a}{\sin\alpha} = \frac{b}{\sin\beta}$$

用 λ 来表示两个比例的公共值（实际上 λ 等于外接圆的直径）. 这时

$$a = \lambda\sin\alpha, \quad b = \lambda\sin\beta$$

于是

$$\frac{a+b}{a-b} = \frac{\lambda(\sin\alpha + \sin\beta)}{\lambda(\sin\alpha - \sin\beta)} = \frac{\sin\alpha + \sin\beta}{\sin\alpha - \sin\beta}$$

把 $\angle\alpha$ 和 $\angle\beta$ 中的每一个分解成 $\frac{\alpha+\beta}{2}$ 和 $\frac{\alpha-\beta}{2}$ 的和与差，并利

用两角和与差的正弦公式，我们得到

$$\frac{\sin\alpha+\sin\beta}{\sin\alpha-\sin\beta}=\frac{2\sin\frac{\alpha+\beta}{2}\cos\frac{\alpha-\beta}{2}}{2\cos\frac{\alpha+\beta}{2}\sin\frac{\alpha-\beta}{2}}=\frac{\sin\frac{\alpha+\beta}{2}\cos\frac{\alpha-\beta}{2}}{\cos\frac{\alpha+\beta}{2}\sin\frac{\alpha-\beta}{2}}=\tan\frac{\alpha+\beta}{2}:\tan\frac{\alpha+\beta}{2}$$

这样一来

$$\frac{a+b}{a-b}=\tan\frac{\alpha+\beta}{2}:\tan\frac{\alpha+\beta}{2}$$

第 3 章　1896 年～1897 年试题及解答

> **7** 证明：对任意的正整数 n，有不等式
> $$\lg n \geqslant k \lg 2$$
> 其中 $\lg n$ 是数 n 的以 10 为底的对数，k 是 n 的不同的（正）素因子的个数.

证明　假设 n 是大于 1 的整数，$p_1, p_2, \cdots, p_k$ 是它的 k 个不同的素因子
$$p_1^\alpha, p_2^\beta, \cdots, p_k^\chi$$
是能除尽数 n 的素数 $p_1, p_2, \cdots, p_k$ 的最高方次的乘幂. 这时有★
$$n = p_1^\alpha p_2^\beta \cdots p_k^\chi$$
每一个数 p_i 不小于 2，因此
$$n \geqslant 2^{\alpha+\beta+\cdots+\chi} \geqslant 2^k$$
所得到的不等式当 $n=1$ 时也是成立的，因为这时有
$$k=0, n=1=2^0=2^k$$
将不等式取对数，底 a 是大于 1 的任意实数，例如 $a=10$，即得
$$\log_a n \geqslant k \log_a 2$$

§7　关于将整数分解成素数乘幂的乘积

(1) 每一个正复合数可以表示成两个或更多个素数因子①的乘积.

最小的正复合数 4 可以表示成 $4 = 2 \times 2$ 的形式.

因此，剩下的只要证明：如果上面所说的断言对于小于某一个正复合数 a 的所有正复合数成立，那么它对 a 也成立（即利用完全数学归纳法，见 §3）.

事实上，根据复合数的定义，a 可以表示成两个数 k 和 b 的乘积，数 k 与 b 为下列数
$$2, 3, \cdots, a-1$$

---

① 这里所说的素数总是指正素数.

中的某一个.

根据假设,所要证明的断言对于所有小于 a 的正复合数是成立的.这样一来,数 k 和 b 中的每一个或者是素数,或者可以表示成素数乘积.因此,数 $a=kb$ 也可以表示成素数乘积.

(2) 每一个正整数可以表示成不同素数的乘幂的乘积,这些乘幂的幂指数为正整数或零.

根据上面的证明,每一个正复合数 a 可以表示成素数的乘积,然后将相同的素数因子合并,写成这个素数乘幂的形式.我们把这种形式称之为正整数的标准的因子分解式.最后,如果愿意的话,还可以写上带有零指数的其他素数的乘幂(这种做法并不改变乘积的值,因为任何正(或负)数的零次幂都等于 1).

例如,数
$$120 = 2 \times 2 \times 2 \times 3 \times 5$$
不仅可以表示成
$$120 = 2^3 \times 3^1 \times 5^1$$
的形式,而且如果有必要的话也可表示成
$$120 = 2^3 \times 3^1 \times 5^1 \times 7^0 = 2^3 \times 3^1 \times 5^1 \times 11^0 \times 23^0$$
等形式.

任何素数 p 也可以表示成不同素数的乘幂之积的形式:这时在乘积中一个素数的指数等于 1(数 p 本身),而所有其他因子是另外的素数的零次幂.

最后,1 也可以表示成不同素数的零次幂之积的形式.

(3) 任一正整数表示成素数乘幂之积的形式时,我们规定只写出那些具有非零指数的素数的乘幂(在分解式中没有具有零指数的素数乘幂).

如果采用这种规定,那么正整数分解成不同素数的乘幂之积的分解式是唯一的(如果不计因子的排列次序),也就是:

每一个正整数可以表示成不同素数的乘幂之积的形式,而且在分解式中每一个素数 p 以最大乘幂的形式出现,这个乘幂是给定数的约数.

这个断言经常用到,但这决不是显然的,如果利用 §2 的(2)中所叙述的定理,可以证明这个断言.

于是,必须证明:任何一个整数 a 不能表示成两种本质不同的素数乘积的形式,也就是说同一个数不能有两种分解式,使得在这两种分解式中,某一个素数 p 具有不同的幂次.我们假设相反:假若数 a 有这样两种分解式,在一个分解式中某一个素数 p 为 α 次幂,而在另一个分解式中 p 为 β 次幂,且 $\alpha < \beta$(幂指数 α 可以等于 0)

$$a = p^\alpha \cdot u = p^\beta v$$

这里的 u(和 v)表示 a 的分解式中所有其他不同于 p 的素数乘积. 将第二个等式的两边约去 p^α,得到

$$p^{\beta-\alpha} v = u$$

但是这是不能成立的,因为根据 §2 的(2)中所证明的定理,数 u 不能被 p 整除.

❽ 证明:如果变量 x 和 y 的某一组值满足方程

$$x^2 - 3xy + 2y^2 + x - y = 0 \qquad (a)$$

和

$$x^2 - 2xy + y^2 - 5x + 7y = 0 \qquad (b)$$

那么这一组值也满足方程

$$xy - 12x + 15y = 0$$

证法 1 方程(a)可写成

$$(x-y)(x-2y+1) = 0$$

因此,原方程组可以分成

$$\begin{cases} x - y = 0 \\ x^2 - 2xy + y^2 - 5x + 7y = 0 \end{cases} \qquad (1)$$

及

$$\begin{cases} x - 2y + 1 = 0 \\ x^2 - 2xy + y^2 - 5x + 7y = 0 \end{cases} \qquad (2)$$

从方程组(1)的第一个方程得 $x = y$. 把它代入方程组(1)的第二个方程得

$$2y = 0$$

因此方程组(1)的解仅可能是

$$x = 0, y = 0$$

由方程组(2)的第一个方程得

$$x = 2y - 1$$

把它代入方程组(2)的第二个方程得

$$(2y-1)^2 - 2(2y-1)y + y^2 - 5(2y-1) + 7y = 0$$

合并同类项得

$$y^2 - 5y + 6 = 0$$

这个方程有两个根:$y=2$ 和 $y=3$. 相应的有 $x=3$ 和 $x=5$. 这样一来,方程组(2)仅可能有两组解:$x=3, y=2$ 和 $x=5, y=3$. 因此,原方程组有下面三组解

$$\begin{cases} x=0, y=0 \\ x=3, y=2 \\ x=5, y=3 \end{cases}$$

将它们代入方程
$$xy - 12x + 15y = 0$$
即知这三组解都满足它.

证法 2 这道题也可直接证明. 为此,只要将每一个原方程的左端乘以某个表达式,使得把乘积加起来以后得到的多项式就是第三个方程的左端或者与它相差一个非零的常数因子即可. 不难看出,只乘以常数因子是不行的. 但乘以 x 和 y 的适当的线性表达式,就可达到这个目的.

我们有
$$(x^2 - 3xy + 2y^2 + x - y)(x - y - 9) +$$
$$(x^2 - 2xy + y^2 - 5x + 7y)(-x + 2y + 3) =$$
$$2(xy - 12x + 15y) \tag{1}$$
去掉方程(1)左边的括号再合并同类项,即可验证它的正确性. 因此,如果 x 和 y 的某一组值满足原来的两个方程,那么恒等式的左边等于零. 因此,恒等式的右边也等于零,这就表明 x 和 y 也满足第三个方程.

❾ 给定某 $\triangle ABC$ 的高的垂足 A_1, B_1 和 C_1. 求作 $\triangle ABC$.

或者:给定 $\triangle A_1 B_1 C_1$,它的顶点是 $\triangle ABC$ 的高的垂足. 求 $\triangle ABC$ 的边和角.

解 Ⅰ. $\triangle ABC$ 是锐角三角形时的解法.[①]

(1) 定理. 锐角 $\triangle ABC$ 的高是 $\triangle A_1 B_1 C_1$ 的角平分线.

如果高 AA_1 和 BB_1 交于点 M,那么线段 MC 对点 A_1 和 B_1 所张的角都是直角(图9). 因此,点 A_1 和 B_1 在以线段 MC 为直径所画的圆上. 线段 MB_1 把这个圆分成两条弧. 点 A_1 属于这两条弧中含有点 C 的那一条弧. 因此
$$\angle MA_1 B_1 = \angle MCB_1$$
即
$$\angle AA_1 B_1 = 90° - \alpha$$
类似地有
$$\angle AA_1 C_1 = 90° - \alpha$$
因此,AA_1 实际上是 $\triangle A_1 B_1 C_1$ 的角 α_1 的平分线. 作为附带的

[①] 如果 $\triangle ABC$ 是直角三角形,$\angle B = 90°$,那么 $\angle A_1 = \angle C_1$. 这时容易看出,本题以第一种形式叙述时,有无穷多个解. 而以第二种形式叙述时,这种情形是不可能遇到的,因为"给定 $\triangle A_1 B_1 C_1$"这句话就假定了所有三个点是不同的. 对于钝角三角形的解答在 Ⅱ 中研究. —— 俄译者注

结果,我们得到
$$\frac{\alpha_1}{2}=90°-\alpha$$

从所证明的定理推出,△ABC 的高相交于一点,且这点是 △$A_1B_1C_1$ 的内切圆心.

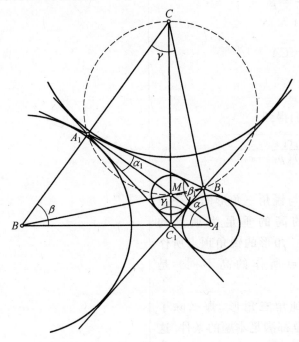

图 9

(2) 分析. 根据(1)中所证明的定理,存在唯一的 △ABC,它的边是 △$A_1B_1C_1$ 的外角平分线. 换句话说,所要求的三角形的顶点不是别的,而是与 △$A_1B_1C_1$ 的一边以及另外两边的延长线相切的圆的圆心(图 9)①.

(3) 综合. 我们作 △$A_1B_1C_1$ 的外角平分线. 显然,任意两个外角平分线与第三个内角平分线相交于一点. 另一方面,任何一个内角的平分线垂直于这个角的外角的平分线. 因此 $AA_1 \perp BC, BB_1 \perp CA, CC_1 \perp AB$. 这就证明了,点 A_1, B_1, C_1 与 △ABC 的高的垂足重合.

(4) 计算. 在(1)中证明了
$$\frac{\alpha_1}{2}=90°-\alpha$$

因此角 α 是锐角且(见 §8 的公式(12))

---

① 事实上,$A_1C \perp A_1A$ 且是边 A_1B_1 和 A_1C_1 的延长线的夹角的平分线. 因此点 C 到 A_1B_1 和 A_1C_1 的延长线是等距的. 类似地可以证明,点 C 到 A_1B_1 和 B_1C_1 的延长线是等距的. 因此,点 C 是旁切圆的圆心. 由此立刻推出文中所说的结果(见(3)). —— 俄译者注

$$\cos \alpha = \sin \frac{\alpha_1}{2} = \sqrt{\frac{(p_1-b_1)(p_1-c_1)}{b_1 c_1}}$$

这里 a_1, b_1, c_1 是 $\triangle A_1 B_1 C_1$ 的边长,p_1 是半周长.

其次,因为 $\angle A$ 公用,而且

$$\angle C_1 B_1 A = 90° - \frac{\beta_1}{2} = \beta$$

所以 $\triangle C_1 A B_1 \sim \triangle C A B$,因而有

$$B_1 C_1 : BC = C_1 A_1 : CA$$

即

$$a_1 : a = \cos \alpha$$

由此,利用上面所提到的公式(12),我们得到

$$a = \frac{a_1}{\cos \alpha} = a_1 \sqrt{\frac{b_1 c_1}{(p_1-b_1)(p_1-c_1)}}$$

Ⅱ. $\triangle ABC$ 是钝角三角形的解法.

从 $\triangle ABC$ 的钝角顶点所作的高(与锐角三角形的任一顶点所作的高一样),是以 $\triangle ABC$ 的高的垂足为顶点的 $\triangle A_1 B_1 C_1$ 的内角平分线.至于从钝角三角形的锐角顶点所作的高,它们(与从锐角三角形的顶点所作的高不同)是 $\triangle A_1 B_1 C_1$ 相应的外角平分线.

如果我们允许所求的三角形是钝角三角形,那么除了 $\triangle ABC$ 外,$\triangle BCM$,$\triangle CAM$,$\triangle ABM$ 也都满足本题的条件.这些三角形的高的交点分别是点 A, B, C.

所有四个解答具有共同的性质:它们之中的任何一个三角形的顶点和垂心是和 $\triangle A_1 B_1 C_1$ 的三边相切的四个圆的圆心,其中点 A_1, B_1, C_1 是所要求的三角形的三个高的垂足.

如果 $\triangle ABC$ 是锐角三角形,那么它的高的交点和 $\triangle A_1 B_1 C_1$ 的内切圆圆心重合.

如果 $\triangle BCM$,$\triangle CAM$,$\triangle ABM$ 中的某一个是钝角三角形,那么钝角的顶点和 $\triangle A_1 B_1 C_1$ 的内切圆圆心相重合. ★

§8 关于三角形的某些内容

(1) 关于和三角形的边相切的圆

假设和 $\triangle ABC$ 的边 BC, CA, AB 从里面相切的圆 k 的圆心为点 O,半径为 τ,切点为 D, E, F(图10);和边 BC 以及边 AB, AC 的延长线相切的圆 k_a 的圆心为 O_a,半径为 τ_a,切点为 D', E', F'.引入下面的记号:$AB = c, BC = a, CA = b$ 和 $a + b + c = 2p$.

因为从一点到同一圆的切线相等,所以

$$AE = AF, BF = BD, CD = CE$$

于是
$$2p = AB + BC + CA = 2(AE + BF + CD)$$

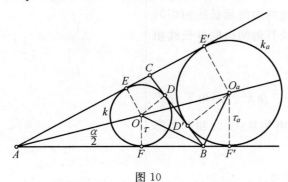

图 10

由后一个等式求得
$$CD = p - (AE + BF) = p - (AF + BF) = p - c \quad (1)$$

类似地有
$$AE = p - a, BF = p - b$$

当研究由点 A 向圆 k_a 所引的切线 AE' 和 AF' 时，我们得到
$$2AE' = AE' + AF' = AC + CE' + AB + BF' =$$
$$AB + AC + BD' + CD' =$$
$$AB + AC + BC = 2p$$

由此得到
$$AE' = AF' = p \quad (2)$$

和
$$CE' = AE' - AC = p - b, BF' = p - c \quad (3)$$

我们将 $\triangle ABC$ 分成三部分来计算它的面积：$\triangle AOB$，$\triangle BOC$ 和 $\triangle COA$（我们约定三角形的面积也用三角形本身的记号来表示）. 这时
$$S = \triangle ABC = \triangle AOB + \triangle BOC + \triangle COA =$$
$$\frac{1}{2}(\tau \cdot AB + \tau \cdot BC + \tau \cdot CA) =$$
$$\tau \cdot \frac{a+b+c}{2}$$

即
$$S = \tau \cdot p \quad (4)$$

另一方面
$$S = \triangle ABC = \triangle AO_aB + \triangle AO_aC + \triangle BO_aC =$$
$$\frac{1}{2}(\tau_a \cdot AB + \tau_a \cdot AC - \tau_a \cdot BC) =$$
$$\tau_a \cdot \frac{b+c-a}{2} = \tau_a(p-a) \quad (5)$$

类似地有
$$S = \tau_b(p-b) \tag{6}$$
$$S = \tau_c(p-c) \tag{7}$$

量 τ_b 表示和 $\triangle ABC$ 的边 b 以及其他两边的延长线相切的圆的半径,而 τ_c 表示和三角形的边 c 以及其他两边的延长线相切的圆的半径.

(2) 三角形的角与边之间的关系

显然,$\triangle ABC$ 的内切圆圆心和这个三角形的内角平分线的交点相重合,因此,例如 $\angle OAF = \dfrac{\alpha}{2}$. 由关系式(4)和三角形面积的海伦公式求得

$$\tan\frac{\alpha}{2} = \frac{OF}{AF} = \frac{\tau}{p-a} = \frac{S}{p(p-a)} =$$
$$\frac{\sqrt{p(p-a)(p-b)(p-c)}}{p(p-a)} =$$
$$\sqrt{\frac{(p-b)(p-c)}{p(p-a)}} \tag{8}$$

类似地有
$$\tan\frac{\beta}{2} = \sqrt{\frac{(p-c)(p-a)}{p(p-b)}} \tag{9}$$
$$\tan\frac{\gamma}{2} = \sqrt{\frac{(p-a)(p-b)}{p(p-c)}} \tag{10}$$

另一方面
$$S = \frac{1}{2}bc\sin\alpha = bc\sin\frac{\alpha}{2}\cos\frac{\alpha}{2} = bc\tan\frac{\alpha}{2}\cos^2\frac{\alpha}{2}$$

因此,由关系式(8)和海伦公式得到关系式
$$bc\cos^2\frac{\alpha}{2} = \frac{S}{\tan\frac{\alpha}{2}} = p(p-a)$$

由此并对其他两个角得到类似的公式
$$\begin{cases} \cos\dfrac{\alpha}{2} = \sqrt{\dfrac{p(p-a)}{bc}} \\ \cos\dfrac{\beta}{2} = \sqrt{\dfrac{p(p-b)}{ca}} \\ \cos\dfrac{\gamma}{2} = \sqrt{\dfrac{p(p-c)}{ab}} \end{cases} \tag{11}$$

将所得到的半角的余弦表达式和关系式(8)~(10)比较,我们求得

$$\begin{cases} \sin\dfrac{\alpha}{2} = \sqrt{\dfrac{(p-b)(p-c)}{bc}} \\ \sin\dfrac{\beta}{2} = \sqrt{\dfrac{(p-c)(p-a)}{ca}} \\ \sin\dfrac{\gamma}{2} = \sqrt{\dfrac{(p-a)(p-b)}{ab}} \end{cases} \quad (12)$$

❿ 证明:如果 α,β,γ 是直角三角形的内角,那么
$\sin\alpha\sin\beta\sin(\alpha-\beta) + \sin\beta\sin\gamma\sin(\beta-\gamma) +$
$\sin\gamma\sin\alpha\sin(\gamma-\alpha) +$
$\sin(\alpha-\beta)\sin(\beta-\gamma)\sin(\gamma-\alpha) = 0$

证明 假设 $\alpha = 90° = \beta + \gamma$. 这时有
$$\sin\alpha = 1, \sin(\alpha-\beta) = \sin\gamma$$
$$\sin(\gamma-\alpha) = -\sin(\alpha-\gamma) = -\sin\beta$$

因此

$$\sin\alpha\sin\beta\sin(\alpha-\beta) = \sin\beta\sin\gamma \qquad (1)$$
$$\sin\beta\sin\gamma\sin(\beta-\gamma) = \sin\beta\sin\gamma\sin(\beta-\gamma) \qquad (2)$$
$$\sin\gamma\sin\alpha\sin(\gamma-\alpha) = -\sin\gamma\sin\beta \qquad (3)$$
$$\sin(\alpha-\beta)\sin(\beta-\gamma)\sin(\gamma-\alpha) = -\sin\gamma\sin(\beta-\gamma)\sin\beta \qquad (4)$$

式(1),(2),(3),(4) 相加,其和为零,这就是所要证明的. *

§9 关于三角函数的乘积之和的变换

关系式
$\sin\alpha\sin\beta\sin(\alpha-\beta) + \sin\beta\sin\gamma\sin(\beta-\gamma) +$
$\sin\gamma\sin\alpha\sin(\gamma-\alpha) + \sin(\alpha-\beta)\sin(\beta-\gamma)\sin(\gamma-\alpha) = 0$
$\qquad\qquad\qquad\qquad\qquad\qquad\qquad\qquad\qquad (1)$

不仅对直角三角形的角成立,而且对任意三角形的角,甚至对任意的三个角都成立.

我们来研究三角函数乘积之和的变换.

(1) 将 $\sin(x+y)$ 和 $\cos(x+y)$ 按已知的公式展开,得到关系式
$$\sin(x+y) + \sin(x-y) = 2\sin x\cos y$$
$$\cos(x+y) + \cos(x-y) = 2\cos x\cos y$$
$$\cos(x-y) - \cos(x+y) = 2\sin x\sin y$$

由此得到
$$\sin x \sin y = \frac{1}{2}[\cos(x-y) - \cos(x+y)]$$
$$\cos x \cos y = \frac{1}{2}[\cos(x-y) + \cos(x+y)]$$
$$\sin x \cos y = \frac{1}{2}[\sin(x+y) + \sin(x-y)]$$

特别地,当 $x = y$ 时,有
$$\sin^2 x = \frac{1}{2}(1 - \cos 2x)$$
$$\cos^2 x = \frac{1}{2}(1 + \cos 2x)$$
$$\sin x \cos x = \frac{1}{2}\sin 2x$$

所得到的关系式可以将任意多个正弦和余弦的乘积变成和的形式.

在第 10 题所要证明的三角恒等式中,所有的项是三个正弦的乘积
$$\sin x \sin y \sin z = \frac{1}{2}[\cos(x-y) - \cos(x+y)]\sin z =$$
$$\frac{1}{2}[\sin z \cos(x-y) - \sin z \cos(x+y)] =$$
$$\frac{1}{4}[\sin(x-y+z) + \sin(-x+y+z) -$$
$$\sin(x+y+z) - \sin(-x-y+z)] =$$
$$\frac{1}{4}[\sin(-x+y+z) + \sin(x-y+z) +$$
$$\sin(x+y-z) - \sin(x+y+z)] \qquad (2)$$

(2) 令 $x = \alpha - \beta, y = \beta - \gamma, z = \gamma - \alpha$. 这时有
$$x + y + z = 0, -x + y + z = -2(\alpha - \beta)$$
$$x - y + z = -2(\beta - \gamma), x + y - z = -2(\gamma - \alpha)$$

代入到关系式(2)中求得
$$4\sin(\alpha-\beta)\sin(\beta-\gamma)\sin(\gamma-\alpha) =$$
$$-\sin 2(\alpha-\beta) - \sin 2(\beta-\gamma) - \sin 2(\gamma-\alpha) \qquad (3)$$

如果 $\angle \gamma, \angle \alpha$ 或 $\angle \beta$ 中的一个等于零,那么由关系式(3),得
$$4\sin\alpha\sin\beta\sin(\alpha-\beta) = \sin 2(\alpha-\beta) + \sin 2\beta - \sin 2\alpha \qquad (4)$$
$$4\sin\beta\sin\gamma\sin(\beta-\gamma) = \sin 2(\beta-\gamma) + \sin 2\gamma - \sin 2\beta \qquad (5)$$
$$4\sin\gamma\sin\alpha\sin(\gamma-\alpha) = \sin 2(\gamma-\alpha) + \sin 2\alpha - \sin 2\gamma \qquad (6)$$

将关系式(3)~(6)的左右两边分别相加便可得到恒等式(1).

❶❶ 证明:如果 α, β, γ 是任意三角形的三个内角,那么有
$$\sin\frac{\alpha}{2}\sin\frac{\beta}{2}\sin\frac{\gamma}{2} < \frac{1}{4}$$

证法 1 因为
$$\frac{\alpha}{2} = 90° - \frac{\beta+\gamma}{2} < 90° - \frac{\beta}{2} < 90°$$

(又因为锐角越大,它的正弦值也越大)所以
$$\sin\frac{\alpha}{2}\sin\frac{\beta}{2} < \sin\left(90° - \frac{\beta}{2}\right)\sin\frac{\beta}{2} = \cos\frac{\beta}{2}\sin\frac{\beta}{2}$$

由此得到
$$\sin\frac{\alpha}{2}\sin\frac{\beta}{2} < \frac{1}{2}\sin\beta \leqslant \frac{1}{2} \tag{1}$$

如果选取 γ 表示最小的角,那么
$$\sin\frac{\gamma}{2} \leqslant \sin 30° = \frac{1}{2} \tag{2}$$

由不等式(1)和(2),我们得到
$$\sin\frac{\alpha}{2}\sin\frac{\beta}{2}\sin\frac{\gamma}{2} < \frac{1}{4}$$

证法 2[①] (1)我们知道★
$$\sin\frac{\alpha}{2}\sin\frac{\beta}{2}\sin\frac{\gamma}{2} < \frac{r}{4R}$$

其中 r 是内切圆半径,R 是外接圆半径.

因为 $r < R$,所以等式左端的正弦乘积小于 $\frac{1}{4}$.

(2)三个半角的正弦积甚至还满足更强的不等式
$$\sin\frac{\alpha}{2}\sin\frac{\beta}{2}\sin\frac{\gamma}{2} \leqslant \frac{1}{8}$$

因为 $r \leqslant \frac{R}{2}$.

事实上,根据熟知的欧拉[②]定理★
$$d^2 = R^2 - 2Rr$$

其中 d 是外心和内心之间的距离.因此
$$2Rr \leqslant R^2$$

这样一来
$$r \leqslant \frac{R}{2}$$

[①] 这个证法是由参加奥林匹克竞赛的一个优胜者给出的,它在很大程度上依赖于初等几何的知识.但是比起前面所给的简单证明,它更深刻地揭示问题的本质.

[②] 欧拉(Euler,1707—1783),瑞士数学家和物理学家,近代数学先驱之一. —— 中译者注

如果三角形是等边三角形，那么 $d=0$，半角的正弦之积等于 $\frac{1}{8}$.

§10 关于三角形的三角函数乘积的某些关系式

如果 p 是边长为 a,b,c 的三角形的半周长；S 是它的面积，R 是外接圆半径，r 是内切圆的半径，那么

$$\tan\frac{\alpha}{2}\tan\frac{\beta}{2}\tan\frac{\gamma}{2}=\frac{S}{p^2} \tag{1}$$

或将它表示成另外的形式

$$\tan\frac{\alpha}{2}\tan\frac{\beta}{2}\tan\frac{\gamma}{2}=\frac{r}{p} \tag{2}$$

此外

$$\cos\frac{\alpha}{2}\cos\frac{\beta}{2}\cos\frac{\gamma}{2}=\frac{p}{4R} \tag{3}$$

和

$$\sin\frac{\alpha}{2}\sin\frac{\beta}{2}\sin\frac{\gamma}{2}=\frac{r}{4R} \tag{4}$$

事实上，由 §8 中的公式(8),(9),(10)，我们求得

$$\tan\frac{\alpha}{2}\tan\frac{\beta}{2}\tan\frac{\gamma}{2}=\frac{\sqrt{p(p-a)(p-b)(p-c)}}{p^2}$$

如果利用海伦公式和 §8 中的关系式(4)，那么可以得到表达式(1) 和(2).

由 §8 中关系式(11)，我们得到

$$\cos\frac{\alpha}{2}\cos\frac{\beta}{2}\cos\frac{\gamma}{2}=\frac{p\sqrt{p(p-a)(p-b)(p-c)}}{abc}=\frac{pS}{abc}$$

为了由此得到关系式(3)，只要注意到(见 §8)

$$\sin\gamma=\frac{c}{2R}$$

由此有

$$R=\frac{c}{2\sin\frac{\gamma}{2}}=\frac{abc}{4S}$$

关系式(4)可由关系式(2)和(3)推出.

§11 欧拉定理

假设给定两个圆(图11 和图12)：k 以及在它里面的 k'. 用点 O 和 O' 表示它们的圆心，R 和 r 表示它们的半径. 设 d 是两个圆心之间的距离.

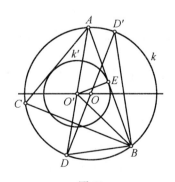

图 11

第 11 题证法 2 中所引用的欧拉定理(以及它的逆定理)可以叙述成下面的形式：

和圆 k' 外切的三角形当且仅当
$$d^2 = R^2 - 2Rr \tag{1}$$
时才能内接于圆 k.

我们来导出这个关系式.

(1) 设点 A 是圆 k 上一点(图 11). 在圆 k 上选取点 B 和 C, 使得 k' 是 $\triangle ABC$ 的内切圆.

这样的点 B 和 C 并不是总能找得到的. 简单地自点 A 向圆 k' 作两条切线, 然后取切线与圆 k 的交点是不行的, 线段 BC 还应该和圆 k' 相切. 相切的必要充分条件是角的等式
$$\angle ABO' = \angle O'BC \tag{2}$$
(在图 11 中, 这个条件不成立)

下面的考虑可以将等式(2)变成其他的条件, 它也是问题可解的必要充分条件.

用直线联结点 A 和 O', 将其延长和圆 k 交于点 D. 不难看出, AO' 是 $\angle BAC$ 的平分线, 即 $\angle O'AB = \angle CAO'$. 此外, $\angle CAO' = \angle CBD$, 因为这两个角在圆 k 的同一条弧 CD 上. 因此
$$\angle O'AB = \angle CBD \tag{3}$$
但是 $\angle O'AB$ 作为 $\triangle O'AB$ 的内角等于
$$\angle BO'D - \angle ABO'$$
此外, 显然有
$$\angle CBD = \angle O'BD - \angle O'BC$$
将所求得的 $\angle O'AB$ 和 $\angle CBD$ 的表达式代入等式(3), 我们得到
$$\angle BO'D - \angle ABO' = \angle O'BD - \angle O'BC \tag{4}$$
这样一来, 等式(2)在当且仅当
$$\angle BO'D = \angle O'BD \tag{5}$$
的情况下才成立.

在 $\triangle BO'D$ 中, 这两个角所对的边是 BD 和 $O'D$, 因此本题有解的必要充分条件可叙述成下面的形式:

$\triangle ABC$ 在当且仅当
$$BD = O'D$$
的情况下和圆 k' 外切(如图 12 所表明的那样).

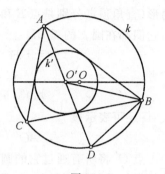

图 12

(2) 为了继续完成关系式(1)的结论, 我们来确定线段 BD 和 $O'D$ 的长度的比值(图 11).

如果点 E 是线段 AB 和圆 k' 的切点, 而点 D 和 D' 是圆 k 的同一条直径的两个端点, 那么 $\triangle AO'E$ 和 $\triangle D'DB$ 是直角三

角形(直角顶点分别是点 E 和 B). 此外, $\angle O'AE = \angle DD'B$, 因为它们都在圆 k 的弧 BD 上. 因此, $\triangle AO'E \sim \triangle D'DB$, 于是
$$AO' : EO' = D'D : BD$$
或者
$$AO' : r = 2R : BD \qquad ①$$
式 ① 还可表示成
$$AO' \cdot BD = 2Rr$$

点 O' 将所有通过它的圆 k 的弦分成这样的两段, 这两段的长度的乘积等于常数. 如果一条弦是取 AD, 而另一条是取圆 k 的通过点 O' 的直径, 那么
$$AO' \cdot O'D = (R+d)(R-d)$$
用 $AO' \cdot O'D$ 除 $AD' \cdot BD$, 我们得到
$$BD : O'D = 2Rr : (R+d)(R-d) \qquad (6)$$
由所得到的关系式看出, 当且仅当
$$2Rr = (R+d)(R-d) \qquad (7)$$
的情况下线段 BD 和 $O'D$ 相等.

(3) 在(1)和(2)中所得到的结果可以叙述成下面的形式:

对于圆 k 上的任一点 A, 在这个圆上找另外两个点 B 和 C, 使得这两个点和点 A 一起构成一个和圆 k' 外切的 $\triangle ABC$ 的顶点. 这两个点当且仅当 R, r 和 d 满足关系式(7)时才能找到.

于是欧拉定理以及它的逆定理被证明了, 因为等式(7)和关系式(1)仅仅是写法不同.

我们所得到的关系式与圆 k 上点 A 的选取无关. 因此, 如果对于圆 k 上某一点 A 来说, 可以作一个 $\triangle ABC$, 使得圆 k 是它的外接圆, 圆 k' 是它的内切圆, 那么对圆 k 上的任意一点来说, 都可以作出具有同样性质的三角形.

正像 J·V·彭色列[①]所表明的, 这个 *aut semper, aut nunquam*(要么总可以, 要么总不可以) 原则还适合于更一般的情况: 代替两个圆, 研究两条任意的圆锥截线, 代替三角形, 研究 n 边形.

❷ 已知矩形 $ABCD$ 的两平行边 AB 和 CD 的延长线与某直线相交于点 M 和 N, 边 AD 和 BC 的延长线与此直线相交于点 P 和 Q, 边 AB 的长等于 p. 求作矩形 $ABCD$. 在什么情况下, 本题有解, 有多少个解?

[①] J·V·彭色列(J. V. Poncelet, 1788—1867) 法国将军和数学家, 论文"关于图形的投影性质"的作者.

解 在线段 PQ 上作一个以 PQ 为斜边,且直角边 $PS=p$ 的 Rt$\triangle PSQ$(图 13). 过点 M 和 N 作平行于线段 PS 的直线,过点 P 和 Q 作它们的垂线,这些直线构成所要求的矩形 $ABCD$.

只要 Rt$\triangle PSQ$ 可以作出来,本题就有解,因此,也就是当 $p < PQ$ 时,本题有解.

如果这个条件满足,那么 $\triangle PSQ$ 可以在给定直线 e 的两侧作. 因此,当 $p < PQ$ 时,本题有两个解,它们关于直线 e 是镜像对称的.

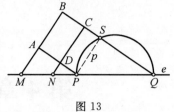

图 13

第4章　1898年试题及解答

❶❸ 求使 2^n+1 能被 3 整除的一切自然数 n.

解 不难验证
$$a^n-b^n=(a-b)(a^{n-1}+a^{n-2}b+\cdots+ab^{n-2}+b^{n-1}) \quad (1)$$
将 $a=2,b=-1$ 代入到恒等式(1) 得
$$2^n-(-1)^n=3A$$
其中 A 是在恒等式右端中令 $a=2,b=-1$ 时第二个因式的值. 因为数 a 和 b 是整数,所以 A 也是整数.

这样一来
$$2^n+1=2^n-(-1)^n+1+(-1)^n=3A+1+(-1)^n$$
当 n 是奇数时,等式的左端能被 3 整除. 如果 n 是偶数,2^n+1 被 3 除余 2. ★

§12　同余理论的基本概念

如果利用同余概念,第 13 题解法的"思路"将是特别明显的.

按定义,同余式
$$a\equiv b(\bmod m)$$
(读作:关于模 m,a 与 b 同余) 表示整数 a 和 b 被整数 m 除时余数相等,即它们的差是 m 的倍数
$$a-b=km$$
其中 k 是整数[①]. 例如,同余式
$$2^2\equiv 1,2^4\equiv 1,2^6\equiv 1,\cdots(\bmod 3)$$
意味着数
$$2^2-1=3,2^4-1=15,2^6-1=63,\cdots$$
能被 3 整除.

右边为零的同余式 $a\equiv 0(\bmod m)$ 不过是"a 能被 m 整除"的另一种写法.

[①] 整数 a,b,m 和 k 不一定是正的. 但是通常都把模数 m 取作正整数,因为某一个数能否被 m 整除,可完全不考虑 m 的符号.

例如,如果取 $m=3$,那么可把整数集合写成如下的三行
$$\cdots,-9,-6,-3,0,3,6,9,\cdots$$
$$\cdots,-8,-5,-2,1,4,7,10,\cdots$$
$$\cdots,-7,-4,-1,2,5,8,11,\cdots$$
对模 3 来说,同一行所有的数彼此是同余的,而不同行的数是不同余的.

若取任一正整数 m 作为同余式的模数,则整数集合将排成 m 行.由此看出,对任意的正整数 a,在数
$$0,1,2,\cdots,m-1$$
中总可以找到一个且仅仅一个与 a(关于模 m)同余的数 r.这个数 r 叫作数 a 关于模 m 剩余(a 被 m 除的余数).

下面的定理表明,被高斯[①]引入数论中的同余式在许多方面类似于普通的等式.

对任意模 m,每一个整数和它自身同余(自反性).

如果 $a \equiv b(\bmod m)$,那么 $b \equiv a(\bmod m)$(对称性).

如果 $a \equiv b(\bmod m), b \equiv c(\bmod m)$,那么 $a \equiv c(\bmod m)$(传递性).

如果 $a \equiv a'(\bmod m), b \equiv b'(\bmod m)$,那么
$$a+b \equiv a'+b'(\bmod m)$$
$$a-b \equiv a'-b'(\bmod m)$$
$$ab \equiv a'b'(\bmod m)$$

例如,同余式的最后一个性质可以用下面的方式来证明:
如果
$$a \equiv a'(\bmod m), b \equiv b'(\bmod m)$$
那么
$$a = a' + km, b = b' + lm$$
其中 k 和 l 是整数.这样一来
$$ab = a'b' + a'lm + b'km + klm^2$$
因此
$$ab - a'b' = m(a'l + b'k + klm)$$
所得到的等式意味着差 $ab-a'b'$ 能被 m 整除,即
$$ab \equiv a'b'(\bmod m)$$

从刚才所证明的定理可以引出如下的推论:

如果 $a \equiv b(\bmod m)$,那么 $a^n \equiv b^n(\bmod m)$.

利用最后这个关系式,13 题的解答可以用下面的方式来叙述,因为

---

① 高斯(Gauss,1777—1855),德国著名数学家、物理学家、天文学家、大地测量学家. —— 中译者注

$$2 \equiv -1 \pmod{3}$$

所以
$$2^n \equiv (-1)^n \pmod{3}$$
$$2^n + 1 \equiv (-1)^n + 1 \pmod{3}$$

于是,当 n 是奇数时,有
$$2^n + 1 \equiv 0 \pmod{3}$$

即 $2^n + 1$ 能被 3 整除,而当 n 是偶数时,有
$$2^n + 1 \equiv 2 \pmod{3}$$

即 $2^n + 1$ 不能被 3 整除.

❶❹ 证明:如果两个三角形有一个角相等,那么其余两个角的正弦之和较大的三角形,它的这两个角之差较小.

用所得结果确定:在什么三角形中,其角的正弦之和达到最大值?

证明 (1) 假设 α, β, γ 和 α', β', γ' 是两个三角形的角,且 $\alpha = \alpha'$. 如果
$$\sin \beta + \sin \gamma < \sin \beta' + \sin \gamma'$$

则
$$2\sin\frac{\beta+\gamma}{2}\cos\frac{\beta-\gamma}{2} < 2\sin\frac{\beta'+\gamma'}{2}\cos\frac{\beta'-\gamma'}{2} \quad (1)$$

因为 $\alpha = \alpha'$,所以 $\beta + \gamma = \beta' + \gamma'$,且
$$\sin\frac{\beta+\gamma}{2} = \sin\frac{\beta'+\gamma'}{2} \quad (2)$$

由于这些正弦值是正的,所以不等式(2)当且仅当
$$\cos\frac{\beta-\gamma}{2} < \cos\frac{\beta'-\gamma'}{2}$$

时成立,也就是说,若要不等式(2)成立,必须使 $\beta' - \gamma'$ 的绝对值小于 $\beta - \gamma$ 的绝对值,如果这个条件成立了,不等式(2)也一定成立.

(2) 如果在某一个三角形中,至少有两个角是不同的,例如 β 和 γ,那么总可以作一个新三角形,使得其角的正弦之和比原来的三角形的正弦之和大. 根据(1)中所证明的,这只要使新三角形的 α' 和原三角形的 $\angle\alpha$ 相等,而每一个 $\angle\beta'$ 和 $\angle\gamma'$ 更接近于 $\angle\beta$ 和 $\angle\gamma$ 的算术平均值就行了.

因此,当三角形是等边三角形时,正弦之和达到最大值. ★

§13 关于最大值的存在性

在第 14 题的解答中只是证明了:在三角形的角的正弦之和所取的值中,如果存在最大值的话,那么它只能在三角形是等边三角形的情况下才能达到.

但是最大值的存在性决不是显然的.我们感兴趣的正弦之和可以取无穷多个值,在这些值中,不一定有最大的.

最大值的存在性(即等边 $\triangle u$ 的正弦之和所取的值确实大于任何其他形式的 $\triangle v$ 的正弦之和)可用下面的方式来证实:

(1) 如果在 $\triangle v$ 中,一个角等于 $60°$,那么在 $\triangle u$ 和 $\triangle v$ 中有一个角相等(均为 $60°$). 在 $\triangle u$ 中,其他两个角之差为零,因而小于 $\triangle v$ 的其他两个角之差.由第 14 题中的证明便可以推出,在 $\triangle v$ 中,这些角的正弦之和的值比 $\triangle u$ 的相应的值要小.

(2) 如果 $\triangle v$ 的任何一个角都不等于 $60°$,且这些角表示为:$\alpha \leqslant \beta \leqslant \gamma$,那么显然有 $\alpha < 60° < \gamma$,即 $60° - \alpha$ 和 $\gamma - 60°$ 是正数.

再作一个 $\triangle v'$,使 $\alpha' = 60°, \beta' = \beta$,因而 $\gamma' = \alpha + \gamma - 60°$. 这时有
$$\gamma' - \alpha' = (\alpha + \gamma - 60°) - 60° = (\gamma - 60°) - (60° - \alpha)$$
且
$$|\gamma' - \alpha'| = (\gamma - 60°) - (60° - \alpha)$$
或者
$$|\gamma' - \alpha'| = (60° - \alpha) - (\gamma - 60°)$$
这要看右边两表达式中哪一个是正的.因此
$$|\gamma' - \alpha'| < (\gamma - 60°) + (60° - \alpha) = \gamma - \alpha = |\gamma - \alpha|$$

我们知道,对于 $\triangle v'$(因为 $\alpha' = 60°$),它的其他两个角的正弦之和小于 $\triangle u$ 的相应角的正弦之和,而根据在第 14 题中所证明的,$\triangle v$ 的两个角的正弦之和小于 $\triangle v'$ 的两个角的正弦之和,因为 $\beta = \beta'$ 和(正像我们刚才看到的)$\triangle v'$ 的其他两个角之差的绝对值小于 $\triangle v$ 的两角之差的绝对值.

❶⑤ 给定在一条直线上的四个点 A,B,C,D. 求作一正方形,使得正方形的一组对边的延长线和这条直线相交于点 A 和 B,而另一组对边的延长线和这条直线相交于点 C 和 D.

解 假设四边形 $PQRS$ 是满足本题条件的正方形（图 14）.如果将它绕着中心旋转 $90°$,那么线段 CD 旋转到线段 $C'D'$.这时自然有 $C'D' \perp CD$,且 $C'D'=CD$.由此推出,如果从点 B 作点 A,B,C,D 所在的直线的垂线,且在其上取线段 $BB'=CD$,那么所得到的点 B' 和点 A 确定一条直线,所要求的正方形的一边 PS 就在这条直线上.

由此便可知道作正方形 $PQRS$ 的步骤.由点 B 作垂直于 CD 的直线并在其上取线段 $BB'=CD$.作直线 AB',过点 B 作直线和直线 AB' 平行,由点 C 和 D 作直线垂直于直线 AB',这些直线所交成的便是正方形 $PQRS$.

因为由点 B 可以向两个方向作垂直于直线 CD 的直线,所以有两个正方形满足本题条件.这两个正方形关于点 A,B,C,D 所在的直线是对称分布的.在图 14 中仅仅作出一个正方形.

论证 由点 B 作 $BL \perp AB'$,由点 C 作 $CN \perp DS$.在 $Rt\triangle BLB'$ 和 $Rt\triangle CND$ 中,根据作图,$BB'=CD$,而 $\angle LBB' = \angle NCD$（分别垂直的边所夹的锐角）. 因此,$\triangle BLB' \cong \triangle CND$,所以 $BL=CN$,从而所作的四边形的边相等且彼此垂直,故是一个正方形.

注 对于任意给定的四个点,所要求的正方形也可以作（图 15）.

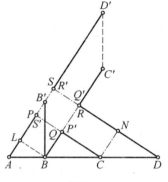

图 14

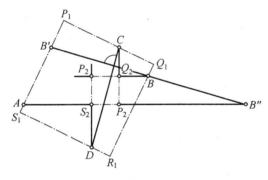

图 15

第 5 章　1899 年试题及解答

16 单位圆被点 A_0, A_1, A_2, A_3, A_4 分成五条等弧. 证明: 弦 A_0A_1 和 A_0A_2 之长满足等式
$$(A_0A_1 \cdot A_0A_2)^2 = 5$$

证法 1　单位圆的弦长等于它所对的圆心角的一半的正弦的 2 倍. 因此(图 16, 图 17)
$$A_0A_1 = 2\sin 36° = 4\sin 18°\cos 18°$$
$$A_0A_2 = 2\sin 72° = 2\cos 18°$$
和
$$A_0A_1 \cdot A_0A_2 = 8\sin 18° \cdot \cos^2 18°$$

但是 $\angle 18°$ 的正弦的 2 倍等于内接于单位圆的正十边形的边长, 大家知道, 这条边长等于 $\dfrac{\sqrt{5}-1}{2}$. 因此
$$\sin 18° = \frac{\sqrt{5}-1}{4}$$
和
$$\cos^2 18° = 1 - \sin^2 18° = 1 - \frac{6-2\sqrt{5}}{16} = \frac{5+\sqrt{5}}{8} = \sqrt{5} \times \frac{\sqrt{5}+1}{8}$$

由此求得
$$8\sin 18°\cos^2 18° = \sqrt{5} \times \frac{5-1}{4} = \sqrt{5}$$

于是
$$(A_0A_1 \cdot A_0A_2)^2 = (\sqrt{5})^2 = 5$$

这就是要证明的. ★

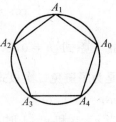

图 16

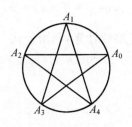

图 17

证法 2　这个证法不需要预先知道正凸十边形的边长.

边 A_0A_1 和 A_0A_2 的长度可以很简单地用 $\angle\varphi$ 的余弦来表示, 这里的 φ 是这样的角, $5\varphi = 90° \cdot k$, 其中 k 是奇整数, 即 $\cos 5\varphi = 0$. 不失一般性, 可以认为所研究的仅仅是包含在 $0°$ 到 $180°$ 的范围内的角. 事实上, 对于任何超过 $180°$ 的角, 总可以在上面所限定的范围内找到另一个角, 使得两个角的余弦相等.

即, 仅仅研究下面的角

$$\cos\left(\frac{1}{5}\times 90°\right)=\cos 18°=\sin 72°=\frac{1}{2}A_0A_2$$

$$\cos\left(\frac{3}{5}\times 90°\right)=\cos 54°=\sin 36°=\frac{1}{2}A_0A_1$$

$$\cos\left(\frac{5}{5}\times 90°\right)=\cos 90°=0$$

$$\cos\left(\frac{7}{5}\times 90°\right)=\cos 126°=-\sin 36°=-\frac{1}{2}A_0A_1$$

$$\cos\left(\frac{9}{5}\times 90°\right)=\cos 162°=-\cos 18°=-\frac{1}{2}A_0A_2$$

在三角方程 $\cos 5\varphi=0$ 中作替换 $x=\cos\varphi$,我们可以得到能够求出所有上面的余弦值的方程. 为此,可通过 $x=\cos\varphi$ 来表示

$$\cos n\varphi \text{ 和 } \frac{\sin(n+1)\varphi}{\sin\varphi}$$

的递推关系式,$n=0,1,2,\cdots$(用 $\frac{\sin(n-1)\varphi}{\sin\varphi}$ 来代替 $\sin(n+1)\varphi$,是为了避免二次根式). 对应的表达式用 $T_n(x)$ 和 $U_n(x)$ 来表示.

当 $n=0$ 和 $n=1$ 时,我们得到

$$\cos 0=T_0(x)=1, \frac{\sin\varphi}{\sin\varphi}=U_0(x)=1$$

$$\cos\varphi=T_1(x)=x, \frac{\sin 2\varphi}{\sin\varphi}=2\cos\varphi=U_1(x)=2x$$

为了继续计算,利用公式

$$\cos(n+1)\varphi=\cos\varphi\cos n\varphi-\sin\varphi\sin n\varphi=$$
$$\cos\varphi\cos n\varphi-(1-\cos^2\varphi)\frac{\sin n\varphi}{\sin\varphi}$$

即

$$T_{n+1}(x)=xT_n(x)-(1-x^2)U_{n-1}(x) \quad (1)$$

和类似的表达式

$$\frac{\sin(n+2)\varphi}{\sin\varphi}=\frac{1}{\sin\varphi}[\sin\varphi\cos(n+1)\varphi+\cos\varphi\sin(n+1)\varphi]$$

即

$$U_{n+1}(x)=T_{n+1}(x)+xU_n(x) \quad (2)$$

轮流利用公式(1)和(2),我们求得

$$T_2(x)=xT_1(x)-(1-x^2)U_0(x)=x\cdot x-(1-x^2)=2x^2-1$$

$$U_2(x)=T_2(x)+xU_1(x)=(2x^2-1)+x\cdot 2x=4x^2-1$$

$$T_3(x)=x(2x^2-1)-(1-x^2)2x=4x^3-3x$$

$$U_3(x)=4x^3-3x+x(4x^2-1)=8x^3-4x$$

$$T_4(x) = x(4x^3 - 3x) - (1-x^2)(4x^2 - 1) =$$
$$8x^4 - 8x^2 + 1$$
$$U_4(x) = 8x^4 - 8x^2 + 1 + x(8x^3 - 4x) =$$
$$16x^4 - 12x^2 + 1$$

和 $T_5(x) = 16x^5 - 20x^3 + 5x = x[(2x)^4 - 5(2x)^2 + 5]$.

方程 $T_5(x) = 0$ 的根是数

$$0, \pm \frac{1}{2} A_0 A_1, \pm \frac{1}{2} A_0 A_2.$$

舍去方程左边对应于零根的因式 x，用 u 表示 $(2x)^2$，我们得到方程

$$u^2 - 5u + 5 = 0$$

它的根等于 $(A_0 A_1)^2$ 和 $(A_0 A_2)^2$.

根的乘积等于常数项. 因此

$$(A_0 A_1 \cdot A_0 A_2)^2 = 5$$

这就是所要证明的. ★

§14 关于正星形多边形

弦 $A_0 A_1$ 和单位圆的内接正凸五边形的边重合(图 16)，而弦 $A_0 A_2$ 和这个圆的正星形五边形的边重合(图 17).

在更广泛的意义下，我们把每一个那样的图形叫作内接正 n 边形，这些图是这样得到的，如果从圆上任意一点 A_0 开始，可以引 n 条等长的弦，而且第 n 条弦的末端和点 A_0 重合，所有其他弦的端点彼此不同，和点 A_0 也不同.

对于给定的 n，如果选取所对的圆心角为 $\frac{k}{n} \cdot 360°$ 的弦，这里 k 是小于 $\frac{n}{2}$ 的任何一个和 n 互素的正整数，那么我们得到所有的内接正 n 边形(各种不同形状的). 如果数 k 和数 n 不互素，那么在作出 n 条弦之前就回到了原来的点 A_0. 例如，如果 $n = 10, k = 4$，那么得到星状的正五边形，而其余的分点仍然空着.

当 $k = 1$ 时，我们得到正凸 n 边形. 当 $k > 1$ 时，内接正 n 边形叫作星形的.

如果 $n = p$ 是奇素数，那么 k 可以取 1 到 $\frac{p-1}{2}$ 内的所有的值. 因此，在这种情况下，有 $\frac{p-1}{2}$ 个不同的正 p 边形.

在一般情况下，不同的正 n 边形的个数小于 $\frac{n-1}{2}$. 例如，当 $n = 24$ 时，只有 4 个不同的正 24 边形.

§15 切比雪夫多项式

第 16 题的断言是下面比较一般的定理的特殊情况：

如果 n 等于任何一个素数 p 或这个素数的乘幂，那么内接于单位圆的不同正 n 边形的边长乘积的平方等于 p.

例如，内接于单位圆的正八边形（图 18 和图 19）的边长分别等于

$$2\sin\frac{45°}{2} \quad \text{和} \quad 2\sin\frac{135°}{2} = 2\cos\frac{45°}{2}$$

而它们的乘积等于

$$4\sin\frac{45°}{2}\cos\frac{45°}{2} = 2\sin 45° = \sqrt{2}$$

图 18

为了证明一般的定理，只要比较详细地研究相应的方程

$$T_1(x)=0, U_1(x)=0, T_2(x)=0, U_2(x)=0, \cdots$$

的系数就行了. 表达式 $T_n(x)$ 和 $U_n(x)$ 叫作第一类和第二类切比雪夫①多项式，它们是由

$$\cos\varphi \quad \text{和} \quad \frac{\sin(n+1)\varphi}{\sin\varphi}$$

用变量替换 $x = \cos\varphi$ 而得到的.

图 19

§16 复数的一个几何应用

在解第 16 题时，我们可以利用下面的多边形的边长、对角线以及边的条数之间的关系式.

设点 $A_0, A_1, \cdots, A_{n-1}$ 是内接于单位圆的正 n 边形的顶点. 这时有

$$A_0A_1 \cdot A_0A_2 \cdot \cdots \cdot A_0A_{n-1} = n$$

下面的简单证明，需要先熟悉复数.

我们将以平面上的点或矢量来表示复数. 以坐标原点 O 为圆心画一个单位圆，并作它的内接正 n 边形，使得一个顶点和实轴上的点 1 重合（图 20）. 用 ε 表示 n 边形中最靠近 1 的顶点. 这时其余的顶点将分布在点 $\varepsilon^2, \varepsilon^3, \cdots, \varepsilon^{n-1}$ 上. 因为复数 ε 的绝对值（或模）等于 1，所以 ε 的任意次幂的绝对值都等于 1. 实轴

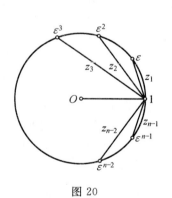

图 20

---

① 切比雪夫（Tschebyscheff, 1821—1894），杰出的俄国数学家. 数论中经常提到的下述定理：以贝尔特兰假设的名字而著名的证明是他作出的：

若 $x > 1$，那么总可以找到这样一个素数 p，使得 $x < p < 2x$. 例如，如果 $x = 1.1$，那么 $1.1 < 2 < 2.2$，而如果 $x = 10$，那么 $10 < 11, 13, 17, 19 < 20$.

与由坐标原点 O 到点 ε 的方向之间的夹角是圆角的 $\dfrac{1}{n}$. 因此, 指向 $\varepsilon^2, \varepsilon^3, \cdots, \varepsilon^{n-1}$ 的方向与实轴所夹的角分别等于周角的 $\dfrac{2}{n}$, $\dfrac{3}{n}, \cdots, \dfrac{n-1}{n}$. 由点 ε^k 到 1 的矢量对应于复数 $\varepsilon^k - 1$(即这样一个数, 将它加 1 得到 ε^k). 考虑到这一点, 我们不难写出上面的断言中所说的所有对角线和边. 定理所要证明的断言写成复数式就成为

$$|(1-\varepsilon)(1-\varepsilon^2)\cdots(1-\varepsilon^{n-1})| = n \tag{1}$$

为了证明这个关系式, 首先要注意到

$$\varepsilon^n = 1$$

于是对于任何整数 k 有

$$(\varepsilon^k)^n = (\varepsilon^n)^k = 1$$

因此, 数 $1, \varepsilon, \varepsilon^2, \cdots, \varepsilon^{n-1}$ 使多项式

$$z^n - 1 = (z-1)(z^{n-1} + z^{n-2} + \cdots + z + 1)$$

变成零. 因为右边第一个因子仅当 $z = 1$ 时为零, 所以复数 ε, $\varepsilon^2, \cdots, \varepsilon^{n-1}$ 是多项式

$$f(z) = z^{n-1} + \cdots + z + 1$$

的根, 这使 $f(z)$ 可以表示为乘积的形式

$$f(z) = (z-\varepsilon)(z-\varepsilon^2)\cdots(z-\varepsilon^{n-1})$$

(见 §17). 将 $z = 1$ 代入, 我们求得

$$(1-\varepsilon)(1-\varepsilon^2)\cdots(1-\varepsilon^{n-1}) = f(1) = n \tag{2}$$

这样一来, 不仅关系式(1)成立, 而且更一般的关系式(2)也成立: 不仅是乘积的绝对值等于 n, 而且乘积的本身也等于 n.

§17 关于将多项式分解成因式

(1) 假设 $f(z)$ 是任意选取的多项式, α 是它的根. 这时 $f(z)$ 可表示成次数比 $f(z)$ 低一次的多项式和一次因式 $z - \alpha$ 的乘积[①].

证明 假设

$$f(z) = a_0 z^k + a_1 z^{k-1} + \cdots + a_{k-1} z + a_k$$

其中 $a_0 \neq 0$, 则

$$f(\alpha) = a_0 \alpha^k + a_1 \alpha^{k-1} + \cdots + a_{k-1} \alpha + a_k$$

及

---

① 在我国的中学里, 这个定理通常叫作裴蜀定理. —— 俄译编辑注

$$f(z)-f(\alpha)=a_0(z^k-\alpha^k)+a_1(z^{k-1}-\alpha^{k-1})+\cdots+$$
$$a_{k-1}(z-\alpha) \tag{3}$$

利用恒等式
$$z^l-\alpha^l=(z-\alpha)(z^{l-1}+z^{l-2}\alpha+\cdots+z\alpha^{l-2}+\alpha^{l-1})$$

将式(3)右边所有括号中的差都分解成两个因式:$z-\alpha$和比原来的差低一次的多项式.提取因式$z-\alpha$以后,唯一的$k-1$次项是由第一个差产生的,且系数为a_0,这样一来
$$f(z)-f(\alpha)=(z-\alpha)f_1(z)$$

其中$f_1(z)$是比$f(z)$低一次的多项式,而且$f(z)$和$f_1(z)$的最高次项的系数相等.

于是我们证明了,如果$f(\alpha)=0$,那么
$$f(z)=(z-\alpha)f_1(z)$$

(2) 如果$\alpha_1,\alpha_2,\cdots,\alpha_r$是多项式$f(z)$的不同的根,那么根据所证明的,$f(z)$可以表示成
$$f(z)=(z-\alpha_1)f_1(z)$$

因为α_2也使得多项式$f(z)$变成零,所以
$$0=f(\alpha_2)=(\alpha_2-\alpha_1)f_1(\alpha_2)$$

根据条件$\alpha_2\neq\alpha_1$,因此等式右边的乘积仅当第二个因式为零时才能为零.这样一来
$$f_1(z)=(z-\alpha_2)f_2(z)$$
$$f(z)=(z-\alpha_1)(z-\alpha_2)f_2(z)$$

如果$r>2$,那么不难看出,由$f_2(z)$可分解出因式$(z-\alpha_3)$,如此做下去,最后我们可把$f(z)$写成
$$f(z)=(z-\alpha_1)(z-\alpha_2)\cdots(z-\alpha_r)g(z) \tag{1}$$
的形式.

每提出一个因式$z-\alpha$都使得剩下的多项式降低一次,因此多项式$g(z)$的次数等于$k-r$.显然,提取形如$z-\alpha$的因式并不会改变最高次项的系数,于是多项式$g(z)$的最高次项的系数等于a_0.

从上面的说明推出,如果多项式$f(z)$不同的根的个数等于它的次数,那么它们可以表示成因式$z-\alpha_i$和某一个常数(零次多项式$g(z)$)的乘积的形式,其中$\alpha_i(i=1,2,\cdots,k)$是多项式的根.因为多项式$g(z)$的最高次项(是唯一的一项)的系数和多项式$f(z)$的最高次项的系数重合,所以在这种情况下$g(z)=a_0$.这样一来
$$f(z)=(z-\alpha_1)(z-\alpha_2)\cdots(z-\alpha_k)a_0$$

(3) 在上面所得出的公式(1)中$r\leqslant k$,因为分出对应于多项式$f(z)$的根的一次因式只能在剩下的多项式$g(z)$的次数未变成零时进行.这样一来,任何一个多项式的不同的根的个

数不能大于它的次数.

可能有这样的情况：$r < k$ 且 $g(z)$ 也有根，但这些根只能和多项式 $f(z)$ 的已经分出来的根相重合. 这就意味着在多项式 $f(z)$ 的分解式中，所包含的某些因式 $z - a_i$ 不是一次的，而是更高次的. 在剩下的多项式的次数未变成零时，尽最大可能重复提取相同的因式. 因此，在分解式

$$f(z) = (z - \alpha_1)^{l_1}(z - \alpha_2)^{l_2} \cdots (z - \alpha_r)^{l_r} g(z)$$

中，正整数 $l_1, l_2, \cdots, l_r$ 的和不大于 k（k 是多项式 $f(z)$ 的次数）. 当 $l_1 + l_2 + \cdots + l_r = k$ 时，多项式 $g(z)$ 又化为 a_0.

例如，如果 $l_1 > 1$，那么 α_l 叫作多项式 $f(z)$ 的重根（或 l_1 重根），而幂指数 l_1 叫作根 α_1 的重数. 利用这个概念，我们可以将所得到的关于多项式的根的个数的性质用下面的方式来叙述：多项式的根的个数不能大于它的次数，即使每一个根按它的重数来计算也是如此.

如果我们仅限于研究实根，那么多项式的根的个数可能小于它的次数. 例如，多项式 $x^2 + 1$ 没有任何一个实数根. 如果我们从实数根转到研究复数根，那么就是另外一回事了. 高斯证明了，在复数域中，所有一次的多项式和高次的多项式至少有一个根. 由此推出，在复数域中，每一个多项式有和它次数一样多的根，这里在计算根的个数时是按它们的重数来计算的. 这个定理通常叫作代数基本定理，它在实质上概括了我们前面所说的关于多项式的根的个数的所有内容.

❶⑦ 假设 x_1 和 x_2 是方程
$$x^2 - (a + d)x + ad - bc = 0$$
的根. 证明：这时 x_1^3 和 x_2^3 是方程
$$y^2 - (a^3 + d^3 - 3abc + 3bcd)y + (ab - bc)^3 = 0$$
的根.

证明 对方程
$$x^2 - (a + d)x + (ad - bc) = 0 \tag{1}$$
应用根与系数的关系得
$$a + d = x_1 + x_2, \quad ad - bc = x_1 x_2$$
因此
$$a^3 + d^3 + 3abc + 3bcd = a^3 + d^3 + 3(a + d)bc =$$
$$(a + d)^3 - 3(a + d)(ad - bc) =$$
$$(x_1 + x_2)^3 - 3(x_1 + x_2)x_1 x_2 =$$

$$x_1^3 + x_2^3$$
$$(ad - bc)^3 = x_1^3 x_2^3$$

这样一来,方程
$$y^2 - (a^3 + d^3 + 3abc + 3bcd)y + (ad - bc)^3 = 0 \quad (2)$$
可以表示成
$$y^2 - (x_1^3 + x_2^3)y + x_1^3 x_2^3 = 0$$
的形式,分解因式
$$(y - x_1^3)(y - x_2^3) = 0$$
于是方程(2)的根等于 x_1^3 和 x_2^3,这就是所要证明的.

§18 关于去掉无理方程中的根号

我们引入新的记号:$p = -(a+d), q = (ad-bc)$,第 17 题可以改述成下面的样子.

设 y 是一个数,它的立方根满足方程
$$x^2 + px + q = 0$$
能否写出 y 的(有理)代数方程,如果可以,那么这个方程的系数和原来方程的系数有什么联系?这个问题还可以更简短地叙述成:能否去掉无理方程
$$\sqrt[3]{y^2} + p\sqrt[3]{y} + q = 0 \quad (1)$$
的三次根号,如果可以,那么用什么方法去掉?

答案包含在第 17 题的条件中,只需验证一下它的正确性. 但是现在我们不直接利用所说的答案,而来说明去掉无理方程中的根号的一般方法.

将方程(1)乘以 $\sqrt[3]{y}$,再将所得到的方程又乘以 $\sqrt[3]{y}$
$$p\sqrt[3]{y^2} + q\sqrt[3]{y} + y = 0 \quad (2)$$
$$q\sqrt[3]{y^2} + y\sqrt[3]{y} + py = 0 \quad (3)$$
首先从方程(1)和(2)中消去 $\sqrt[3]{y^2}$,然后从方程(1)和(3)中消去 $\sqrt[3]{y^2}$
$$(q - p^2)\sqrt[3]{y} + y - pq = 0$$
$$(y - pq)\sqrt[3]{y} + py - q^2 = 0$$
最后,从后两个方程再消去 $\sqrt[3]{y^2}$,我们就得到方程
$$(py - q^2)(q - p^2) - (y - pq)^2 = 0$$
按 y 的降幂排列即为
$$y^2 + (p^3 - 3pq)y + q^3 = 0$$
将 $p = -(a+d), q = (ad-bc)$ 代入到上面的方程,我们得到本题条件中所说的第二个方程.

在我们所研究的情况中,根号下仅仅是未知数 y 本身,但是在更一般的情况下,只要根号下是由常系数和未知数通过算术运算以及开方运算所构成的任意表达式,去掉方程中的根号仍然是可以的. 如果方程含有表达式 $\sqrt[n]{P}$,那么我们将方程多次地乘以 $\sqrt[n]{P}$,以使我们得到足够的为消去乘幂 $(\sqrt[n]{P})^k$ 所需的方程. 我们可以得到足够的方程,因为所有这些乘幂不外乎是通过 $n-1$ 个不同的乘幂有理地表示的. 由所得到的方程一个一个地消去表达式 $(\sqrt[n]{P})^k$,其中 $k=1,2,\cdots,n-1$,最后我们得到不含有根号的方程.

如果这个方程还包含其他的根式或根式的乘幂,那么只要把消去无理性的全部过程再重复进行一次,我们就可以去掉这种无理性,并且经过有限步以后,说法可以得到根号下不再含有未知数的方程.

于是我们看到,每一个无理方程总可以变换成有理的形式,不管它含有多少个根式以及怎样的乘幂,我们不详细地证明这个断言了.

虽然上述方法可以去掉方程中的任意多个根式,把它化成为有理的形式,但是应该注意到,随着根式个数的增加或它们的乘幂的增长,运算的难度也将很快地上升.

❽ 证明:对任意自然数 n,表达式
$$A = 2\,903^n - 803^n - 464^n + 261^n$$
能被 1 897 整除.

证明 由解第 13 题时所利用的恒等式可以推出,任意两个整数的 n 次幂之差总可以被这两个数之差整除.

考虑到这一点,我们将数 A 写成
$$A = (2\,903^n - 464^n) - (803^n - 261^n)$$
的形式,由此看出

$2\,903^n - 464^n$ 能被 $2\,903 - 464 = 2\,439 = 9 \times 271$ 整除

$803^n - 261^n$ 能被 $803 - 261 = 542 = 2 \times 271$ 整除

因此 A 能被 271 整除,即 $A = 271 \times B$,这里 B 是某一整数.

但是,数 A 还可以表示成
$$A = (2\,903^n - 803^n) - (464^n - 261^n)$$
的形式,由此看出 A 能被 7 整除,因为

$2\,903^n - 803^n$ 能被 $2\,903 - 803 = 2\,100 = 7 \times 300$ 整除

$464^n - 261^n$ 能被 $464 - 261 = 203 = 7 \times 29$ 整除

因为数 271 不能被素数 7 整除，那么 $A=271\times B$ 能被 7 整除，必须 B 能被 7 整除（见 §2）．这样一来 $B=7\times C$，这里 C 是某一整数．这时 $A=271\times 7\times C=1\ 897\times C$．因此，$A$ 能被 $1\ 897$ 整除，这就是所要证明的．

第 6 章 1900 年～1901 年试题及解答

19 假设 a,b,c,d 和 m 是这样的整数，使
$$am^3 + bm^2 + cm + d$$
能被 5 整除，且数 d 不能被 5 整除. 证明：总可以找到这样的整数 n，使得
$$dn^3 + cn^2 + bn + a$$
也能被 5 整除.

证明 数 m 不可能被 5 整除. 事实上，如果 m 能被 5 整除，那么由等式
$$am^3 + bm^2 + cm + d = m(am^2 + bm + c) + d$$
看出，数 d 应该能被 5 整除，这与本题条件（d 不能被 5 整除）相违.

因此，数 m 可以表示成 $5k+r$ 的形式，其中 k 是某个整数，而 r 是小于 5 的正整数. 当 r 等于 $1,2,3,4$ 时，我们取 n 分别等于 $1,3,2,4$. 这时乘积 mn 被 5 除总是余 1. 设
$$A = am^3 + bm^2 + cm + d \tag{1}$$
$$B = a + bn + cn^2 + dn^3 \tag{2}$$
从式 (1), (2) 消去 d 得
$$An^3 - B = a(m^3 n^3 - 1) + bn(m^2 n^2 - 1) + cn^2(mn - 1) =$$
$$(mn-1)[a(m^2 n + mn + 1) + bn(mn+1) + cn^2]$$
这样一来，对于我们所选取的数 n，差 $An^3 - B$ 能被 5 整除（这是因为 $mn-1$ 能被 5 整除）根据本题条件，A 能被 5 整除，所以由 $An^3 - B$ 能被 5 整除便可推出 B 能被 5 整除.

20 已知边 AB，内切圆半径 r 以及与边 AB，边 CA 及 CB 的延长线相切的旁切圆的半径 r_c，求作 $\triangle ABC$.

解 (1) 假设点 D 是 $\triangle ABC$ 的内切圆 k 和边 BC 相切的切点，点 D' 是旁切圆 k' 和边 BC 的延长线相切的切点（图 21）.
由 §8 中的关系式 (1) 和 (2) 知道，如果把所研究的三角形的边长记作 a,b,c，半周长记作 p，那么

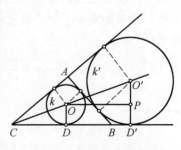

图 21

$$CD = p-c, CD' = p$$

这样一来

$$DD' = p-(p-c) = c$$

(2) 圆 k 和 k' 不相交. 这使 r, r_C 和 c 之间能够建立关系式. 事实上,我们研究 Rt$\triangle OPO'$. 它的直角边 $OP = DD' = c, O'P = r_C - r$,而斜边 $OO' \geqslant r_C + r$. 因此,根据勾股定理有

$$(r_C + r)^2 \leqslant c^2 + (r_C - r)^2$$

即①

$$rr_C \leqslant \left(\frac{c}{2}\right)^2 \tag{1}$$

(3) 如果条件(1)满足,此外,还有 $r_C > r$,那么取长为 c 的线段 DD',且由它的端点作垂线 $OD = r$ 和 $O'D' = r_C$. 以点 O 为圆心,以 r 为半径画圆 k,以点 O' 为圆心,以 r_C 为半径画圆 k'. 因为 $r_C > r$,所以直线 OO' 和直线 DD' 相交. 交点就是所要求的三角形的顶点 C.

圆 k 和 k' 不相交,这是因为从不等式(1)推出②

$$OO'^2 = c^2 + (r_C - r)^2 = (r_C + r)^2 + c^2 - 4rr^2 \geqslant (r_C + r)^2$$

作圆 k 和 k' 的内公切线. 过点 C 作两圆的两条外公切线,和内公切线分别交于点 A 和 B. 所得的 $\triangle ABC$ 满足本题的所有条件,这是因为根据(1)中的证明有

$$AB = DD' = c$$

㉑ 从高为 300 m 的陡峭的峭壁上接连落下两个水滴. 当每一个水滴下落了 0.001 mm 时,第二个水滴开始下落. 问当第一个水滴到达峭壁的山脚时,两个水滴之间的距离是多少?(答案要求精确计算到 0.1 mm;不计空气阻力)

解 假设 σ 是当第二个水滴开始下落时两个水滴之间的距离, s 和 s' 是当第一个水滴到达峭壁的山脚时第一个水滴和第二个水滴所走过的距离(注意,两个水滴是从峭壁的顶点落下的). 如果距离 σ, s 和 s' 是水滴在时间 τ, t 和 $t - \tau$ 内走过的,那么

$$\sigma = \frac{g\tau^2}{2}, s = \frac{gt^2}{2}, s' = \frac{g(t-\tau)^2}{2}$$

---

① 可见第 93 题的解答.
② 不难看出,条件 $r_C > r$ 对于本题有解是必须的. 两个点 O 和 O' 都在 $\angle C$ 的平分线上(图 21),但点 O' 离点 C 远,由此推出 $r_C > r$. —— 俄译者注

因此
$$s' = \frac{g}{2}\left(\sqrt{\frac{2s}{g}} - \sqrt{\frac{2\sigma}{g}}\right)^2 = s - 2\sqrt{s\sigma} + \sigma$$
和
$$s - s' = 2\sqrt{s\sigma} - \sigma$$
在我们所研究的情形中，$\sigma = \frac{1}{1\,000}$ (mm)，而 $s = 300\,000$ (mm).

因此
$$s - s' = 34.6 \text{ (mm)}$$

㉒ 证明：当且仅当指数 n 不能被 4 整除时
$$1^n + 2^n + 3^n + 4^n \tag{1}$$
能被 5 整除，其中 n 是正整数.

证法 1 当 $n = 4$ 时，式(1)中的每一项都可表示成 $5k+1$ 的形式
$$1^4 = 1, 2^4 = 16 = 3 \times 5 + 1$$
$$3^4 = 81 = 16 \times 5 + 1, 4^4 = 256 = 51 \times 5 + 1$$
因此，如果 A 是 1, 2, 3, 4 中的任何一个数，那么 A^{4l} 仍可表示成 $5k+1$ 的形式，即 $A^{4l} - 1$ 能被 5 整除. 事实上，由 13 题的解中所用的恒等式可知：$A^{4l} - 1$ 能被 $A^4 - 1$ 整除，而根据上面所说明的，$A^4 - 1$ 是能被 5 整除的.

每一个正整数都可以表示成 $4l + r$ 的形式，其中 l 是正整数或零，r 是 0, 1, 2, 3 中的某一个数. 因此
$$S_n = 1^n + 2^n + 3^n + 4^n$$
可以写成
$$S_n = 1 + 2^{4l} \times 2^r + 3^{4l} \times 3^r + 4^{4l} \times 4^r =$$
$$1 + (5k_1 + 1)2^r + (5k_2 + 1)3^r + (5k_3 + 1)4^r =$$
$$5m + R$$
其中 m 是正整数，而
$$R = 1 + 2^r + 3^r + 4^r$$
因此，当且仅当 R 能被 5 整除时，S_n 能被 5 整除.

如果 n 能被 4 整除，那么 $r = 0$, $R = 4$. 因此，这时 S_n 不能被 5 整除. 如果 n 不能被 4 整除，那么余数 r 等于 1, 2 或 3 中的一个数. 这时数 R 等于 10, 30 或 100，从而 S_n 能被 5 整除.

证法 2[①] 首先不难验证（见 §12）

---

① 证法 2 与证法 1 并无本质区别，只是在证法 2 中，应用了同余式运算，因而更简洁明了. —— 中译者注

$$1^4 = 1 \equiv 1 \pmod{5}, 2^4 = 16 \equiv 1 \pmod{5}$$
$$3^4 = 81 \equiv 1 \pmod{5}, 4^4 = 256 \equiv 1 \pmod{5} \star$$

假设 $n=4k+r$,其中 k 是某个整数,而 $r=0,1,2,3$. 如果 a 表示数 $1,2,3,4$ 中的任何一个数,那么由前面所写的同余式推出 $a^4 \equiv 1 \pmod{5}$,这意味着 $a^{4k} \equiv 1 \pmod{5}$. 因此

$$a^n = a^{4k} \cdot a^r \equiv a^r \pmod{5}$$

由此得

$$S_n = 1^n + 2^n + 3^n + 4^n \equiv 1^r + 2^r + 3^r + 4^r \pmod{5}$$

由此推出

当 $r=0$ 时,$S_n \equiv 4 \equiv 4 \pmod{5}$
当 $r=1$ 时,$S_n \equiv 10 \equiv 0 \pmod{5}$
当 $r=2$ 时,$S_n \equiv 30 \equiv 0 \pmod{5}$
当 $r=3$ 时,$S_n \equiv 100 \equiv 0 \pmod{5}$

因此,当且仅当 n 不能被 4 整除时,S_n 能被 5 整除. 这就是所要证明的. ★

§19 费马小定理

第 22 题的两个证法都基于下面的事实

$$1^4 \equiv 2^4 \equiv 3^4 \equiv 4^4 \equiv 1 \pmod{5}$$

这是下面的费马[①]小定理的特殊情况.

如果整数 a 不能被素数 p 整除,那么

$$a^{p-1} \equiv 1 \pmod{p}$$

为了证明这一点,我们来研究任意 m 个元素的 p 位重复排列. 把所有 m^p 个排列分成类,使得属于同一类是那些当且仅当在循环置换时由一个变到另一个的排列(见 §4). 构成任何一类的排列的个数和数 p 的一个约数重合. 即或者等于 1,或者等于 p.

这样一来,由自己本身重复的某些排列构成单独的类,它是由唯一的一个元素组成的. 总共有 m 个这样的排列[②]. 其余的 $m^p - m$ 个排列被分成类,每一类有 p 个排列. 因此,数 $m^p - m$ 等于素数 p 和这些类的个数的乘积,即

[①] 费马(Fermat, 1601—1665),法国数学家. 他以许多著名的定理丰富了数论. 按照那个时代的惯例,这些定理发表时是没有证明的. 所说的费马小定理后来被其他的数学家证明了,这在很大程度上促进了数论的发展.

费马小定理有许多证明. 现在最负盛名的是欧拉提出的两个证明. 莱布尼兹(G. W. Leibniz)早就证明了费马定理,但是他的证明直到 1863 年才发表在莱布尼兹著作集中. 另外高斯也独立地给出了类似的证明. 这里的证明实质上是莱布尼兹和高斯的证明的简化变形.

[②] 事实上,如果某一个排列在循环置换时不变,那么在这个排列中,在 p 个位置上放的都是同一个元素,这就意味着,这样的排列和构成这些排列的元素是一样多的. —— 俄译编辑注

第6章 1900年～1901年试题及解答
Chapter 6 1900～1901 Problems and Solutions

$$m^p \equiv m \pmod{p}$$

现在假设 a 是任意一个整数,而 m 是这样一个正整数,使

$$a \equiv m \pmod{p}$$

这时根据最先证明的

$$a^p \equiv m^p \equiv a \pmod{p}$$

即

$$a(a^{p-1} - 1) \equiv a^p - a \equiv 0 \pmod{p}$$

但是两个整数的乘积要被素数 p 整除,只有当素数 p 能除尽其中一个因子时才有可能(见 §2(1)). 因此,若 a 不能被 p 整除,那么所得到的同余式只有在 $a^{p-1} - 1$ 能被 p 整除的条件下才是正确的,即

$$a^{p-1} \equiv 1 \pmod{p}$$

这正是费马定理的断言.

❷③ 证明:数

$$u = \cot 22.5°$$

是二次方程的根,而数

$$v = \frac{1}{\sin 22.5°}$$

是四次方程的根,且两个方程的系数都是整数,最高次项的系数等于1.

证明 角 $22.5°$ 是直角的四分之一,可用下面的方法作出(图 22). 在等腰 $\mathrm{Rt}\triangle ABC$ 的直角边 AC 的延长线上,从顶点 A 往外取线段 $AD = AB$,联结点 D 和 B. 在等腰 $\triangle DAB$ 中, $\angle D = \frac{1}{2}\angle BAC$,于是我们作出了直角的四分之一.

如果等腰 $\mathrm{Rt}\triangle ABC$ 的每一条直角边的长度取作 1,那么

$$DA = AB = \sqrt{AC^2 + BC^2} = \sqrt{2}$$
$$DC = DA + AC = \sqrt{2} + 1$$

且

$$DB = \sqrt{DC^2 + BC^2} = \sqrt{(\sqrt{2} + 1)^2 + 1} = \sqrt{4 + 2\sqrt{2}}$$

由此我们求得

$$u = \cot 22.5° = \frac{DC}{BC} = \sqrt{2} + 1$$
$$v = \frac{1}{\sin 22.5°} = \frac{DB}{BC} = \sqrt{4 + 2\sqrt{2}}$$

因此

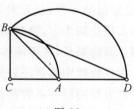

图 22

$$(u-1)^2 = 2$$

和

$$v^2 = 4 + 2\sqrt{2}$$

即

$$(v^2-4)^2 = 8$$

去掉括号,并将所得到的表达式按 u 和 v 的降幂排列,我们求得方程

$$u^2 - 2u - 1 = 0, v^4 - 8v^2 + 8 = 0 \bigstar$$

§20 代数数和超越数

如果 α 是具有有理系数 $a_1, a_2, \cdots, a_n$ 的代数方程

$$x^n + a_1 x^{n-1} + \cdots + a_n = 0$$

的根,那么 α 叫作代数数.

每一个有理数 a 是代数数,因为它满足有理系数的代数方程

$$x - a = 0$$

但是代数数集合并不只限于是有理数. 例如,数 $\sqrt{2}$ 是代数数,因为它满足有理系数的代数方程 $x^2 - 2 = 0$,但是它是无理数.

并不是所有的数都是代数数. 不是代数数的实数或复数叫作超越数. 例如,最"有名的"数 e(自然对数的底)和 π 就是这样的数. 数 e 的超越性首先被埃尔米特[①]证明(1873),数 π 的超越性首先被林德曼[②]证明(1882). (特别是,由数 π 的超越性推出,已知圆的半径,仅仅利用初等几何的工具,即圆规和直尺,不能实现化圆为方,换句话说,不可能作出一条线段,使线段的长等于圆的周长,或不能作出一个正方形和圆等积)

在代数数中通常还划分出代数整数. 如果代数数 α 所满足的代数方程的所有系数都是有理整数[③],而最高次项的系数等于 1,则代数数 α 叫作代数整数. 例如

$$\alpha_1 = \frac{-1+\sqrt{5}}{2}, \alpha_2 = \frac{-1-\sqrt{5}}{2}$$

是代数整数,因为它们是二次方程

$$x^2 + x - 1 = 0$$

的根,这个方程具有有理整数的系数,且 x^2 的系数等于 1.

不难证明,两个代数数的和、差、积、商(如果除数不为零)

[①] 埃尔米特(C. Hermlte, 1822—1901),法国数学家. 首次得出五次方程的解. —— 中译者注
[②] 林德曼(Lindeman, 1852—1939),德国数学家. 最大贡献是证明了圆周率 π 是一个超越数. —— 中译者注
[③] 为了和"代数整数"相区别,这里把通常的整数叫作"有理整数". —— 中译者注

仍然是代数数.两个代数整数的和、差、积仍然是代数整数.

第 23 题的解证明了:22.5°角的余切和正弦的倒数(余割)是代数整数.

> **24** 证明:如果 a 和 b 是正整数,那么等差数列
> $$a,2a,3a,\cdots,ba$$
> 中能被 b 整除的项的个数等于数 a 和 b 的最大公约数.

证明 假设 d 是数 a 和 b 的最大公约数,这时
$$a=dr, b=ds$$
其中 r 和 s 是两个互素的数.

如果所有的数
$$a,2a,3a,\cdots,ba$$
用 b 去除,那么商可以写成
$$\frac{r}{s},\frac{2r}{s},\frac{3r}{s},\cdots,\frac{(ds)r}{s}$$

但是 r 和 s 是互素的数.因此★,在这些商中,能为整数的仅仅是那些数,这些数的分子关于 r 的系数
$$1,2,3,\cdots,ds$$
能被 s 除尽,这样的系数的个数等于 d.

§21 关于求任何一个正整数的约数

我们知道(见 §7),每一个正整数可以分解成素数乘幂的乘积.知道了分解式,这个数的约数可用下面的方法求得.

如果在正整数 k 和 b 的分解式中,含有素数 p 的 χ 次幂和 β 次幂,那么在乘积 kb 的分解式中含有这个素数的 $\chi+\beta$ 次幂.

因此,任何一个正整数 a 当且仅当在下面的情况下才能被某一个数 b 整除:如果在数 b 的分解式中,任一素数 p 的乘幂的指数不超过数 a 的分解式中 p 的指数.

例如,数 $2^m p$(这里的 p 是奇素数) 的正约数具有下面的形式
$$1,2,2^2,\cdots,2^{m-1},2^m$$
$$p,2p,2^2p,\cdots,2^{m-1}p,2^m p$$

§22 关于最大公约数和最小公倍数

假设在数 $a,b,\cdots,m$ 中至少有一个不为零,数 $a,b,\cdots,m$ 的公约数集合是有限的.因此,在它们之中必有一个最大的,它一

定是正的.它就叫作给定数的最大公约数并记作 $(a,b,\cdots,m)$.

因为零可以被任何一个整数整除,所以在求一组给定数的最大公约数时,可以划去所有等于零的数.此外,负数应该用它们的绝对值来代替.这样一来,关于求任何整数的最大公约数的问题即化为求正整数的最大公约数.

由上面的说明显然有:若在正整数 $a,b,\cdots,m$ 的分解式中,含有任一素数 p 的 $\alpha,\beta,\cdots,\mu$ 次幂,那么在这些整数的最大公约数的分解式中,素数 p 的乘幂的指数等于指数 $\alpha,\beta,\cdots,\mu$ 中最小的数.例如

$$(2^5 \times 3^{24} \times 7^9 \times 11^{15}, 2^9 \times 3^{10} \times 13^8) = 2^5 \times 3^{10}$$

同时不难看出,若一个是数 $a,b,\cdots,m$ 的公约数,则这个数一定能除尽这些数的最大公约数.通常用到的多半是最大公约数的这一性质,因为从可除性的观点来看,它是最本质的.

类似的,如果 $a,b,\cdots,m$ 是不为零的整数,它们的最小公倍数是这样的正整数,首先,它能被数 $a,b,\cdots,m$ 中的每一个整除.其次,它是能被所有的数 $a,b,\cdots,m$ 整除的任何一个数的约数.显然,在最小公倍数的分解式中,每一个素数 p 的指数等于在数 $a,b,\cdots,m$ 的分解式中 p 的指数 $\alpha,\beta,\cdots,\mu$ 中最大的数.这样一来,对于任何一组不为零的整数 $a,b,\cdots,m$ 来说,最小公倍数是存在的,而且只有一个.由最小公倍数的定义推出,实际上它是给定一组的倍数中最小的正整数(能被给定数整除的最大正整数是不存在的).

§23 关于互素的数

若两个或若干个整数的最大公约数等于 1,也就是说,如果除了 1 以外,给定的数不能同时被任何一个其他的正整数整除,那么说这些数是互素的.

例如,如果 p 和 q 是两个互素的数,那么对于任何正整数 r 和 s,p^r 和 q^s 也是互素的数.

证明 24 题时,实质上是利用了下面的定理:

如果 $a,b,\cdots,m$ 是不为零的整数,而 d 是它们的最大公约数,那么

$$a' = \frac{a}{d}, b' = \frac{b}{d}, \cdots, m' = \frac{m}{d}$$

是互素的整数.

事实上,如果数 $a',b',\cdots,m'$ 的最大公约数 d' 大于 1,那么数

$$a = a'd, b = b'd, \cdots, m = m'd$$

能被大于 d 的数 dd' 整除. 因此与假设 d 是数 $a,b,\cdots,m$ 的最大公约数矛盾.

在证明第 24 题时, 我们还引用了定理:

如果 b 是不为零的整数, a 和 b 是互素的数, 而且 a 和某一个数 k 的乘积能被 b 整除, 那么 k 能被 b 整除.

事实上, 我们假设 k 不能被 b 整除. 这时至少存在这样一个素数 p, 使得在数 b 的分解式中, 它的指数为 β, 而在数 k 的分解式中, 它的指数 κ 小于 β (特别的, κ 可以等于零). 因为 a 和 b 是互素的, 所以 a 不能被 p 整除. 但这时在 $|ka|$ 的分解式中, p 的指数 $\kappa < \beta$. 因此, 和假设相反, ka 不能被 b 整除. 所得到的矛盾证明了定理的断言.

(如果 a 是任意的素数, 那么上面所述的定理与 §2 的 (1) 中的定理重合)

注意到下面的定理也是有益的:

如果某一个整数 A 能被互素的数 a 和 b 中的每一个整除, 那么它能被这两个数的乘积 ab 整除.

事实上, 根据条件 $A = ak$, 其中 k 是某一个整数. 因为 a 和 b 是互素的数, 根据上面所证明的定理, 只有在 $k = bk'$, 其中 k' 表示某一个整数的情况下 ak 才能被 b 整除. 这时 $A = (ab)k'$, 即 A 能被 ab 整除, 这就是所要证明的.

第 7 章　1902 年～1903 年试题及解答

㉕ 证明:(1) 具有给定的常数系数的任何一个二次三项式
$$Ax^2 + Bx + C$$
可以表示成
$$k\frac{x(x-1)}{1\times 2} + lx + m$$
的形式,其中 k,l 和 m 有完全确定的数值.

(2) 二次三项式
$$Ax^2 + Bx + C$$
对所有的整数 x 都取整数值,当且仅当:如果把它表示成
$$k\frac{x(x-1)}{1\times 2} + lx + m$$
的形式时,系数 k,l 和 m 是整数.

证明　(1) 因为
$$x^2 = 2\frac{x(x-1)}{2} + x$$
所以二次三项式
$$Q = Ax^2 + Bx + C$$
可以变成下面的形式
$$Q = k\frac{x(x-1)}{2} + lx + m$$
其中 $k = 2A, l = A + B, m = C$.

(2) 如果二次三项式 Q 对所有的整数 x 都取整数值,那么,当假定 x 等于 $0,1,2$ 时,我们得到二次三项式相应的值
$$r = m, s = l + m, t = k + 2l + m$$
它们应该是整数.但这时数
$$m = r, l = s - r, k = t - 2s + r$$
也是整数.

反之,如果 k,l,m 是整数,那么二次三项式对任何整数 x 只能取整数值.

事实上,如果 x 是整数,那么在两个连续的整数 x 和 $x-1$ 中,总有一个是偶数,因此 $\frac{x(x-1)}{2}$ 是整数.如果系数 k,l,m 是整数,那么 Q 的所有三项都取整数值,因而二次三项式 Q 的

本身也取整数值.

§24 关于取整数值的多项式

用归纳法(由 n 到 $n+1$)来论证,不难证明 25 题的(1) 中的断言的推广:

每一个 n 次多项式
$$F = a_0 + a_1 x + a_2 x^2 + \cdots + a_n x^n$$
可以表示成
$$F = b_0 + b_1 \binom{x}{1} + b_2 \binom{x}{2} + \cdots + b_n \binom{x}{n} \tag{1}$$
的形式,其中
$$\binom{x}{1} = x, \binom{x}{2} = \frac{x(x-1)}{1 \times 2}, \binom{x}{3} = \frac{x(x-1)(x-2)}{1 \times 2 \times 3}, \cdots$$

25 题中(2) 的断言也有如下的推广:

当且仅当表示式(1)中所有的系数 $b_0, b_1, \cdots, b_n$ 都是整数时,多项式 F 对所有的整数 x 都取整数值.

如果我们能够证明量
$$\binom{x}{k} = \frac{x(x-1)(x-2)\cdots(x-k+2)(x-k+1)}{1 \times 2 \times 3 \times \cdots \times (k-1) \times k}$$
对所有的整数 x 只能取整数值,我们就不难得到这个断言的证明了.可用下面的方法来证实这一点.

如果 x 是正整数或者是零,那么 $\binom{x}{k}$ 可以看作是从 x 个元素中取出 k 个的组合数(没有重复).因此,对于正整数 x 和 $x=0$,量 $\binom{x}{k}$ 取整数值(当 $x<k$ 时,$\binom{x}{k}$ 的值等于零).

如果 x 等于某一个负整数 $-y(y>0)$,那么
$$\binom{-y}{k} = \frac{(-y)(-y-1)\cdots(-y-k+2)(-y-k+1)}{1 \times 2 \times \cdots \times (k-1)k} =$$
$$(-1)^k \frac{(y+k-1)(y+k-2)\cdots(y+1)y}{1 \times 2 \times \cdots \times (k-1)k} =$$
$$(-1)^k \binom{y+k-1}{k}$$

这里的 $y+k-1$ 是正整数,因此 $\binom{y+k-1}{k}$ 是整数,而它与 $\binom{-y}{k}$ 仅仅差一个符号(当 k 为奇数时).

§25 关于二项式级数

量 $\binom{x}{k}$ 通常叫作二项式系数. 如果 z 是在从 -1 到 1 的区间中的任意一个数, 而 t 是任意的幂指数 (不一定是正整数), 那么二项式 $1+z$ 的 t 次幂可以展开成下面的无穷级数

$$(1+z)^t = 1 + \binom{t}{1}z + \binom{t}{2}z^2 + \cdots + \binom{t}{k}z^k + \cdots$$

按照牛顿[①]的说法, 习惯上把它叫作二项式级数. 例如, 当 $t=-1$ 时, 二项式级数变成无穷几何级数

$$1 - z + z^2 - z^3 + \cdots$$

当 $-1 < z < 1$ 时, 它的和等于

$$\frac{1}{1+z} = (1+z)^{-1}$$

如果 t 是正整数, 那么无穷的二项式级数蜕化成有限项和, 因为从第 $t+1$ 项开始, 所有的 z 的乘幂的系数都等于零. 如果在 $t=n$ 时所得到的恒等式中, 令 $a = \dfrac{b}{a}$, 然后将它的两边同乘以 a^n, 那么我们得到恒等式

$$(a+b)^n = a^n + C_n^1 a^{n-1}b + \cdots + C_n^k a^{n-k}b^k + \cdots + C_n^{n-1}ab^{n-1} + C_n^n b^n \tag{1}$$

它叫作牛顿二项式.

关于恒等式 (1) 可以注意到下面一点:

它的右端可以这样得到, 全部写出 n 个 $a+b$ 的乘积所表示的多项式, 并且合并同类项, 可以看出其所有的项都具有形式 $a^{n-k}b^k$, 其中 $0 \leqslant k \leqslant n$.

对于确定的 k, 形如 $a^{n-k}b^k$ 的项的个数等于从 n 个二项式 $a+b$ 中取出 k 个的方法的个数 (这 k 个二项式是字母 b 的 "提供者"). 因为选取 k 个二项式的次序无关紧要, 所以我们感兴趣的数目等于从 n 个元素中取出 k 个的组合数 (见 §5). 当 $k \geqslant 1$ 时, 它等于 C_n^k. 因为项 a^n 只能得到一次 (如果从所有的二项式 $a+b$ 中都选取字母 a), 于是恒等式 (1) 就这样被证明了.

在它里面令 $a = b = 1$, 我们得到

$$2^n = 1 + C_n^1 + C_n^2 + \cdots + C_n^{n-1} + C_n^n$$

这个恒等式我们在 §5 的 (3) 中提到过.

[①] 牛顿 (Newton, 1642—1727), 英国著名的物理学家、数学家、天文学家, 提出万有引力定律、牛顿定律与莱布尼茨共同发明微积分, 发明反射式望远镜和光的色散原理, 被誉为 "近代物理学之父". —— 中译者注

26 假设点 O 是球面 k 的中心，P 和 T 是球面 k 外的点. 以点 P 为中心，PO 为半径作球面，以点 Q 为中心，QO 为半径作球面. 证明：这两个球面的 K 内的面积相等.

证明 通过球心为点 P，半径为 PO 的球面 K' 的直径 OT 作一平面. 此平面和球面 K 和 K' 交得的圆为 k 和 k'，k 和 k' 相交于点 M 和 N（图 23）. 我们用点 S 表示弦 MN 和直径 OT 的交点.

球面 K' 在球面 K 内的那一部分的面积 F 等于圆 k' 的周长乘以球冠的高 OS，即

$$F = \pi OT \cdot OS$$

但是 $OT \cdot OS = OM^2 = r^2$，这里 r 是圆 k 的半径. 因此

$$F = \pi r^2$$

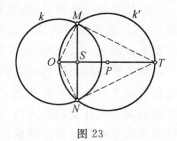

图 23

这样一来，球面 K' 在球面 K 内的那一部分的面积与点 P 的位置无关.

点 P 不一定要在给定球面 K 的外边. 只要它在以点 O 为球心，以 $\dfrac{r}{2}$ 为半径的球面的外边就行了. 事实上，如果点 P 在这个球面内（即如果 $OP < \dfrac{r}{2}$），那么球面 K 和 K' 没有公共点. ★

§26 关于波约依几何学

第 26 题中所证明的断言在不依赖于欧几里得平行公理的亚诺什·波约依几何中起着重要的作用. 我们打算稍微详细地说一下非欧几何和亚诺什·波约依.

（1）平行公理. 平行公理的问题起源于欧几里得的《几何原本》. 除了一般数学的基本概念的定义和某些公理之外，欧几里得在自己的著作中引进了五条公设作为整个几何学的基础，并且它们不能化为更基本的命题. 我们感兴趣的仅仅是最后的第 V 公设，它在欧几里得的《几何原本》中是第十一个公理. 这个公设的内容是：

当一条直线与另外两条直线相交，这条直线与另外两直线构成的同侧内角之和小于两直角时，这两条直线相交，而且在同侧内角之和小于两直角的那一侧相交.

通常公设 V 叫作平行公理（公设），因为它正是整个平行理论的基础.

如果在一个平面上的两条直线,无论怎样延长也不相交,欧几里得就把这两条直线叫作平行的.

不利用公设 Ⅴ,欧几里得证明了:如果在一个平面上,两直线和第三条直线相交,并且同侧内角之和等于两直角,那么这两条直线平行(在上面所说的意义下).由此推出,通过任意取的直线 e 外的点 A,至少可以引一条直线和 e 平行.

欧几里得还证明了:通过直线 e 外的点 A 只能引一条直线和 e 平行.欧几里得对这个定理给出的证明依赖于公设 Ⅴ,从实质上来说,这个公设是为了使这个定理成为可能而引入的.

欧几里得几何学的所有其他公理是简单而明显的.困难只是在研究平行公设时产生的,在欧几里得的公理体系中,这条公设是为了填补缺陷而人为引进的.古代希腊人就试图从欧几里得几何学的其他的公理推出平行公设.

(2) 两个波约依 —— 父与子.两千二百年以来,平行公设引起了最卓越的智者的注意,但是在他们之中,谁也没有像法尔卡什·波约依(亚诺什·波约依的父亲)那样热心埋头于解决平行问题.

法尔卡什·波约依于 1775 年生于波约,1856 年死于马罗什瓦沙尔赫伊.在纳季 — 埃尼叶德和科洛什瓦尔受中等教育.法尔卡什·波约依受邀和希蒙·克缅男爵一起在耶纳和哥廷根大学(1796～1799)学习同样的功课.在哥廷根留学期间,法尔卡什·波约依认识了当时在那里学习的高斯,他只比法尔卡什·波约依小几岁.认识不久就结下了亲密的友谊.朋友之间的通信往来一直延续到法尔卡什·波约依去世(诚然,从 1816 年到 1831 年有很长一段时间间断了).有一段时期波约依回到科洛什瓦尔当教员,然后迁居到他自己在多马利德的世袭领地.1804 年他搬到马罗什瓦沙尔赫伊,在那里主持地方学校的数学、物理和化学教研室.在这个职位上,波约依一直工作到 1853 年.他有着多方面的才干,不仅写话剧,研究语言学的各种问题,绘画和弹奏乐器,而且颇有成效地致力于解决实际问题.例如,在埃尔杰伊,法尔卡什·波约依设计的经济炉子得到了广泛的推广.但是法尔卡什·波约依最感兴趣的是数学,特别是平行理论.他的主要著作(用拉丁文写的)称之为《引导青年学习纯粹数学原理的经验》已经出版(马罗什瓦沙尔赫伊,卷Ⅰ,1832;卷Ⅱ,1833).高斯高度评价《引导青年学习纯粹数学原理的经验》的作者的思想深刻和独创性.除其他问题外,法尔卡什·波约依在自己的著作中还涉及了平行问题.他试验了所有可能的哪怕是只有微弱希望的各种途径来证明欧几里得的公设 Ⅴ.但是,正像他的前辈一样,法尔卡什·波约依每次从某一个公设出发,但这个公设并不比所要证明的公设简单.亚诺什·波约依的研究真正弄清楚了所有这些试验不能成功的奇怪的原因.

亚诺什·波约依 1802 年生于科洛什瓦尔,1860 年死于马罗什瓦沙尔赫伊.亚诺什很早就表现出来的非凡才干使他的父亲非常高兴.1818 年他被录取到匈牙利军事工程学院第四系,1822 年以优异的成绩在那儿毕业.亚诺什作为士官生在学院见习一年.1823 年 9 月被授予少尉军衔,1833 年辞去了大尉军衔,从那时起一直住在马罗什瓦沙尔赫伊附近的不大的波约依－多马利德庄园.

当亚诺什·波约依还是孩子的时候,就听他父亲说过,许多杰出的数学家毫无成效地极力想证明平行公设.许多证明欧几里得平行公设的想法都带有间接的特点.他们不外乎力图证明每一个和平行公设相矛盾的假设迟早会导致逻辑上的矛盾.这种途径无异于在这领域里的最初的研究,平行理论的研究者们走着他们前辈所开创的老路.

仅仅是在年青的军官亚诺什·波约依提出了解决平行问题的根本不同的途径之后,才把平行理论提高到了一个新的高度.非常复杂的现象开始渐渐地明朗起来,并且增添了越来越多的新内容.亚诺什·波约依没有试图去证明公设 V,而是相反,他从假设这种证明是不可能的出发,换句话说就是,欧几里得平行公设不能从《几何原本》中所叙述的其他公理和公设推导出来.他成功地建立了一种几何学,除了平行公设以外,这种几何学满足欧几里得的所有其他公理.这种几何学被亚诺什·波约依称之为 S－几何学,和大家所知道的欧几里得几何学(亚诺什·波约依用 Σ－几何学来表示它)有很大的区别.波约依的 S－几何学在逻辑上是没有矛盾的,虽然只是从纯粹数学的观点来看它才是有趣的[①].

(3)亚诺什·波约依的几何学.为了指出 Σ－几何学和 S－几何学的区别,我们从研究下面的具有首要意义的问题开始:在直线 e 和 e 外一点 A 所确定的平面 $[e, A]$ 上,通过点 A 可以引多少条直线不和直线 e 相交?

在两种几何学(S 和 Σ)中,至少总可以引一条这样的直线.事实上,将由点 A 到 e 所引的垂线 AB 绕点 A 旋转一个直角,那么直线 AF 和直线 e 不相交(图 24).

在欧氏几何 Σ 中,由公设 V 推出,在平面 $[e, A]$ 上,通过点

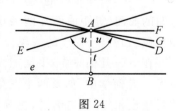

图 24

---

① 见后面的 §27.——俄译编辑注

A 的任何其他的直线和直线 e 相交.

因为波约依的 S-几何学不满足平行公设,所以根据这个几何学,至少能够找到一条这样的直线 e 和 e 外的一点 A,使得在平面 $[e,A]$ 上,除了 AF 以外,通过点 A 还可以引一条也不和直线 e 相交的直线 AG. 正像详细研究所表明的,甚至更强的断言(在法尔卡什·波约依和亚诺什·波约依之前就知道)也是对的:*aut semper, aut munquam*(要么都可以,要么都不可以). 换句话说,如果存在一条直线 e 和 e 外一点 A,通过点 A 可以引一条与 AF 不同的直线 AG 和 e 不相交,那么任何其他的直线 e 和 e 外的点 A 也都具有这种性质.

我们来比较详细地研究在 S-几何学中任意选取的直线 e 和 e 外的点 A 的情况(图24). 作与直线 e 垂直的线段 AB,我们将通过点 A 的直线绕着点 A 转动,一直到它和线段 AB 成直角时为止. 无论是在哪一侧转动直线——沿着顺时针或反时针方向,这直线在和 AB 成直角之前就不再和直线 e 相交("脱离"e):从转动直线和直线 AD(或 AE)重合时开始就发生"脱离". 在 S-几何学中,在通过点 A 的直线中,只有两条这样的脱离直线:AD 和 AE. 它们被称为和直线 e 平行,直线 AD(或 AE)和垂线 AB 之间的夹角 u 叫作平行角. $\angle u$ 的量值依赖于垂线 AB 的长度:AB 越长 u 越小.

在 Σ-几何学中,某些简单而重要的问题的解答是直线或平面,而在 S-几何学中则为某些曲线或曲面. 例如在 Σ-几何学中,当半径无限增大时,圆和球面分别变为直线和平面. 在 S 中,相应的极限过程导致某个极限曲线(极限圆)或曲面(极限球面). 任何两个极限圆是叠合的,就像任意两个极限球面是叠合的一样.

如果从平面直线上的每一点向平面的一侧引垂线,或者从平面的每一点向平面的一侧引垂线,而且在这些垂线上截取长度都等于 d 的线段,那么在 Σ 中,我们所作线段的自由端点的轨迹是和给定直线平行的直线,或者是与给定平面平行的平面. 在 S 中,所作垂线的端点的轨迹是某种曲线(等距曲线)或弯曲的曲面(等距曲面). 两条这样的曲线或两个这样的曲面,当且仅当它们所对应的线段长度 d 相等时是叠合的.

在 S-几何学中,平面三角形的三个角之和小于两直角. 在 S-几何学中,如果两个三角形对应的角相等,那么对应角的对边也相等. 换句话说,在 S-几何学中,对应角相等的两个三角形是全等的. 这样一来,在 S-几何学中,没有相似的平面图形,而且三角函数不能用直角三角形的边的比来定义.

虽然如此,但是在 S-几何学中存在这样一个曲面,对于这个曲面来说,三角形的角之和等于两直角,而且说相似三角形是有意义的:我们所指的是极限球面,在它上面画有以极限圆为边的三角形.在 $S-$ 几何学中,在这个曲面上作的直角三角形,就像在通常 $\Sigma-$ 几何学的平面上的直角三角形那样,能够定义角的三角函数.用这种办法计算的角 α 的三角函数值和用欧氏几何的法则计算出的值相同.例如,无论是在 $\Sigma-$ 几何学中或是在 $S-$ 几何学中都有 $\sin 30° = \dfrac{1}{2}$.

在第 26 题的解答中所证明的关于球面在另一个球面内的曲面大小的定理是很有趣的,而且具有重要的意义.这不仅在 $\Sigma-$ 几何学中是这样,而且在 $S-$ 几何学中也是这样.如果用极限球面来代替通过点 O 和 T 的平面,用极限圆来代替所作的直线,前面对 $\Sigma-$ 几何学的情况所作的证明可以完全搬到 $S-$ 几何学的情况中来.

亚诺什·波约依认为他自己最重要的发现是建立了平行角的量值 u 和垂线 AB 的长度 t 之间的依赖关系式

$$\cot \frac{u}{2} = e^{\frac{t}{k}}$$

其中 $e = 2.71828\cdots$ 是自然对数的底,而 k 是绝对(即与 t 无关的)长度,并称之为 $S-$ 几何学的参数.

参数 k 可以无限制地改变.换句话说,参数 k 可以具有任意的数值.随着 k 的选取,我们将得到相应的 $S-$ 几何(每一次都是另一种).因为 k 可以上升到无穷,所以不是有一个,而是有无穷多个带有不同 k 值的 $S-$ 几何(就像有无穷多个不同半径的球面一样).

$\Sigma-$ 几何是 $S-$ 几何在参数 k 趋向于无穷时的极限情况.在这种情况下,$\dfrac{t}{k}$ 趋向于零,由上面所说的公式推出

$$\cot \frac{u}{2} = e^0 = 1$$

这样一来,在 $\Sigma-$ 几何学中,平行角 u 不再与垂线 AB 的长度有关,而且变成常数,它正好等于直角.

(4) 结束语

1823 年亚诺什·波约依完成了自己的伟大发现.他在 1823 年 11 月 3 日从捷麦什瓦尔寄给父亲的信中说:"从某种东西出发我建立了新的、另外的世界".也许那时他已经导出了自己的公式,即确定平行角和垂线长度之间的依赖关系式(亚诺什·波约依确实是在 1823 年导出了它).1832 年,作为法尔卡什·波约依的《引导青年学习纯粹数学原理的经验》的第一卷的附录,用拉丁文发表了亚诺什·波约依的篇幅不大的著作,

称之为《附录：关于与欧几里得公理 XI 的真伪无关的真正空间的科学，任何时候也不可能先验地解决，几何上化圆为方问题的补充》. 1831 年 6 月还以单行本的形式发表了《附录》.

根据儿子的请求，法尔卡什·波约依立即把 28 页的《附录》寄给了高斯. 高斯 1832 年 3 月 3 日的回信给亚诺什·波约依带来了不愉快的消息：高斯宣布他早就得到了同样的结果，但是没有发表，因为它没有特别的意义. 对于渴望得到承认和荣誉的年青的匈牙利学者来说，当他得知俄国数学家尼·伊·罗巴切夫斯基①几乎与他同时而且和高斯无关地研究出了非欧几何的时候，这确实是一个巨大的打击.

看来，应验了法尔卡什·波约依在 1825 年催促儿子发表他的发现时所说的话："某些思想等到它自己产生的时候，如果可以这样来形容的话，它们会立刻在几个地方被发现". 但是看到高斯是对的，他认为传播新的、非欧几里得的几何学的思想还为时过早. 像亚诺什·波约依用拉丁文写成的《附录》一样，甚至罗巴切夫斯基用一种生动的语言写成的著作也是没有读者的. 然而，最勇敢的思想终究会取得公认的，如今罗巴切夫斯基－波约依几何学已被公正地认为是人类天才的光辉成就之一.

在罗巴切夫斯基－波约依几何学的创始人所生活的时代以后的一段时间内，数学家们阐明了，如果除了平行公设以外，放弃其他的习惯了的公理，我们将同样可以得到其他的逻辑上没有矛盾的几何学.

这就产生了一个问题：在许多几何学中，哪一种是合乎现实的呢？要回答这个问题不越出纯粹数学的范围是不可能的，因为对理论提出的唯一要求是这个理论是合乎逻辑的，也就是说不应该导致逻辑上的矛盾. 研究现实空间（和时间）的性质是有趣而困难的物理问题. 所得到的每一个结果都会导致日新月异的探索. 亚诺什·波约依和非欧几何的创始人的无可争辩的功绩在于：正是他们在科学上首先提出了什么样的几何学描述了现实空间的性质这个问题. 在他们之间，任何人甚至想都没有想过可能存在某个另外的不同于欧氏几何学的几何学，连建立现实空间几何学这个问题的本身都没有产生.

§27 再论非欧几何②

§26 最后一段应该解释一下，尤其是它和第 26 节的(2)中最后那句话"只是从纯粹数学的观点来看它才是有趣的"有

---

① 尼·伊·罗巴切夫斯基(N. I. Lobačevskiǐv, 1772—1856)，俄国数学家，非欧几何早期发现人之一. —— 中译者注

② 俄译编辑所加.

些矛盾.

对亚诺什·波约依来说,有决定意义的首先是非欧几何在逻辑上的无矛盾性,他是深信这一点的.而同时,高斯,特别是罗巴切夫斯基清楚地意识到了物理空间的几何学可能是非欧几里得的,而且这个问题不能从纯粹逻辑上来解决.他们试图用实验的方法得到答案,为了这个目的,他们测量很大的三角形的角之和(罗巴切夫斯基用天文观测的办法,高斯用大地测量的手段),但是他们的想法是没有成效的:在测量的精确度的范围内,要确定角之和是否等于两直角看来是不可能的.虽然如此,但是作者是完全正确的,宣布存在有不同于欧几里得的几何学的可能性是非凡的,它引起了"物理学者的激动",最后导致建立爱因斯坦[①]的广义相对论(恰好相对论的基石之——引力质量和惯性质量相吻合被匈牙利奥林匹克数学竞赛的创始人洛·爱德魏约希用实验证实了).

根据爱因斯坦的广义相对论,现在我们知道,空间的几何学由空间中物质的分布所确定.远离引力质量时,空间是"平面的",它的几何学以足够的精确度可看成是欧几里得的.重物的存在,例如星体的存在,使空间"变得弯曲"了,而且这个曲率一般来说是不均匀的.这种空间的数学模型是黎曼[②]创立的,且称之为黎曼的几何学.罗巴切夫斯基-波约依的非欧平面处处有不变的负曲率(由这一点可以确定,在§26意义上的S-几何学对于它是成立的),其实,在欧氏平面上和在"极限球面"上曲率处处等于零(由此确定了Σ-几何学的存在).还可能有不变的正曲率几何学,它叫作黎曼几何(不要和黎曼的几何学混淆,黎曼的几何学曲率可变化,而且是任意的).

无论是高斯或波约依都没有像罗巴切夫斯基那样充分地研究非欧几何学(高斯有意地避免公开或发表这些结果).新几何学的基础是罗巴切夫斯基于1826年2月11日在喀山大学学术委员会的报告中叙述的,并且于1829年发表在《喀山公报》上.然后陆续发表了《虚几何学》(1835),《虚几何对一些积分的应用》(1836),《具有完整平行理论的几何学的新原理》(1835~1838),《平行线理论的几何研究》(1840)和《泛几何学》(1855).但是,还没有等到自己的发现被公认,伟大的几何学家于1856年去世了.

---

① 爱因斯坦(Einstein,1879—1955),犹太人,著名物理学家、思想家、哲学家.世界十大杰出物理学家之一,现代物理学的开拓者、集大成者和奠基人,创立了相对论.——中译者注

② 黎曼(Riemann,1826—1866),德国数学家、物理学家.他的名字出现在黎曼ζ函数、黎曼ζ引理、黎曼流形、黎曼映照定理、黎曼-希尔伯特问题.黎曼思想回环矩阵和黎曼曲面中.——中译者注

无论是波约依或是罗巴切夫斯基都相信他们所发现的几何学在逻辑上是没有矛盾的,即当一个接一个地导出它的定理,并且把它们排成任意长的一串时,我们在任何时候都不会遇到逻辑上的矛盾(这恰好意味着可以证明欧几里得的平行公设仅在欧氏几何中可能成立). 但是他们谁也没有严格证明这一点(其实,正是这一点使得罗巴切夫斯基曾试图用实验来解决问题). 到 19 世纪末,通过许多数学家的努力,首先是贝尔特拉米、克莱因[①]、庞加莱[②]和希尔伯特[③],证明了两种几何学:欧几里得的和罗巴切夫斯基 — 波约依的无矛盾性是等同的:一种几何学逻辑上矛盾的存在不可避免地引起另一种几何学逻辑上矛盾的存在. 而且如果算术是无矛盾的话,也就是说,如果从皮亚诺[④]公理系统(见 §3)出发,我们永远不会导致逻辑上矛盾的话,还可证明两种几何学是无矛盾的. 这个前提至今仍然悬而未决,但"这完全是另一回事"了……

❷❼ 已知三角形的面积 S 和顶角 γ. 相交于顶点 C 的两边 a 和 b,在什么情况下能使顶点 C 所对的边 c 的长度最短?

解法 1 根据余弦定理

$$c^2 = a^2 + b^2 - 2ab\cos\gamma = (a-b)^2 + 2ab(1-\cos\gamma) \quad (1)$$

但是

$$\frac{1}{2}ab\sin\gamma = S \quad (2)$$

因此

$$c^2 = (a-b)^2 + 4S\frac{1-\cos\gamma}{\sin\gamma} \quad (3)$$

式(3)右端第二项是常数,第一项当 $a=b$ 时变为零,而在所有其他的情况下都是正的. 因此,如果三角形是等腰三角形,那么 c^2 达到最小值,从而 c 达到最小值. 这时

$$a = b = \sqrt{\frac{2S}{\sin\gamma}}$$

解法 2 我们证明:如果三角形是等腰三角形($a=b$),那么边 c 有最短的长度. 假设 $\triangle A_0B_0C$ 是满足本题条件的等腰三

---

① 克莱因(Klein,1849—1925),德国数学家. —— 中译者注
② 庞加莱(Poincare,1854—1912),法国伟大的数学家之一、理论科学家和科学哲学家. —— 中译者注
③ 希尔伯特(Hilbert,1862—1943),德国著名数学家. —— 中译者注
④ 皮亚诺(Peano,1858—1932),意大利数学家. 皮亚诺公理符号逻辑学的奠基人,创立了国际语. —— 中译者注

角形. 作一个任意的三角形, 使其有同样的面积, 且对于这两个三角形, $\angle \gamma$ 是公用的, 新三角形的边 CA_1 比 $\triangle A_0B_0C$ 的边 CA_0 长. 我们得到 $\triangle A_1B_1C$(图 25). 因为点 A_1 在边 CA_0 的延长线上, 所以点 B_1 应该在 $\triangle A_0B_0C$ 的边 B_0C 上.

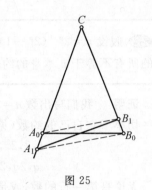

图 25

$\triangle A_0A_1B_1$ 的面积和 $\triangle A_0B_0B_1$ 的面积相等, 而边 A_0B_1 公用. 因此点 A_1 和 B_0 到线段 A_0B_1 是等距的, 即四边形 $A_0B_1B_0A_1$ 是梯形. 此外

$$\angle B_1B_0A_1 > \angle B_1B_0A_0 = \angle B_0A_0C >$$
$$\angle B_0A_1A_0 \text{(外角大于和它不相邻的内角)}$$

于是, 我们将原题化为证明下面的引理.

引理 如果把不等腰梯形的角分成两组, 靠上底的两个角为一组, 靠下底的两个角为一组, 那么在每一组角中, 小角的顶点是梯形的两条对角线中较长的对角线的端点.

假设四边形 $PQRS$ 是不等腰的梯形, $PQ \parallel SR$(图 26), 且 $\angle SPQ > \angle PQR$.

假设点 S' 是顶点 S 关于底边 PQ 的中垂线的对称点. 点 S' 位于底边 SR 的延长线上顶点 R 的外边. $\angle S'RP$ 是 $\triangle SRP$ 的外角, 所以 $\angle S'RP > \angle S'SP > \angle S'SQ$. 根据对称性, $\angle S'SQ = \angle SS'P$, 由于在 $\triangle PRS'$ 中, $\angle S'RP > \angle RS'P$, 所以 $S'P > RP$. 因为根据对称性 $S'P = SQ$, 所以由最后一个不等式得出: $SQ > RP$.

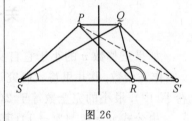

图 26

解法 3 我们研究所有面积为 S, 一个角等于给定的角 γ 的三角形. 如果在这些三角形中, 能找到这样一个三角形, 它的和 $\angle \gamma$ 相对的边 c 比其他的三角形的对应边都短, 那么我们将所有的三角形都缩小, 使得在所有的三角形中, 和 $\angle \gamma$ 相对的边的长度都等于 c. 显然, 被"缩小"后的三角形的面积比原来面积 S 要小.

这样一来, 我们原来的问题化成下面的问题: 在所有具有公共边以及和它相对的角等于给定 $\angle \gamma$ 的三角形中, 求面积最长的三角形.

这种三角形的顶点 C 的轨迹是立于这一条公共边的线段上且其张角为 γ 的圆弧. 在所研究的三角形中, 顶点 C 到公共边最远的三角形具有最大的面积, 即顶点 C 为含 $\angle \gamma$ 的圆弧与公共边的中垂线的交点时, 三角形有最大的面积. 显然, 这个三角形是等腰三角形.

于是, 在所有具有已知面积 S 和顶点 C 的顶角为 γ 的三角形中, 等腰三角形的角 γ 所对的边具有最短的长度.

㉘ 假设 $n=2^{p-1}(2^p-1)$，这里 2^p-1 是素数．证明：数 n 的所有不等于 n 本身的约数之和恰好等于 n．

证明 我们写出数 $n=2^{p-1}q$（这里的数 $q=2^p-1$ 是素数）的一切小于它自己的约数（见 §21）
$$1,2,2^2,\cdots,2^{p-2},2^{p-1}$$
$$q,2q,2^2q,\cdots,2^{p-2}q$$
无论是第一行的数，或是第二行的数，都构成一等比数列．计算这两个数列的和，我们得到
$$2^p-1=q \quad 和 \quad q(2^{p-1}-1)=n-q$$
于是，数 n 的一切约数（除去本身之外）之和等于 n，这就是所要证明的．

§28 关于完全数

如果正整数 n 的小于它自身的正约数之和等于 n，那么数 n 叫作完全数．欧几里得就研究过这种数（在他的《几何原本》，卷 Ⅸ 中）．最小的完全数等于 $2(2^2-1)=6=1+2+3$．

由公式 $n=2^{p-1}(2^p-1)$（其中 p 和 2^p-1 是素数）能够得到的只是偶完全数．进一步可以证明：这个公式可以得到所有的偶完全数．直到如今，下面的问题还没有解决：

(1) 偶完全数的集合是有穷的还是无穷的？
(2) 存在奇完全数吗？

㉙ 如果值
$$x=\sin\alpha, y=\sin\beta$$
给定了，那么表达式
$$z=\sin(\alpha+\beta)$$
在一般情况下有四个不同的值．写出联系 x,y 和 z 的方程，但不许包含根式和三角函数．并求使 $z=\sin(\alpha+\beta)$ 有少于四个值的 x 和 y 的值．

解 （1）如果 $\sin\alpha=x,\sin\beta=y$，那么有
$$\cos\alpha=\pm\sqrt{1-x^2},\cos\beta=\pm\sqrt{1-y^2}$$
因此
$$z=\sin(\alpha+\beta)=\sin\alpha\cos\beta+\cos\alpha\sin\beta$$
具有下面四个值

$$z_1 = x\sqrt{1-y^2} + y\sqrt{1-x^2}$$
$$-z_1 = -x\sqrt{1-y^2} - y\sqrt{1-x^2}$$
$$z_2 = x\sqrt{1-y^2} - y\sqrt{1-x^2}$$
$$-z_2 = -x\sqrt{1-y^2} + y\sqrt{1-x^2} \tag{1}$$

方程
$$(z-z_1)(z+z_1)(z-z_2)(z+z_2) = 0$$
的根是 $z_1, -z_1, z_2, -z_2$，去掉括号并按 z 的降幂排列，我们得到
$$z^4 - (z_1^2 + z_2^2)z^2 + z_1^2 z_2^2 = 0 \tag{2}$$

其中
$$z_1^2 + z_2^2 = 2[(x\sqrt{1-y^2})^2 + (y\sqrt{1-x^2})^2] =$$
$$2(x^2 - 2x^2y^2 + y^2)$$
$$z_1 z_2 = (x\sqrt{1-y^2})^2 - (y\sqrt{1-x^2})^2 = x^2 - y^2$$

将这些表达式代入方程(2)，我们得到
$$z^4 - 2(x^2 - 2x^2y^2 + y^2)z^2 + (x^2 - y^2)^2 = 0 \tag{3}$$

方程(3)便是所要求的方程.

(2) 方程(3)有由公式(1)确定的四个不同的根(图27).
如果
(a) $z_1 = \pm z_2$；
(b) $z_1 = -z_1$ 或 $z_2 = -z_2$.
那么方程(3)的根的个数少于4.

由情形(a)得
$$y\sqrt{1-x^2} = 0 \tag{4}$$
或者
$$x\sqrt{1-y^2} = 0 \tag{5}$$

等式(4)当 $y=0$ 或 $x^2=1$ 时成立，等式(5)当 $x=0, y^2=1$ 时成立. 因此情况(a)当 x 或 y 取值 $0,1$ 或 -1 时成立.

由情形(b)得
$$x\sqrt{1-y^2} = \pm y\sqrt{1-x^2}$$
即
$$x^2(1-y^2) = y^2(1-x^2)$$
因此 $x^2 = y^2$ 或 $y = \pm x$.

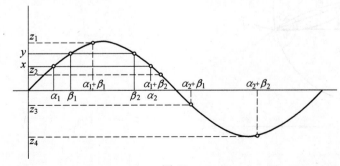

图 27

㉚ 假设点 A, B, C, D 是菱形的顶点. 我们用:

k_1 表示通过顶点 B, C, D 的圆;

k_2 表示通过顶点 A, C, D 的圆;

k_3 表示通过顶点 A, B, D 的圆;

k_4 表示通过顶点 A, B, C 的圆.

证明: 圆 k_1 和 k_3 在顶点 B 的交角等于圆 k_2 和 k_4 在顶点 A 的交角.

证明 我们注意, 两条曲线在交点处的夹角是指过这点所作曲线的切线之间的夹角.

我们所要证明的断言不仅对菱形是正确的, 而且对任何凸四边形[①](图 28), 甚至对非凸四边形(图 29)也是正确的. 可用下面的方法来证实这一点.

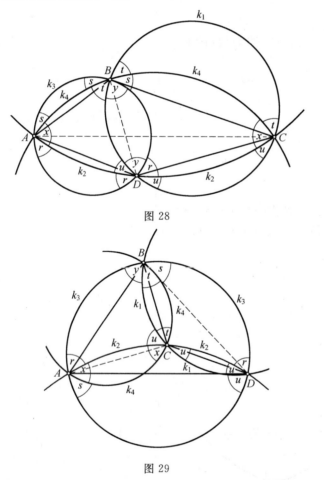

图 28

图 29

---

① 多边形叫作凸的, 如果它完全包含了联结它的任意两点的线段.

在图 28 中,用相同字母表示的角是相等的.此外,在点 A,B,C,D 有下列关系式
$$r+x+s=180°, s+y+t=180°$$
$$t+x+u=180°, u+y+r=180°$$
因此
$$(r+x+s)-(s+y+t)+(t+x+u)-(u+y+r)=0$$
去掉等式左边的括号,我们得到
$$2(x-y)=0$$
由此得到 $x=y$,这就是所要证明的.

所有的论证对图 29 仍然有效.

第 8 章 1904 年～1908 年试题及解答

31 证明：对于圆内接凸五边形，如果它所有的角都相等，那么它的边也都相等.

证明 我们证明以五边形 $A_0A_1A_2A_3A_4$ 的顶点 A_0，A_1，A_2 和 A_3，A_2，A_1 为顶点的三角形是全等三角形（图 30）.

事实上
$$A_1A_2 = A_2A_1$$
此外，根据本题条件
$$\angle A_0A_1A_2 = \angle A_3A_2A_1$$
和
$$\angle A_1A_0A_2 = \angle A_2A_3A_1$$
因为它们是对应于同一圆弧的圆周角. 从 $\triangle A_0A_1A_2 \cong \triangle A_3A_2A_1$ 推出
$$A_0A_1 = A_2A_3$$
用同样的办法证明，可以得到
$$A_0A_1 = A_2A_3 = A_4A_0 = A_1A_2 = A_3A_4$$

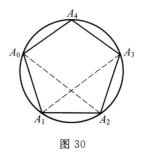

图 30

所作的证明对于有奇数条边的多边形仍然有效，但是，对于有偶数条边的多边形，本题断言是不对的，矩形便是一例.

32 证明：当且仅当方程
$$y_1 + 2y_2 + \cdots + ny_n = a - \frac{n(n+1)}{2}$$
没有非负整数解时，有
$$x_1 + 2x_2 + \cdots + nx_n = a$$
没有正整数解（a 是正整数）.

证明 数 $x_1, x_2, \cdots, x_n$ 满足方程
$$x_1 + 2x_2 + \cdots + nx_n = a \tag{1}$$
的必要充分条件是：数 $y_1 = x_1 - 1, y_2 = x_2 - 1, \cdots, y_n = x_n - 1$ 满足方程
$$(y_1+1) + 2(y_2+1) + \cdots + n(y_n+1) = a \tag{2}$$

不难看出,式(2)可变成下面的形式

$$y_1 + 2y_2 + \cdots + ny_n = a - \frac{n(n+1)}{2} \qquad (3)$$

因此,当且仅当 y_i 是非负整数时 x_i 是正整数.

这样一来,任何一组满足方程(1)的值 $(x_1, x_2, \cdots, x_n)$ 和满足方程(3)的某一组值 $(y_1, y_2, \cdots, y_n)$ 相对应. 不仅如此,而且任何一组值 $(y_1, y_2, \cdots, y_n)$,除了和满足方程(1)的某一组 $(x_1, x_2, \cdots, x_n)$ 相对应的以外,都不是方程(3)的解. 因此,方程(1)和(3)具有相同组数的解.

❸❸ 假设 A_1A_2 和 B_1B_2 是矩形的对角线,点 O 是它们的交点. 确定(并用几何图形表示):点 P 在什么位置时,才能同时满足不等式

$$A_1P > OP, A_2P > OP, B_1P > OP, B_2P > OP$$

解 不等式 $A_1P > OP$ 当且仅当点 P 和点 O 位于线段 A_1O 的中垂线的同一侧时成立(图 31).

因此,满足本题条件所要求的所有不等式的点 P 的轨迹是以线段 OA_1, OB_1, OA_2, OB_2 的中垂线为边界且包含点 O 的半平面所交成的区域的内部. 以线段 OA_1, OA_2 的中垂线为边界的半平面所交成的是以这两条直线为边界的带子. 以线段 OB_1, OB_2 的中垂线为边界的半平面所交成的也是以这两条直线为边界的带子. 因此,满足本题条件要求的所有不等式的点 P 充满了由两个带子相交而成的平行四边形的内部. 根据作法,这个平行四边形关于它自己的对角线——矩形 $A_1B_1A_2B_2$ 的对称轴——是对称的. 所以,所要求的点 P 的轨迹是一个菱形的内部.

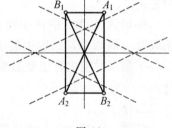

图 31

❸❹ 方程组

$$x + py = n, \quad x + y = p^z$$

(其中 n 和 p 是给定的自然数)有正整数解 (x, y, z) 的必要充分条件是什么? 再证明:这样的解的个数不能大于 1.

解 给定的方程

$$x + py = n \qquad (1)$$

$$x + y = p^z \qquad (2)$$

方程(2)仅当 $p>1$ 时有正整数解 (x,y,z).

于是,我们假定 $p>1$.满足原方程组的值 x 和 y 这时可以表示成下面的形式

$$x=\frac{p^{z+1}-n}{p-1}=\frac{p^{z+1}-1}{p-1}-\frac{n-1}{p-1} \qquad (3)$$

$$y=\frac{n-p^z}{p-1}=\frac{n-1}{p-1}-\frac{p^z-1}{p-1} \qquad (4)$$

对所有的正整数 z,有

$$\frac{p^{z+1}-1}{p-1}=p^z+p^{z-1}+\cdots+1$$

及

$$\frac{p^z-1}{p-1}=p^{z-1}+\cdots+1$$

都具有整数值. 由此根据关系式(3)和(4)推出: 当且仅当数 $n-1$ 是 $p-1$ 的倍数时, x 和 y 具有整数值.

由关系式(3)和(4)得到的 x 和 y 仅在

$$p^{z+1}>n>p^z$$

时是正的.

换句话说,数 n 应该在数 p 的两个连续的乘幂之间,而 z 应该取数 p 的两个幂指数中最小的那一个.

于是原方程组有正整数解的必要充分条件是下列三个条件:

(a) $p>1$;

(b) $n-1$ 是 $p-1$ 的倍数(因此 $n \geqslant p$);

(c) n 不等于数 p 或 p 的整数次幂.

如果所有这三个条件都满足,那么原方程组有且仅有一组解. 为了得到这一组解,必须用上面所说的方法来选取 z,而 x 和 y 按关系式(3)和(4)算出.

㉟ 单位正方形被平行于边的直线分成相等的9部分,并且删去正中间的一部分. 剩下的8个小正方形每一个也被平行于边的直线分成相等的9部分,正中间的部分也删去. 然后,对剩下的每一个正方形进行类似的做法. 假设这样的做法重复 n 次. 问

(1) 边长为 $\frac{1}{3^n}$ 的正方形有多少?

(2) 当 n 无限增加时,在 n 次之后所删去的正方形的面积之和的极限等于什么?

解 (1) 在第一次划分并从所得到的 9 个正方形中删去一个正方形后,剩下 8 个正方形(图 32). 第二次划分后得到 8×9 个正方形,从它们之中删去 8 个正方形剩下 8^2 个正方形(图 32). 如果这样重复 n 次,那么将剩下 8^n 个正方形. 它们每一个的边长等于 $\frac{1}{3^n}$.

(2) 在第 n 步之后所剩下的正方形的面积之和为
$$8^n \left(\frac{1}{3^n}\right)^2 = \left(\frac{8}{9}\right)^n$$
而删去的正方形的面积之和为 $1 - \left(\frac{8}{9}\right)^n$.

当 n 充分大时,量 $\left(\frac{8}{9}\right)^n$ 可为任意小. 为了证实这一点,我们来研究 $\frac{8}{9}$ 的倒数. 数 $\frac{9}{8}$ 大于 1. 数 $\frac{9}{8}$ 的任一次乘幂是由前一次乘幂乘以 $1 + \frac{1}{8}$ 得到的,即当幂指数 n 增加 1 时,量 $\left(\frac{9}{8}\right)^n$ 比它上一次乘幂增加 $\frac{1}{8}$ 倍. 因此,量 $\left(\frac{9}{8}\right)^n$ 可以取任意大的值. 它的倒数当 n 充分大时可以取任意小的值. ★

于是,当 n 无限增加时,由原正方形所删去的正方形的面积之和趋向于 1.

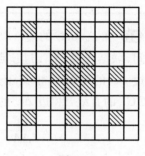

图 32

§29 伯努利不等式[①]

在第 35 题的解答中,所要证明的断言 $\left(\frac{9}{8}\right)^n \to 0$ 被并不是更明显的断言 $\left(\frac{9}{8}\right)^n \to \infty$ 所代替,从实质上来说后一个断言是未证明的. 精确的论证可以借助于下面的初等不等式来进行.

如果 $\alpha > -1$ 且 $n \geqslant 1$,那么有
$$(1+\alpha)^n \geqslant 1 + n\alpha$$
(伯努利不等式)

为了证明这个不等式,我们利用完全数学归纳法. 对于 $n=1$,不等式成立(归纳基础)假设它对 $n-1$ 成立(归纳假设),即
$$(1+\alpha)^{n-1} \geqslant 1 + (n-1)\alpha$$
将这个不等式两边乘以正数 $1+\alpha$,我们得到
$$(1+\alpha)^n = (1+\alpha)(1+\alpha)^{n-1} \geqslant (1+\alpha)[1+(n-1)\alpha] =$$
$$1 + \alpha n + \alpha^2(n-1) \geqslant 1 + \alpha n$$

---

① 俄译编辑所加.

即所要证明的不等式对于 n 也是成立的. 根据数学归纳原理（见 §3），伯努利不等式对所有的自然数 n 都成立.

现在我们有：当 $n \to \infty$ 时，有
$$\left(\frac{9}{8}\right)^n = \left(1 + \frac{1}{8}\right)^n \geq 1 + \frac{n}{8} \to \infty$$

㊱ 在 $\triangle ABC$ 的边 AB 上取一点 C_1，它在顶点 A 和 B 之间，联结线段 CC_1. 过顶点 A 作平行于线段 CC_1 的直线，和边 BC 的延长线相交于点 A_1，过顶点 B 作平行于线段 CC_1 的直线，和边 AC 的延长线相交于点 B_1. 证明
$$\frac{1}{AA_1} + \frac{1}{BB_1} = \frac{1}{CC_1}$$

证明 因为线段 AA_1，BB_1 和 CC_1 平行（图 33），所以
$$\triangle CAC_1 \backsim \triangle B_1AB, \triangle CBC_1 \backsim \triangle A_1BA$$
由对应边的关系
$$CC_1 : B_1B = AC_1 : AB$$
$$CC_1 : A_1A = C_1B : AB$$

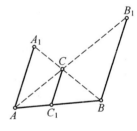

图 33

得到
$$\frac{CC_1}{A_1A} + \frac{CC_1}{B_1B} = \frac{AC_1 + C_1B}{AB} = \frac{AB}{AB} = 1$$
于是
$$\frac{1}{A_1A} + \frac{1}{B_1B} = \frac{1}{CC_1}$$

这就是所要证明的.

㊲ 证明：任意一个角的正弦和余弦可以用有理数表示，当且仅当在下列情况下：这个角的半角的正切或者是有理数，或者是不确定的.

证法 1 因为
$$\sin \alpha = 2\cos\frac{\alpha}{2}\sin\frac{\alpha}{2} \quad (1)$$
$$\cos \alpha = \cos^2\frac{\alpha}{2} - \sin^2\frac{\alpha}{2} \quad (2)$$
$$1 = \cos^2\frac{\alpha}{2} + \sin^2\frac{\alpha}{2} \quad (3)$$

所以

$$\sin\alpha = \frac{2\sin\frac{\alpha}{2}\cos\frac{\alpha}{2}}{\cos^2\frac{\alpha}{2}+\sin^2\frac{\alpha}{2}}, \cos\alpha = \frac{\cos^2\frac{\alpha}{2}-\sin^2\frac{\alpha}{2}}{\cos^2\frac{\alpha}{2}+\sin^2\frac{\alpha}{2}}$$

如果 $\tan\frac{\alpha}{2}$ 是确定的，因而 $\cos\frac{\alpha}{2}$ 不为零，那么右边的表达式的分子、分母可以用 $\cos^2\frac{\alpha}{2}$ 除．于是，在这种情况下，关系式

$$\sin\alpha = \frac{2\tan\frac{\alpha}{2}}{1+\tan^2\frac{\alpha}{2}}, \cos\alpha = \frac{1-\tan^2\frac{\alpha}{2}}{1+\tan^2\frac{\alpha}{2}} \tag{4}$$

是正确的.

如果 $\tan\frac{\alpha}{2}$ 取有理数值，即可以表示成两个整数的比 $\frac{m}{n}$ 的形式，那么

$$\sin\alpha = \frac{2mn}{m^2+n^2}, \cos\alpha = \frac{n^2-m^2}{m^2+n^2}$$

于是，如果 $\tan\frac{\alpha}{2}$ 是有理数，那么 $\sin\alpha$ 和 $\cos\alpha$ 也是有理数.

如果 $\tan\frac{\alpha}{2}$ 是不确定的，那么 $\cos\frac{\alpha}{2}=0$，因此 $\sin\frac{\alpha}{2}=\pm 1$. 将这些 $\sin\frac{\alpha}{2}$ 和 $\cos\frac{\alpha}{2}$ 的值代入到关系式(1)和(2)，我们得到 $\sin\alpha=0, \cos\alpha=-1$. 于是，在这种情况下，和前一种情况一样，$\sin\alpha$ 和 $\cos\alpha$ 也具有有理数值.

现在我们来证明逆命题．由关系式(1)~(3)推出

$$1+\cos\alpha = 2\cos^2\frac{\alpha}{2} \tag{5}$$

和

$$\frac{\sin\alpha}{1+\cos\alpha} = \tan\frac{\alpha}{2} \tag{6}$$

因此如果 $\sin\alpha$ 和 $\cos\alpha$ 具有有理数值，且 $1+\cos\alpha$ 不等于零，那么 $\tan\frac{\alpha}{2}$ 也具有有理数值.

如果 $1+\cos\alpha=0$，那么由关系式(5)有 $\cos\frac{\alpha}{2}=0$，因而 $\tan\frac{\alpha}{2}$ 不确定.

证法 2 我们借助于单位圆来确定角的三角函数．这时 $\cos\alpha=x,\sin\alpha=y$，其中 x 和 y 是单位圆周上的点 P 的坐标(图34).

由圆心角和圆周角之间的关系得 $\angle PAO=\frac{\alpha}{2}$. 如果直线

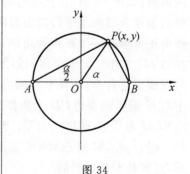

图 34

AP 的斜率等于 m（即如果 $\tan\frac{\alpha}{2}=m$），那么直线 BP 的斜率等于 $-\frac{1}{m}$. 如果 $\sin\alpha$ 和 $\cos\alpha$ 是有理数，那么直线 AP 的斜率（即 $\tan\frac{\alpha}{2}$）也是有理数. 反之，如果 m 是有理数，那么当写出直线 AP 和 BP 的方程

$$y=m(x+1) \text{ 和 } y=-\frac{1}{m}(x-1)$$

时，不难求出它们的交点 P 的坐标是有理数. 因此，$\sin\alpha$ 和 $\cos\alpha$ 是有理数.

❸❽ 在菱形的边上向外作正方形，这些正方形的中心是点 K,L,M,N. 证明：四边形 $KLMN$ 是正方形.

证法 1 菱形以及和在它边上向外作的正方形所构成的图形关于菱形的对角线是对称的，即关于两个相互垂直的轴是对称的，于是四边形 $KLMN$ 对于这两个轴也是对称的. 因为它的顶点不在对称轴上，所以四边形 $KLMN$ 是矩形，并且它的中心和对称轴（菱形的对角线）的交点 O 相重合.

为了完成证明，只需证明矩形 $KLMN$ 的对称中心 O 和顶点 K 的连线和菱形的任一条对角线构成 $45°$ 的角（图 35）. 这实际上是对的，因为四边形 $AKBO$ 的对角 $\angle BOA$ 和 $\angle BKA$ 都是直角，于是四边形 $AKBO$ 内接于一圆，因此 $\angle BOK=\angle BAK=45°$.

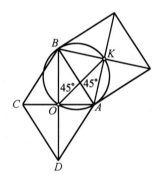

图 35

证法 2 我们证明更一般的断言，代替菱形，我们研究任意的 $\square ABCD$. 在它的一条边上，例如在 BC 上，作一个正方形，而在这个正方形的每一条边上作和 $\square ABCD$ 全等的平行四边形，如图 36 所示. 正方形的一个顶点发出的但又不和正方形的边重合的两个平行四边形的边相等且相互垂直. 我们将这些由正方形的一个顶点发出的每一对边，补充成一个正方形. 在边 BC 上作正方形所得到的图形当绕着中心 L 旋转 $90°$ 时，又得到了它自身，而在平行四边形的边 AB 上所作的正方形的中心 K 旋转到在边 CD 上所作的正方形的中心 M. 这样一来，$\triangle KLM$ 是等腰直角三角形. 当围绕平行四边形的中心旋转 $180°$ 时，$\triangle KLM$ 和 $\triangle MNK$ 重合. 因此，四边形 $KLMN$ 是正方形，这就是所要证明的.

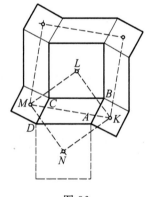

图 36

证法 3[①] 我们仍对四边形 $ABCD$ 是平行四边形的情形来证明本题. 设 AC 与 BD 相交于点 O, 点 L,M,N,K 是以边 BC,CD,DA,AB 向外作的正方形的中心(图 37).

在 $\triangle CAP$ 中, 点 O 和 L 分别是边 CA 和 CP 的中点, 所以 $OL \underline{\underline{\parallel}} \dfrac{1}{2} AP$. 在 $\triangle DRB$ 中, 点 N 和 O 分别是边 DR 和 DB 的中点, 所以 $ON \underline{\underline{\parallel}} \dfrac{1}{2} RB$. 因为 $AR \underline{\underline{\parallel}} PB$. 所以四边形 $APBR$ 是平行四边形, 于是 $AP \underline{\underline{\parallel}} RB$. 因此, 线段 OL 和 ON 都和 RB 平行, 于是点 N,O,L 在一条直线上, 且 $OL = ON = \dfrac{1}{2} RB$, $NL \underline{\underline{\parallel}} RB$.

同理可证, 点 M,O,K 在一条直线上, $OM = OK = \dfrac{1}{2} DQ$, 且 $MK \underline{\underline{\parallel}} DQ$.

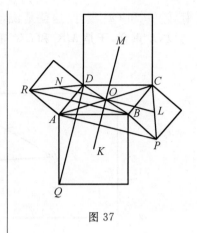

图 37

对于 $\triangle AQD$ 和 $\triangle ABR$ 来说, 如果将 $\triangle AQD$ 绕点 A 旋转 $90°$ 便和 $\triangle ABR$ 重合. 于是 $RB \perp DQ$, 且 $RB = DQ$. 由上面的证明便可推出, $MK \perp NL$, 且 $OL = OM = ON = OK$. 于是四边形 $KLMN$ 是正方形.

注 当四边形 $ABCD$ 不是平行四边形, 而是任意四边形时, 本题断言不再成立了. 但是不管四边形 $ABCD$ 是凸四边形还是非凸的四边形, 仍然有 $MK \perp NL$ 和 $MK = NL$. 我们把它叙述成下面的命题.

命题 设四边形 $ABCD$ 是任一四边形(凸的或非凸的), 分别以边 BC,CD,DA,AB 为边长作正方形, 而且这些正方形是这样做的, 当我们沿着正方形的边从点 B 走到点 C, 再从点 C 走到点 D, 点 D 走到点 A, 点 A 走到点 B 时, 所作的正方形总在我们的右(左)手边. 如果这些正方形的中心顺次为点 L,M,N,K, 那么 LN 和 MK 垂直且相等.

我们简单给出证明如下:

设 BD 是四边形 $ABCD$ 的一条对角线, 而且完全落在四边形 $ABCD$ 内(图 38, 图 39). 设点 O 是 BD 的中点, 于是 $OK \parallel DQ$, 且 $OK = \dfrac{1}{2} DQ$, $ON \parallel RB$, 且 $ON = \dfrac{1}{2} RB$. 由于将 $\triangle ADQ$ 旋转 $90°$ 后, 将和 $\triangle ARB$ 重合, 所以 $DQ \perp RB$, 且 $DQ = RB$, 于是 $OK \perp ON$, 且 $OK = ON$. 同理可证, $OM \perp OL$, 且 $OM = OL$.

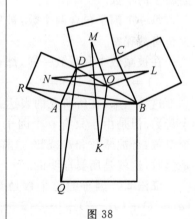

图 38

由于我们对这些正方形的作法的规定, 于是当 OK 绕点 O 按某一方向旋转 $90°$ 和 ON 重合时, OM 绕点 O 也按这一方向

[①] 系中译者所加.

旋转 90° 和 OL 重合.这就是说,将 $\triangle OKM$ 旋转 90° 时,它和 $\triangle ONL$ 重合,于是 MK 和 LN 垂直且相等.

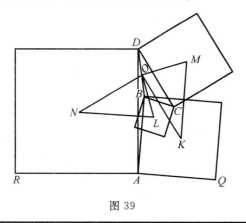

图 39

㊴ 假设 $a_1, a_2, \cdots, a_n$ 是数 $1, 2, \cdots, n$ 的某种排列.证明:如果 n 是奇数,则乘积
$$(a_1 - 1)(a_2 - 2)\cdots(a_n - n)$$
是偶数.

证法 1 设 $n = 2^k + 1$(k 是某一个整数) 表示乘积
$$(a_1 - 1)(a_2 - 2)\cdots(a_n - n)$$
的因子的个数.

每一个因子包含两个数:被减数和减数.在这些数中有多少个奇数呢?

在被减数中和减数一样,都有 $k + 1$ 个奇数,即
$$1 = 2 \times 1 - 1, 3 = 2 \times 2 - 1, \cdots, n = 2(k+1) - 1$$

这样一来,在所研究的表达式中,总共有 $2(k+1) = n + 1$ 个奇数.但是由于只有 n 个因子,所以至少有一个因子包含两个奇数:奇被减数和奇减数.这样的因子是偶数,因而整个乘积是偶数,这就是所要证明的.★

证法 2 因子的总个数是奇数,而这些因子的和等于零 $(a_1 - 1) + (a_2 - 2) + \cdots + (a_n - n) = 0$,零为偶数.如果所有的因子都为奇数,那么它们的和应该是奇数.因此,至少有一个因子是偶数,于是因子的乘积是偶数.

§30 狄里希利原理[①]

在解题时(例如在第 39 题证法 1 中)常用到一个原理,它

[①] 在我国常称为"抽屉原则". —— 中译者注

可直观地叙述如下：如果有多于三根的火柴，那么无论我们怎样把它们装到三个火柴盒中去，至少有一个火柴盒装有多于一根的火柴．这个原理（所谓狄里希利原理）可比较抽象地叙述成下面的形式：如果把多于 n 个的物体放在 n 个位置上，那么至少在一个位置上有多于一个的物体．

❹⓿ 假设 p 和 q 是两个奇整数．证明：方程
$$x^2 + 2px + 2q = 0$$
不可能有有理根．

证明 （1）若 p 和 q 是奇数，则方程
$$x^2 + 2px + 2q = 0$$
的根不可能是奇数．

事实上，当 x 是奇数时，二次三项式 $x^2 + 2px + 2q$ 的最高次项 x^2 具有奇数值，而它的线性部分 $2px + 2q$ 是偶数．因此，当 x 是奇数时，二次三项式 $x^2 + 2px + 2q$ 取奇数值，因此不可能为零．

（2）二次方程
$$x^2 + 2px + 2q = 0$$
的根不可能是偶数．

事实上，如果 x 是偶数，那么 $x^2 + 2px$ 能被 4 整除，而这时常数项被 4 除时余 2．因此，$x^2 + 2px + 2q$ 被 4 除时也余 2，从而不可能变为零．

（3）二次方程
$$x^2 + 2px + 2q = 0$$
的根不可能是有理分数．

事实上，给定的方程不难变成下面的形式
$$(x + p)^2 = p^2 - 2q$$
如果 x 是有理分数，那么 $x + p$ 也是有理分数，它的平方不可能等于整数 $p^2 - 2q$. ★

§31 整系数代数方程

第 40 题的后一部分证明基于下面的事实：有理分数的平方不可能是整数．它是下述结论的特殊情况：

如果代数方程
$$x^n + a_1 x^{n-1} + a_2 x^{n-2} + \cdots + a_n = 0$$
的系数都是整数，那么它的有理根也都是整数．

下面的证明适用于任意次的方程.为了简单起见只研究它在二次方程的情形.

设具有整系数 a 和 b 的方程
$$x^2 + ax + b = 0$$
有有理根,它(按照定义)可以表示成 $x = \dfrac{r}{s}$,其中 r 和 s 是整数,而且 s 不为零.我们约定,r 和 s 是互素的,即除 1 外,没有其他正的公约数(如果不是这样,数 r 和 s 可约去不为 1 的公约数).

将 $x = \dfrac{r}{s}$ 代入到给定的二次方程且乘以 s^2,我们得到
$$r^2 + ars + bs^2 = 0 \qquad (1)$$
由此
$$r^2 = -(ar + bs)s \qquad (2)$$

如果 s 的绝对值大于 1,那么存在一个素数 p,它能整除数 s.但这时由于关系式(2),数 r^2 也能被 p 整除.像 §2 中所表明的,这只有在 r 能被 p 整除时才有可能.这样一来,素数 p 便是数 r 和 s 的公约数,这与 r 和 s 互素的假设矛盾.

于是,s 的绝对值不可能大于 1,s 又是整数,因而只能等于 1.这样一来,$x = \dfrac{r}{s}$ 只能是整数.

㊶ 证明:▱ABCD 内任一点 P 到平行四边形最近的顶点的距离不超过 △ABC 的外接圆半径 R.

证法 1 因为 ▱ABCD 关于自己的中心是对称的,所以,不失一般性,可以假定点 P 在 △ABC 内,或在边 AC(平行四边形的对角线)上.如果我们能证明线段 PA,PB,PC 中最短的一个不超过 △ABC 的外接圆的半径 R,那么原来的断言便被证明了.于是,如果我们证明了下面的定理,问题便解决了.

三角形内或三角形的一边上的任一点 P 到离它最近的顶点的距离不超过外接圆的半径 R.

我们先证明如下的引理:

位于直角三角形内或它的边上的任一点 P 到斜边的两个端点中的任意一点的距离不超过斜边的长.

如果点 P 在 Rt△ABC 的斜边上,引理的断言显然成立.

如果点 P 在 Rt△ABC 内(图 40)或在它的一条直角边上,那么在 △ABP 中,∠PAB 与 ∠PBA 之和不大于 90°.因此,△ABP 中最大的角是 ∠APB,它所对的边 AB 大于边 AP 和

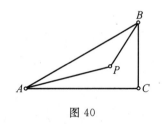

图 40

BP.

现在我们利用引理来证明前面的关于任意 $\triangle ABC$ 的定理.

假设点 A,B,C 是所研究的三角形的顶点(图41和图42), 点 A',B',C' 是对边的中点, 点 O 是外接圆心. 位于 $\triangle ABC$ 内或它的边上的点 P 分布在 $\text{Rt}\triangle AOB'$, $\text{Rt}\triangle B'OC$, $\text{Rt}\triangle COA'$, $\text{Rt}\triangle A'OB$, $\text{Rt}\triangle BOC'$, $\text{Rt}\triangle C'OA$ 内或在这些三角形的某一个的边上. 例如, 假设点 P 在 $\text{Rt}\triangle AOB'$ 内, 这时, 根据我们所证明的引理得

$$AP \leqslant AO = R$$

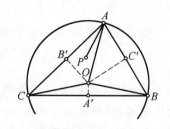

图 41

证法 2 只要证明证法 1 中的定理就行了.

假设点 O 是 $\triangle ABC$ 的外接圆心. 如果点 P 和点 O 重合, 那么定理的断言显然成立. 如果点 P 异于点 O, 那么作线段 PO 的中垂线. 这条直线或者把三角形分成两部分(图43), 或者是两个半平面的边界, 其中一个半平面完全包含了三角形(图44). 在这两种情况下, 点 P 至少和 $\triangle ABC$ 的一个顶点分布在线段 PO 的中垂线的同一侧. 这个顶点到点 P 的距离小于这个顶点到外心 O 的距离. 这就是所要证明的.

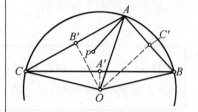

图 42

㊷ 假设有理数 $\dfrac{r}{s}$ 的十进制小数形式是

$$\frac{r}{s} = 0.k_1 k_2 k_3 \cdots$$

证明: 在数列

$$\sigma_1 = 10\frac{r}{s} - k_1$$

$$\sigma_2 = 10^2 \frac{r}{s} - (10k_1 + k_2)$$

$$\sigma_3 = 10^3 \frac{r}{s} - (10^2 k_1 + 10 k_2 + k_3)$$

$$\vdots$$

中至少有两个重合.

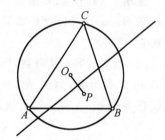

图 43

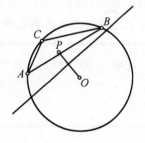

图 44

证明 我们取表示有理数 $\dfrac{r}{s}$ 的无穷十进制小数 $0.k_1 k_2 k_3 \cdots$ 的 m 位. 因此数

$$0.k_1 k_2 \cdots k_m = \frac{k_1}{10} + \frac{k_2}{10^2} + \cdots + \frac{k_m}{10^m}$$

小于或等于 $\dfrac{r}{s}$, 而这个数加上 $\dfrac{1}{10^m}$ 则显然超过 $\dfrac{r}{s}$, 即

$$0 \leqslant \frac{r}{s} - \left(\frac{k_1}{10} + \frac{k_2}{10^2} + \cdots + \frac{k_m}{10^m}\right) < \frac{1}{10^m}$$

将不等式乘以 10^m，我们得到非负数

$$\sigma_m = \frac{10^m r - s(10^{m-1}k_1 + 10^{m-2}k_2 + \cdots + k_m)}{s}$$

小于 1. 因此，σ_m 的分子只能取数 $0, 1, 2, \cdots, s-1$ 中的某一个. 换句话说，序列 $\sigma_1, \sigma_2, \cdots, \sigma_m, \cdots$ 的每一项可以视它的分子等于数 $0, 1, 2, \cdots, s-1$ 中的哪一个来分成 s 类. 但这时，在前 $s+1$ 项中一定能找到两个相等的.[①]

❹❸ 证明：如果 a 和 b 是两个奇整数. 那么，在有且仅有 $a-b$ 能被 2^n 整除时，a^3-b^3 才能被 2^n 整除.

证明 （1）大家知道，a^3-b^3 可以表示成数 $A = a^2 + ab + b^2$ 和数 $B = a-b$ 的乘积. 如果 B 能被 2^n 整除，那么乘积 AB 也能被 2^n 整除.

（2）因为 a 和 b 是奇数，所以 $A = a^2 + ab + b^2$ 也是奇数. 因此 A 和 2^n 是互素的（见 §23）. 但这时乘积 AB 可以被 2^n 整除仅仅在 B 能被 2^n 整除的时候才有可能.

❹❹ 证明：当 $n > 2$ 时，任意直角三角形的斜边长的 n 次幂大于直角边的 n 次幂之和.

证明 由于斜边 c 大于直角边 a 和 b 中的任何一条. 因此
$$c^n = (a^2 + b^2)c^{n-2} = a^2 c^{n-2} + b^2 c^{n-2} > a^n + b^n$$

❹❺ 在圆内有两个不同类型的内接正十边形. 一个十边形（正凸的）是这样做的：圆周被分成十个相等的部分以后，用直线段联结相邻的分点，另一个十边形（正星形的）这样做：首先圆周被分成十个相等的部分，然后将每一个分点和与它相距 $\frac{3}{10}$ 圆周的分点相联结. 证明：星形正十边形的边长和正凸十边形的边长之差等于圆的半径.

[①] 最后这句话可由 §30 的狄里希利原理推出.

证明 在四边形 $ABOK$ 和四边形 $DEHK$（图 45）中，对边彼此平行.因此
$$AB = KO, HE = KD$$
由此得到
$$HE - AB = KD - KO = OD$$

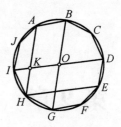

图 45

第 9 章　1909 年～1911 年试题及解答

❹⓺ 证明：在三个连续的自然数中，最大的数的立方不可能等于其他两个数的立方和．

证明★　假设 $n-1, n, n+1$ 是三个连续的自然数．如果其中最大的数的立方等于前面两个数的立方和，那么
$$(n+1)^3 = n^3 + (n-1)^3$$
或者同样的
$$n^3 + 3n^2 + 3n + 1 = n^3 + n^3 - 3n^2 + 3n - 1$$
由此得到
$$2 = n^2(n-6)$$
等式右边的数仅当 $n > 6$ 时才是正的，但这时它不可能等于 2，因为
$$n^2(n-6) > 36 > 2$$

§32　关于费马大定理

第 46 题的断言是费马给出的（未加证明）下述定理的特殊情况，这个定理是：

对任意的自然数 $n > 2$，方程
$$x^n + y^n = z^n$$
没有正整数解．

已经证明了这个（以费马大定理而著称的）定理对于所有 $n < 5\,500$ 是成立的，但是在一般情况下证明费马大定理的所有尝试至今始终是毫无成效的．对于某些特殊的情形却不难证明费马大定理．第 46 题的下述推广就是如此．

任何三个构成等差数列的整数 x, y, z 不满足方程
$$x^n + y^n = z^n$$
这里的指数 $n > 1$ 是奇整数．

设 $x = y - d, z = y + d$，其中 y 和 d 是某整数．将方程
$$(y-d)^n + y^n = (y+d)^n \tag{1}$$
所有的项除以 d^n 且用 t 来表示有理数 $\dfrac{y}{d}$，方程 (1) 变成

$$(t-1)^n + t^n = (t+1)^n$$

去掉括号并合并同类项,得

$$t^n - 2C_n^1 t^{n-1} - 2C_n^3 t^{n-3} - \cdots - 2 = 0 \qquad (2)$$

因为这个方程最高次项的系数等于 1,而其余的系数都是整数,所以方程(2)的一切有理根只能是整数(见§31).

但是(与第 40 题所研究的方程一样)无论是奇整数或偶整数的 t 都不满足方程(2).因此,方程(2)在有理数范围内无解,故无任何整数 y 满足方程(1).

❹❼ 证明:任何一个锐角的弧度值小于这个角的正弦和正切的算术平均值.

证明 假设 φ 是单位圆的 $\overset{\frown}{AB}$ 的量值.我们过点 A 作 $\overset{\frown}{AB}$ 的切线.用点 D 表示这条切线和半径 OB 的延长线的交点.用 C 表示这条切线和过点 B 所作的 $\overset{\frown}{AB}$ 的切线的交点(图 46).因为单位圆的扇形 OAB 和 $\triangle OAB$,$\triangle OAD$ 的面积分别是

$$\frac{1}{2}\varphi, \frac{1}{2}\sin\varphi, \frac{1}{2}\tan\varphi$$

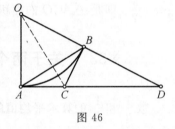

图 46

那么必须证明

$$S_{\text{扇形}OAB} < \frac{1}{2}(S_{\triangle OAB} + S_{\triangle OAD})$$

四边形 $OACB$ 包含扇形 OAB.因此,如果我们能证明

$$S_{\text{四边形}OACB} < \frac{1}{2}(S_{\triangle OAB} + S_{\triangle OAD})$$

那么问题的断言便是正确的了.

将不等式两边乘以 2 并将 $S_{\text{四边形}OACB}$ 移到右边,$S_{\triangle OAB}$ 移到左边,我们将不等式变为

$$S_{\text{四边形}OACB} - S_{\triangle OAB} < S_{\triangle OAD} - S_{\text{四边形}OACB}$$

或同样的

$$S_{\triangle ACB} < S_{\triangle CDB} \qquad (1)$$

$\triangle ACB$ 和 $\triangle CDB$ 具有公共顶点 B,且底边 AC 和 CD 在同一条直线上.因此,这两个三角形从公共顶点所作的高是相等的.于是为了证明不等式(1)(从而证明原来的不等式),必须证明 $AC < CD$.但这个不等式是正确的,因为在 Rt$\triangle CDB$ 中,斜边 CD 大于直角边 CB,而 $CB = AC$.

从我们所引的解答中不难证明如下的更一般的定理:任意一个锐角的弧度值小于这个角的正弦和正切的调和平均值.这个断言比第 47 题所证明的断言要强,因为两个不同正数的算

术平均值大于它们的调和平均值. ★

因为 $\sin\varphi$ 和 $\tan\varphi$ 的调和平均值可以变成

$$\frac{2}{\dfrac{1}{\sin\varphi}+\dfrac{1}{\tan\varphi}}=\frac{2\sin\varphi}{1+\cos\varphi}=\frac{4\sin\dfrac{\varphi}{2}\cos\dfrac{\varphi}{2}}{2\cos^2\dfrac{\varphi}{2}}=2\tan\frac{\varphi}{2}$$

那么必须证明

$$\varphi<2\tan\frac{\varphi}{2}$$

但是这个不等式可由不等式

$$S_{\text{扇形}OAB}<S_{\text{四边形}OACB}$$

推出,因为扇形 OAB 的面积等于 $\dfrac{1}{2}\varphi$,而四边形 $OACB$ 的面积等于 $\tan\dfrac{\varphi}{2}$,这是由于四边形 $OACB$ 的面积的一半等于 $\dfrac{1}{2}\tan\dfrac{\varphi}{2}$,即是 $\triangle ACO$ 的面积.

§33 关于两个数的调和平均值

数 $\dfrac{1}{a}$ 和 $\dfrac{1}{b}$ 的算术平均值的倒数叫作两个数 a 和 b 的调和平均值 h. 由这个定义有

$$\frac{1}{h}=\frac{1}{2}\left(\frac{1}{a}+\frac{1}{b}\right)$$

即

$$h=\frac{2}{\dfrac{1}{a}+\dfrac{1}{b}}=\frac{2ab}{a+b}$$

在第 47 题的证明中我们利用了:两个不同正数的算术平均值大于它们的调和平均值. 这个断言的正确性可如下推出:因为(根据假设)$a\neq b,a+b>0$,所以差

$$\frac{a+b}{2}-\frac{2ab}{a+b}=\frac{(a+b)^2-4ab}{2(a+b)}=\frac{(a-b)^2}{2(a+b)}$$

是正的.

❹⓼ 假设点 A_1,B_1 和 C_1 是 $\triangle ABC$ 的边 BC,CA 和 AB 上的高的垂足,M 是高的交点. 证明:如果 $\triangle ABC$ 不是直角三角形,那么和 $\triangle A_1B_1C_1$ 所有三边(或它们的延长线)都相切的四个圆的圆心分别和点 A,B,C,M 重合. 当 $\triangle ABC$ 是钝角三角形和锐角三角形时有什么不同?

证明 如果 △ABC 是直角三角形，那么它的两条高的垂足和直角顶点相重合，且对 △$A_1B_1C_1$ 来说，本题的断言是不对的.

如果 △ABC 是锐角三角形或钝角三角形，那么断言的证明已详细叙述在第 9 题的解答（Ⅰ.和 Ⅱ.）和 §8 中.

㊾ 如果
$$a^2 + b^2 + c^2 = 1$$
且 a,b,c 是实数. 试证
$$-\frac{1}{2} \leqslant ab + bc + ca \leqslant 1$$

证明 我们来证明不等式
$$-(a^2+b^2+c^2) \leqslant 2(ab+bc+ca) \leqslant 2(a^2+b^2+c^2) \tag{1}$$

对任何实数 a,b,c 都成立. 当把关系式 $a^2+b^2+c^2=1$ 代入不等式(1) 并将三个括号前的系数除以 2，我们便可得到本题的断言.

不等式(1)不难从下面两个明显的不等式推出
$$2(ab+bc+ca)+(a^2+b^2+c^2) = (a+b+c)^2 \geqslant 0$$
$$2(a^2+b^2+c^2) - 2(ab+bc+ca) = $$
$$(a-b)^2 + (b-c)^2 + (c-a)^2 \geqslant 0$$

㊿ 假设 a,b,c,d 是整数，且数
$$ac, bc+ad, bd$$
都能被某整数 u 整除. 证明：数 bc 和 ad 也都能被 u 整除.

证法 1 我们已经知道：每一个正整数可以分解为素数乘幂的乘积，而且每一个正整数仅有一个（如果不计因子的排列顺序）这样的分解式. 素数 p 在给定的数的分解式中的最高次幂是这个给定数的因子（见 §7）.

如果考虑到这个说明并注意到 §21 中所说的，那么第 50 题的断言可以用下面的方式来叙述：

如果在数
$$ac, bc+ad, bd \tag{1}$$
的任何一个公约数 u 的标准分解式中，某个素数 p 的指数是 r，那么在数 bc 和 ad 的分解式中，数 p 的指数不小于 r.

因为式(1)中的每一个数都能被 u 整除,而 u 能被 p^r 整除,所以
$$ac = p^r A, \quad bc + ad = p^r B, \quad bd = p^r C \tag{2}$$
其中 A, B, C 是整数. 因此
$$(bc)(ad) = (ac)(bd) = p^{2r} AC$$

后一个等式仅仅在那种情况下才可能成立:如果在数 bc 和 ad 的分解式中,至少有一个数的分解式包含素数 p 的指数不小于 r.

但根据关系(2)中间的那个关系式,这将意味着数 bc 和 ad 中的每一个都能被 p^r 整除,即在数 bc 和 ad 的每一个的分解式中,素数 p 的指数都不小于 r.

证法 2 将恒等式
$$(bc - ad)^2 = (bc + ad)^2 - 4abcd$$
左右两边用 u^2 除,我们得到
$$\left(\frac{bc - ad}{u}\right)^2 = \left(\frac{bc + ad}{u}\right)^2 - 4 \cdot \frac{ac}{u} \cdot \frac{bd}{u} \tag{1}$$
由本题条件推出,在变换后的关系式(1)的右端是整数. 左边的有理数的平方仅在数 $\dfrac{bc-ab}{u}$ 的本身是整数的情况下才能是整数(见第 40 题的证明和 §31).

此外, 由关系式(1), 整数
$$s = \frac{bc + ad}{u}, \quad t = \frac{bc - ad}{u}$$
的平方差等于偶数. 因此,数 s 和 t 或者同为偶数,或者同奇数. 这就意味着
$$\frac{bc}{u} = \frac{s+t}{2} \quad \text{和} \quad \frac{ad}{u} = \frac{s-t}{2}$$
是整数. 这样一来, 数 bc 和 ad 都能被 u 整除, 这就是所要证明的.

❺ 在 $\triangle ABC$ 中, $\angle C = 120°$, 夹这个角的两边 CB 和 CA 的长度等于 a 和 b. 求 $\angle C$ 的平分线长(用边 a 和 b 的长来表示).

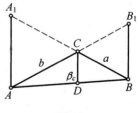

图 47

解法 1 假设在 $\triangle ABC$ 中, $\angle C$ 用 γ 来表示, β_c 是 $\angle C$ 的平分线 CD 的长(图 47). $\triangle ABC$ 的面积等于组成它的 $\triangle ACD$ 和 $\triangle DCB$ 的面积的和, 因此
$$ab \sin \gamma = a \beta_c \sin \frac{\gamma}{2} + b \beta_c \sin \frac{\gamma}{2}$$

即

$$2ab\sin\frac{\gamma}{2}\cos\frac{\gamma}{2} = \beta_c(a+b)\sin\frac{\gamma}{2}$$

因为 $\gamma \neq 0$，所以

$$\frac{1}{\beta_c}\cos\frac{\gamma}{2} = \frac{1}{2}\left(\frac{1}{a}+\frac{1}{b}\right)$$

当 $\gamma = 120°$ 时，我们得到

$$\cos\frac{\gamma}{2} = \cos 60° = \frac{1}{2}$$

和

$$\frac{1}{\beta_c} = \frac{1}{a} + \frac{1}{b}$$

即

$$\beta_c = \frac{ab}{a+b}$$

解法2 假设点 D 是任意的 $\triangle ABC$ 的边 AB 上的一点（图47）. 通过顶点 A 作平行于线段 CD 的直线和边 BC 的延长线相交于点 A_1，通过顶点 B 作平行于线段 CD 的直线和边 AC 的延长线相交于点 B_1. 这时（见第36题）

$$\frac{1}{CD} = \frac{1}{AA_1} + \frac{1}{BB_1} \tag{1}$$

如果顶点 C 的顶角 γ 等于 $120°$，CD 是这个角的平分线（图47），那么

$$\angle B_1BC = \angle BCD = 60°$$
$$\angle BB_1C = \angle DCA = 60°$$

因此，$\triangle BCB_1$ 是等边三角形，且 $BB_1 = BC$. 类似地可以证明 $AA_1 = AC$. 所得到的等式可将关系式（1）化为下面的形式

$$\frac{1}{CD} = \frac{1}{BC} + \frac{1}{AC} \tag{2}$$

或

$$\frac{1}{\beta_c} = \frac{1}{a} + \frac{1}{b}^\bigstar$$

§34 关于诺模图

(1) 计算透镜焦距的诺模图. 关系式

$$\frac{1}{a} + \frac{1}{b} = \frac{1}{\beta_c}$$

与透镜公式具有相同的形式. 透镜到物体的距离 r_1，透镜到所成的像的距离 r_2 和透镜的焦距 f 之间的依赖关系式为

$$\frac{1}{r_1} + \frac{1}{r_2} = \frac{1}{f}$$

在第 51 题中所求得的关系式和透镜公式之间的类似,可以使我们用直观而且非常简单的方法来描述 r_1, r_2 和 f 之间的依赖关系.

在 $120°$ 的角的两边和它的角平分线上画好刻度(即进行划分),使得能取 r_1, r_2 和 f 的不同的值(图 48). 有了这样的图,就可以根据任意两个量的值毫无困难地求得第三个量的值,例如知道了 r_1 和 f, 要求 r_2. 事实上, 为此只要在 r_1 和 f 的刻度线上取读数对应于物距和焦距的线段,通过两线段的端点引一条直线,读出直线和 r_2 刻度线的交点的 r_2 值.例如,从图 48 看到,如果 $f = 2, r_1 = 3$, 那么 $r_2 = 6$.

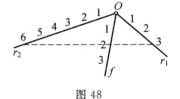

图 48

为了提高读数的精确度,直尺可以用画在任何一张透明材料上的直线来代替.

这种描述不同的依赖关系并且由一些量的数值可以容易地求得其他量的数值的图叫作诺模图(来源于希腊词 $\nu\delta\mu o\delta\sigma$ —— 规律和 $\gamma\rho\alpha\mu\mu\chi$ —— 所有画上的或写上的).数学的一个专门分支 —— 诺模术 —— 从事诺模图的研究.

在描述三个量的依赖关系的诺模图中,特别方便的是使所有三个量彼此对应的值总是在一条直线上的那样一种诺模图.图 48 所表示的正是这种诺模图.

(2) 关于计算二次方程的根的诺模图. 图 49 所画的诺模图能够对给定的系数 p 和 q 的值计算二次方程
$$z^2 + pz + q = 0 \tag{1}$$
的实根.

为了了解怎样作诺模图,我们从下面的说明开始.

从解析几何知道,在坐标轴上截距为 a 和 b 的直线的方程具有形式
$$\frac{x}{a} + \frac{y}{b} = 1 \tag{2}$$

换句话说,点 $(a, 0), (0, b)$ 以及其坐标满足方程(2)的点 (x, y) 在一条直线上.

方程(1)经过不太复杂的变换以后可以写成
$$-p\frac{1}{z} - q\frac{1}{z^2} = 1$$

或者表示成更一般的形式
$$-\frac{p}{\alpha} \cdot \frac{\alpha}{z} - \frac{q}{\beta} \cdot \frac{\beta}{z^2} = 1$$

其中 α 和 β 是任意选取的常数.

写成这种形式的方程(1)和方程(2)的区别仅仅是 a, b, x

和 y 分别用 $\frac{\alpha}{p}$，$\frac{\beta}{q}$，$-\frac{\alpha}{z}$ 和 $\frac{\beta}{z^2}$ 来代替. 换句话说，诺模图的方程是这样构作的，使点

$$\left(\frac{\alpha}{p}, 0\right), \left(0, \frac{\beta}{q}\right), \left(-\frac{\alpha}{z}, \frac{\beta}{z^2}\right)$$

在一条直线上.

这样，为了计算方程(1)的实根，可以作有三种刻度的诺模图，这些刻度使在它们上面的相应变量的值总是在一条直线上. 可以用下面的方法来作这些刻度.

这样来画 p 的刻度，使 p 的值标在横坐标轴上坐标为 $\left(\frac{\alpha}{p}, 0\right)$ 的点.

这样来画 q 的刻度，使 q 的值标在纵坐标轴上坐标为 $\left(0, \frac{\beta}{q}\right)$ 的点.

这样来画 z 的刻度，使 z 的值标在平面上坐标为 $\left(-\frac{\alpha}{z}, \frac{\beta}{z^2}\right)$ 的点. 使 z 取各种不同的值，我们得到某一条曲线.

由关系式

$$x = -\frac{\alpha}{z}, \quad y = -\frac{\beta}{z^2}$$

消去变量 z，我们可以得到它的方程. 它具有形式

$$y = -\frac{\beta}{\alpha^2} x^2 \text{（抛物线方程）}$$

所有三种刻度表示在图 49 中($\alpha = 12, \beta = 24$，取 1 cm 作为长度单位).

假设要求方程

$$z^3 - 3z - 10 = 0$$

的根. 借助于诺模图，可以这样做，在 p 和 q 刻度线上找出标着 $p = -3, q = -10$ 的点，联结这两点成直线，看看所作的直线和 z 刻度线的交点的值是多少，它们就是我们所感兴趣的方程的根（在我们所研究的情形，$z_1 = 5, z_2 = -2$).

如果二次方程的系数的值（精确的或近似的）为

$$p = -6.4, q = 4.9$$

那么利用诺模图，我们得到一个根的近似值 $z_1 = 5.5$. 因为这个方程的根之和等于 6.4，所以另一个根的近似值是 $z_2 = 0.9$. 在图 49 所表示的诺模图中，它所在的那一部分没有画进去，因此由诺模图直接求出 z_2 是不可能的.

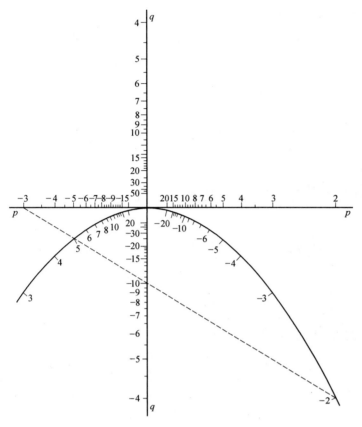

图 49

所作的诺模图可以做数的乘法. 例如, 用下面的办法可以求出数 $z_1 = -2$ 和 $z_2 = 5$ 的乘积. 联结 z 刻度线上标明 $z_1 = -2$ 和 $z_2 = 5$ 的两点成直线, 并确定这条直线和 q 刻度线的交点所对应的 q 的刻度值是多少, 这个数值就是乘积 $z_1 z_2$. (在所研究的例子中, $q = z_1 z_2 = 10$)

使诺模术成为独立学科的创始人是法国的数学家多卡尼 (1862—1938).

㊷ 证明: 如果 a, b, c 和 A, B, C 是满足关系式
$$aC - 2bB + cA = 0 \quad \text{和} \quad ac - b^2 > 0$$
的实数, 那么
$$AC - B^2 \leqslant 0$$

证明 显然我们只要证明等式
$$aC + cA = 2bB \tag{1}$$
和不等式
$$ac > b^2, \quad AC > B^2 \tag{2}$$

不能同时成立即可.

事实上,从不等式(2)推出
$$acAC > b^2B^2$$
关系式(1)可将所得到的不等式变成下面的形式
$$4acAC > (aC+cA)^2$$
或同样的
$$0 > (aC-cA)^2$$
但这个不等式是不能成立的,因为实数的平方总非负的.

53 在正八边形 $P_1P_2P_3P_4P_5P_6P_7P_8$ 的外接圆上任取一点 Q. 证明:点 Q 到八边形的对角线 $P_1P_5, P_2P_6, P_3P_7, P_4P_8$ 的距离的四次方之和与点 Q 在圆周上的位置无关.

证法1 假设点 Q 在正八边形的外接圆的 $\overset{\frown}{P_2P_3}$ 上(图 50). 假设点 O 是八边形的中心,而点 A,B,C,D 是从点 Q 作对角线 $P_1P_5, P_2P_6, P_3P_7, P_4P_8$ 的垂线的垂足. 四边形 $ABCD$ 是一个正方形,因为它们的顶点在以 OQ 为直径的圆上,而且它的边 AB, BC, CD 对点 O 的张角为 $45°$. 正方形的大小与点 Q 在圆上的位置无关,因为它的外接圆的直径 d 等于正八边形 $P_1P_2P_3P_4P_5P_6P_7P_8$ 的外接圆的半径.

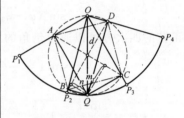

图 50

于是,为了证明原来的断言只需要证明下面的断言就够了:正方形外接圆上的点 Q 到正方形顶点的距离的四次方之和与点 Q 在圆上的位置无关.

事实上,假设 S 是点 Q 到正方形顶点 A,B,C,D 的距离的四次方之和,那么
$$S = QA^4 + QB^4 + QC^4 + QD^4 =$$
$$(QA^2 + QC^2)^2 + (QB^2 + QD^2)^2 -$$
$$2[(QA \cdot QC)^2 + (QB \cdot QD)^2]$$
根据勾股定理
$$QA^2 + QC^2 = AC^2, QB^2 + QD^2 = BD^2$$
因为 $AC^2 = d^2, BD^2 = d^2$ (d 是正方形的外接圆的直径,也是正八边形外接圆的半径),所以前两个括号的和(等于 $2d^4$)不依赖于点 Q 在正方形 $ABCD$ 的外接圆上的位置. 包含在方括号中的项等于 $\text{Rt}\triangle AQC$ 和 $\text{Rt}\triangle BQD$ 的面积 2 倍的平方和. 假设 m 和 n 是这两个三角形的由顶点 Q 所作的高. 这两个高的垂足在边 AC 和 BD 上, AC 和 BD 都是正方形 $ABCD$ 的对角线. 因此线段 AC 和 BD 的长等于正方形 $ABCD$ 的外接圆的直径 d. 于是,包含在方括号中的项可以用下面的方式来表示

$$(AC \cdot m)^2 + (BD \cdot n)^2 = d^2(m^2 + n^2) = d^2 \left(\frac{d}{2}\right)^2$$

由此看出

$$S = 2d^4 - 2\frac{d^4}{4} = \frac{3}{2}d^4$$

与点 Q 的位置无关.

证法 2 不失一般性,我们假设外接圆的半径等于 1. 用点 O 表示圆心,$\varphi, \alpha_1, \alpha_2, \alpha_3, \alpha_4$ 表示半径 $OQ, OP_1, OP_2, OP_3, OP_4$ 和半径 OP_1 之间的角(图 51). 这时 $\alpha_1 = 0, \alpha_2 = 45°, \alpha_3 = 90°, \alpha_4 = 135°$. 点 Q 到通过圆心且和半径 OP_1 的夹角 α 的直线的距离为

$$d = |\sin(\varphi - \alpha)|$$

因此,本题条件中所说的那些距离的四次方之和可以表示成

$$f(\varphi) = \sin^4(\varphi - \alpha_1) + \sin^4(\varphi - \alpha_2) + \\ \sin^4(\varphi - \alpha_3) + \sin^4(\varphi - \alpha_4)$$

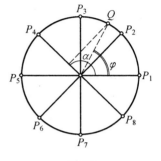

图 51

正弦的四次方可以通过倍角的三角函数来表示(见 §9)

$$\sin^2 x = \frac{1}{2}(1 - \cos 2x)$$

$$\sin^4 x = \frac{1}{4}(1 - 2\cos 2x + \cos^2 2x) = \\ \frac{1}{4}\left[1 - 2\cos 2x + \frac{1}{2}(1 + \cos 4x)\right]$$

这样一来

$$\sin^4 x = \frac{3}{8} - \frac{1}{2}\cos 2x + \frac{1}{8}\cos 4x$$

在所得到的表达式中,用

$$\varphi - 0°, \varphi - 45°, \varphi - 90°, \varphi - 135° \tag{1}$$

来代替 x,分别有

$$2\varphi, 2\varphi - 90°, 2\varphi - 180°, 2\varphi - 270°$$
$$4\varphi, 4\varphi - 180°, 4\varphi - 360°, 4\varphi - 540°$$

来代替 $2x$ 和 $4x$.

在 $f(\varphi)$ 中,第一排的角的余弦包含有系数 $-\frac{1}{2}$,第二排的角的余弦包含有系数 $\frac{1}{8}$. 但是,第一排的角的余弦之和与第二排的余弦之和一样,都等于零,因为有关系式

$$\cos(x - 180°) = -\cos x$$

所以,在每一个和中,余弦相互抵消了. 因此,$f(\varphi) = \frac{3}{2}$ 且与 φ 无关,即与点 Q 在圆上的位置无关,这就是所要证明的.

第 9 章　1909 年～1911 年试题及解答
Chapter 9　1909～1911 Problems and Solutions

§35　三角多项式的一个性质

$\angle \varphi$ 的函数为
$$f(\varphi) = a_0 + a_1 \cos\varphi + b_1 \sin\varphi + \cdots + a_k \cos k\varphi + b_k \sin k\varphi$$
叫作 k 次三角多项式. 53 题所证明的关于四次三角多项式的断言是下面的定理的特殊情况：

如果 $f(\varphi)$ 是 k 次三角多项式，a_0 是 $f(\varphi)$ 的常数项，$\theta = \dfrac{2\pi}{n}, n > k$，那么
$$f(\varphi + \theta) + f(\varphi + 2\theta) + \cdots + f(\varphi + n\theta) = na_0$$

如果 $f(\varphi) = a_0$，定理必定成立. 此外，如果定理对于三角多项式 f_1, f_2 成立，C_1 和 C_2 是任意的常数，那么它对三角多项式 $C_1 f_1 + C_2 f_2$ 也成立. 由此推出，对于我们所研究的定理只要对 $f(\varphi)$ 是三角函数 $\cos\varphi, \sin\varphi, \cdots, \cos k\varphi, \sin k\varphi$ 中的任何一个进行验证就可以了. 这样一来，剩下的我们只要证明：如果 $\theta = \dfrac{2\pi}{n}, 0 < l < n$，那么有
$$\cos l(\varphi+\theta) + \cos l(\varphi+2\theta) + \cdots + \cos l(\varphi+n\theta) = 0$$
$$\sin l(\varphi+\theta) + \sin l(\varphi+2\theta) + \cdots + \sin l(\varphi+n\theta) = 0$$

我们来证明，如果 l 是任意的整数，但不是数 n 的倍数，这些等式是成立的，为了简单起见，记作 $l\varphi = \alpha, l\theta = \beta$，上面所说的断言可叙述如下：

如果 α 是任意的角，β 是不为 2π 整数倍的角，但 $n\beta$ 是 2π 的倍数，那么
$$\cos(\alpha+\beta) + \cos(\alpha+2\beta) + \cdots + \cos(\alpha+n\beta) = 0 \quad (1)$$
$$\sin(\alpha+\beta) + \sin(\alpha+2\beta) + \cdots + \sin(\alpha+n\beta) = 0 \quad (2)$$

为了证明，我们在平面上引进直角坐标系，并且从某点 P_0 出发沿着倾斜角为 $\alpha+\beta$ 的直线取一个单位长的线段 $P_0 P_1$（图 52），由线段 $P_0 P_1$ 的端点出发沿着倾斜角为 $\alpha+2\beta$ 的直线取单位长的线段 $P_1 P_2$，然后沿着倾斜角 $\alpha+3\beta$ 的直线取单位长的线段 $P_2 P_3$ 等，一直到沿倾斜角为 $\alpha+n\beta$ 的直线上取单位长的线段 $P_{n-1} P_n$. 根据作法，点 P_{k-1} 和 $P_k (k=1,2,\cdots,n)$ 的横坐标的差等于 $\cos(\alpha+k\beta)$，而纵坐标的差等于 $\sin(\alpha+k\beta)$. 这样一来，点 P_0 和 P_n 的横坐标的差和关系式 (1) 的左边的表达式相重合，而这两个点的纵坐标的差和关系式 (2) 的左边的表达式相重合. 必须证明点 P_0 和 P_n 重合.

我们来研究任意的线段 AB. 如果它绕着点 A 沿着正方向旋转角 β，那么它和线段 AC 重合（图 53）. 因为 $\angle \beta$ 不是 2π 的整

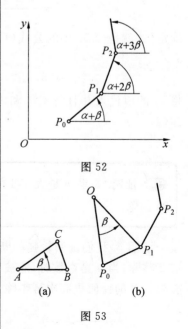

图 52

图 53

数倍,所以点 B 不会和点 C 重合.因此,在把 $\angle BAC$ 的边拉伸(或压缩)的同时,我们将它沿平面这样移动,使点 B 和点 P_0 重合,点 C 和点 P_1 重合(图 53).这时点 A 变到这样一个点 O,当绕着点 O 旋转角 β 时,点 P_0 和点 P_1 重合,而线段 P_0P_1 变到线段 P_1P_2.

每绕着点 O 旋转角 β 一次,单位线段的倾斜角就增加 β.绕着点 O 旋转了角 $\beta,2\beta,\cdots,n\beta$ 以后,点 P_0 变到了点 $P_1,P_2,\cdots,P_n$.但是因为角 $n\beta$ 等于 2π 的整数倍,所以点 P_n 和 P_0 重合,这就是所要证明的.

§36　关于正多边形和它的重心[①]

在 §35 中所证明的等式(1)和(2)有下面的几何解释.就像在 §16 中那样,我们将利用复数.数
$$z_k = \cos(\alpha + k\beta) + i\sin(\alpha + k\beta)$$
分布在圆心为 O 的单位圆周上($\cos^2(\alpha+k\beta) + \sin^2(\alpha+k\beta) = 1$),且从点 z_k 到 z_{k+1} 的弦所对的弧的长度都为 β.因为 $z_1,\cdots,z_n$ 是正 n 多边形——一般来说是星形的(见 §14)——的顶点.容易证实通过点 O 和 z_k 的直线是这个 n 边形的对称轴.如果我们关于这个轴作一镜像反射,那么 n 边形变到自身,因此它的重心仍然不变(关于重心见 §56).因此,重心在每一条对称轴上,因而和点 O 重合.因为重心由公式
$$z_c = \frac{z_1 + z_2 + \cdots + z_n}{n}$$
确定(这就是 §56 中的公式(1),只是另一种表示方法),我们有
$$z_1 + z_2 + \cdots + z_n = 0$$
将 z_k 的值代入并且将实部和虚部分开,就得到 §35 中的(1)和(2).

54 证明:如果 p 是大于 1 的整数,那么 $3^p + 1$ 不可能被 2^p 整除.

证明　我们证明较强的断言:数 $3^n + 1$,当 n 是偶数时,能被 2 整除;当 n 是奇数时,能被 2^2 整除.但在两种情形中,都不能被数 2 的任何更高次幂整除.

[①]　俄译编辑补加.

为了证明这一点,只要证明下面的就行了:任何奇数的平方被 8 除时余 1. 事实上,假设 $a=2^k+1$. 这时 $a^2=4k(k+1)+1$. 这个等式的右边的第一项能被 8 整除,因为两个连续的自然数 k 和 $k+1$ 中总有一个是偶数.

我们利用这个引理来解答本题. 如果 n 是偶数($n=2m$),那么
$$3^n = 3^{2m} = (3^m)^2 = 8a+1$$
因此
$$3^n + 1 = 2(4a+1)$$
如果 n 是奇数($n=2m+1$),那么
$$3^n + 1 = 3^{2m+1} + 1 = 3(8a+1) + 1 = 4(6a+1)$$
因为 $4a+1$ 和 $6a+1$ 是奇数,所以本题的(较强的)断言被证明了.

第10章　1912年～1913年试题及解答

55 由数字 1,2,3 组成 n 位数，且在 n 位数中，1,2,3 的每一个至少出现一次．问这样的 n 位数有多少个？

解　如果在所构成的数中，不要求数字 1,2,3 中的每一个至少出现一次，那么本题的答案等于 3 个元素重复 n 次的排列个数，即 3^n（见 §4）．

但是本题的条件要求我们从所有只包含三个数字 1,2,3 的 n 位数的集合中除去下面的：

（1）仅由三个数字 1,2,3 中的两个数字组成的数．这样的数有 $3(2^n-2)$ 个（见题 4 的解答）；

（2）仅由三个数字 1,2,3 中的一个数字组成的数．这样的数有 3 个．

因此，总共有
$$3^n - 3(2^n-2) - 3 = 3^n - 3 \times 2^n + 3$$
个满足本题条件的 n 位数．★

§37　包含和排除的公式

（1）关于将物体按某些特征分成类．如果我们从研究下面比较一般的具有基本意义的问题入手，那么解答 55 题的基本思想就变得更清楚了．

我们假设有 N 个物体．用 a,b,c 表示这些物体中的某些物体所具有的特征．设 N_a 表示至少具有特征 a（与它们是否具有特征 b 和 c 无关）的物体的个数．其次用 N_{ab} 表示至少具有特征 a 和 b 的物体的个数，用 N_{abc} 表示同时具有特征 a,b,c 的物体的个数．记号 N_b, N_c, N_{ac}, N_{bc} 具有类似的意思．我们打算回答的问题如下：如果知道了数 $N, N_a, N_b, N_c, N_{ab}, N_{ac}, N_{bc}, N_{abc}$．那么在给定的 N 个物体中，不具有特征 a,b,c 中任何一个特征的物体有多少个？

这个问题可以做直观的几何解释（图 54）．假设所说的物体是平面上的点．特征 a 表示"点在曲线 A 内"（a 的点也可在曲线 A 的本身上）．类似地，特征 b 表示点在曲线 B 内，特征 c 表示

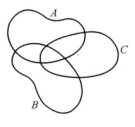

图 54

点在曲线 C 内. 我们感兴趣的问题用几何的语言可叙述如下:如果知道有多少个点在曲线 A、曲线 B、曲线 C 内,有多少个点同时在曲线 A 和 B,A 和 C,B 和 C 内,有多少个点同时在所有的三个曲线内,那么在给定的 N 个点中有多少个点在曲线 A,B,C 外?

为了回答这个问题,把它分成若干部分是方便的:

① 在给定的 N 个物体中,有多少个物体不具有特征 a?

答案是显然的
$$N - N_a \tag{1}$$
(在图 54 中,这些物体对应于曲线 A 以外的点)

② 在具有特征 b 的 N_b 个物体中,有多少个物体不具有特征 a?

这个问题和前一个问题不同的仅仅是 N 要用 N_b 来代替,而数 N_a 对应于 N_{ab}. 因此,N_b 个物体中不具有特征 a 的物体的个数为
$$N_a - N_{ab} \tag{2}$$
(具有特征 b 但不具有特征 a 的物体所对应的点在平面(图 54)的哪一部分)

③ 在 N 个给定的物体中,有多少个物体既不具有特征 a,也不具有特征 b?

在除去具有特征 a 的物体以后,剩下 $N - N_a$ 个物体. 还必须从这些物体中除去具有特征 b 但不具有特征 a 的物体(在回答问题 2 时,我们求得了这种物体的个数). 剩下
$$N - N_a - (N_b - N_{ab}) = N - N_a - N_b + N_{ab} \tag{3}$$
个物体.(在图 54 中,对应的点分布在哪里)

④ 在具有特征 c 的 N_c 个物体中,有多少个物体既不具有特征 a,也不具有特征 b?

从关系式 (3)(用 N_c 代替 N) 我们得到
$$N_c - N_{ac} - N_{bc} + N_{abc} \tag{4}$$
(在图 54 中,对应的点分布在哪里)

⑤ 这样一来,在 N 个物体中,有
$$N - N_a - N_b + N_{ab} - (N_c - N_{ac} - N_{bc} + N_{abc})$$
个,即
$$N - N_a - N_b - N_c + N_{ab} + N_{ac} + N_{bc} - N_{abc} \tag{5}$$
个物体不具有特征 a,b,c 中任何一个特征.

(2) 将所得到的结果用于解答 55 题. 我们取 n 位数作为给定的"物体",在这些 n 位数的记法中只有数字 $1,2,3$. 设特征 a 表示在数字中没有 1,特征 b 表示没有 2,特征 c 表示没有 3. 这时

$$N = 3^n, N_a = N_b = N_c = 2^n$$
$$N_{ab} = N_{bc} = N_{ac} = 1, N_{abc} = 0$$

利用关系式(5)，我们求得问题的答案
$$3^n - 3 \times 2^n + 3$$

(3) 推广. 公式(5)不难推广到有任意一个特征的情况.

从推广的公式直接推出下面的断言：

有一个 n 位数的集合，在这些 n 位数的记数法中只有数字 $1, 2, \cdots, k$，而且每个数字至少出现一次，那么这个集合含有
$$k^n - C_k^1 (k-1)^n + C_k^2 (k-2)^n - \cdots + (-1)^{k-1} C_k^{k-1}$$
个元素.

当 $k > 9$ 时，如果数不是在十进制系统中记的，而是在基数大于 k 的系统中记的，上述断言仍然成立.

当 $n = k$ 时，得到有趣的恒等式. 在这种情形中，每一个数字 $1, 2, \cdots, k (=n)$ 在数中出现一次且仅仅一次，而所有的 n 位数仅仅是数字 $1, 2, \cdots, n$ 的排列次序不同. 这样一来，当 $n = k$ 时，所有的数字都不同的 n 位数的集合含有 $n!$ 个元素. 因此
$$n^n - C_n^1 (n-1)^n + C_n^2 (n-2)^n - \cdots + (-1)^{n-1} C_n^{n-1} = n!$$

㊾ 证明：对任意的自然数 n，数
$$A_n = 5^n + 2 \times 3^{n-1} + 1$$
能被 8 整除.

证法 1 当 $n = 1$ 时，本题断言是正确的，因为
$$A_1 = 5 + 2 + 1 = 8$$
因此，剩下的要证明：如果 A_n 能被 8 整除，那么 A_{n+1} 也能被 8 整除（即利用数学归纳法）. 因为
$$A_n = 5^n + 2 \times 3^{n-1} + 1$$
$$A_{n+1} = 5^{n+1} + 2 \times 3^n + 1 = 5 \times 5^n + 6 \times 3^{n-1} + 1$$
所以
$$A_{n+1} - A_n = 4(5^n + 3^n)$$

数 $5^n + 3^n$ 等于两个奇数之和，所以它自己为偶数. 因此乘积 $4(5^n + 3^n)$ 能被 8 整除. 因为根据归纳假设，A_n 能被 8 整除，所以 A_{n+1} 也能被 8 整除，这就是所要证明的.

证法 2 数 A_n 可以表示成下面两种形式
$$A_n = (5^n + 3^n) - (3^{n-1} - 1) \tag{1}$$
$$A_n = 5(5^{n-1} + 3^{n-1}) - (3^n - 1) \tag{2}$$

当 n 是奇数时，利用关系式(1)，当 n 是偶数时，利用关系式(2). 在两个关系式中，两项中的第一项是 $5 + 3 = 8$ 的倍数，第

二项是数 $3^2-1=8$ 的倍数,因为当 k 是奇数时,和数 a^k+b^k 能被 $a+b$ 整除,当 k 是偶数时,差数 $c^k-1=c^{2k^l}-1$ 能被 c^2-1 整除.因此,对任何 n, A_n 都能被 8 整除.

57 证明:四边形的对角线当且仅当它的两对边的平方和等于四边形的其他两对边的平方和时才相互垂直.

证法 1 本题断言:四边形 $ABCD$ 的对角线 BC 和它另一条对角线 AC 垂直,当且仅当
$$AB^2+CD^2=AD^2+CB^2$$
即
$$AB^2-CB^2=AD^2-CD^2$$

假设点 A,B,C 是平面上三个固定的点.我们研究满足上面所写出的关系式的点 D 的轨迹.显然,点 B 本身属于这个轨迹.这样一来,原来的问题(在改变表达方式的情况下)化成证明下面的引理.

假设在平面上给定两个点 A 和 B.动点 P 满足条件:量 PA^2-PB^2 是一个常数.则点 P 的轨迹是垂直于线段 AB 的直线.

由点 P 作 $PT \perp AB$,垂足为点 T.我们来证明,差 PA^2-PB^2 仅仅与点 T 的位置有关,而且当点 T 向线段 AB 的任一端点移动时,这个差 PA^2-PB^2 的值也改变①.事实上,根据勾股定理(图 55)
$$PA^2-PB^2=(TA^2+PT^2)-(TB^2+PT^2)=TA^2-TB^2$$
当点 T 在线段 AB 上有两个不同的位置时,差 TA^2-TB^2 的值不可能相同.事实上,设线段 AB 的中点是 F,那么对于和点 F 等距的点 T 来说,差 TA^2-TB^2 的绝对值相等,但是对于在点 F 的不同的两侧的点 T 来说,这个差具有不同的符号,并且在点 F,这个差变为 0.例如,若点 T 在线段 AB 的靠近点 B 的那一半上(图 55)
$$TA^2-TB^2=(AF+FT)^2-(AF-FT)^2=4AF \cdot FT$$
因为 $BF=AF$.如果考虑到线段 $AF=\frac{1}{2}AB$ 的长度不依赖于点

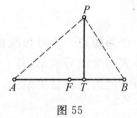

图 55

---

① 引理的断言意味着:

(a) 对于过点 T 所引的 AB 的垂线上的所有点 P,量 $c=PA^2-PB^2$ 均相等;

(b) 对于所有不在这条垂线上的点 Q, $QA^2-QB^2 \neq c$.第二点可如下证明:$PA^2-PB^2=TA^2-TB^2=2AB \cdot FT$ 随着 T 的改变而改变.——俄译者注

T 的位置,那么引理就被证明了.

本题原来的断言不难由引理出.四边形的边满足关系式 $a^2+c^2=b^2+d^2$ 当且仅当(图 56)
$$a^2-b^2=d^2-c^2$$
根据所证明的引理,这意味着顶点 B 和 D 应该位于和线段 AC 垂直的同一条直线上.换句话说,四边形 $ABCD$ 的对角线 BD 和 AC 应该相互垂直.

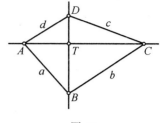

图 56

由此推出,如果四边形的对角线之间的夹角在某一个位置是直角,那么它在所有其余的位置也都是直角.

证法 2 (1)首先仅对凸四边形来证明本题的断言.为此利用下面的三角形的边长之间的关系:在任何一个三角形中,锐角所对的边的平方小于其他两边的平方和,钝角所对的边的平方大于其他两边的平方和.(这个不等式可由余弦定理推出,但也可以用纯几何的方法来证明它们,而不用三角学.在 §38 中就正是这样做的)

假设 a,b,c,d 是四边形的边,而 p,q,r,s 是对角线被其交点所分成的线段的长度(图 57).如果对角线不相互垂直,那么我们选取这样一种表示法,使线段 p 和 r 之间的夹角为钝角.这时,由于三角形的边的平方之间的不等式
$$a^2>p^2+r^2, b^2<r^2+q^2, c^2>q^2+s^2, d^2<s^2+p^2$$
因此
$$a^2+c^2>p^2+q^2+r^2+s^2>b^2+d^2$$

如果四边形的对角线相互垂直,那么由勾股定理,所有的不等式都变成等式.这样一来,四边形的对角线相互垂直当且仅当它的边长满足关系式
$$a^2+c^2=b^2+d^2$$

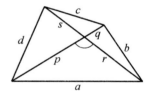

图 57

(2)现在假定四边形 $ABCD$ 是给定的非凸的四边形.用 $\alpha,\beta,\gamma,\delta$ 来表示它的顶角,并假定 $\delta>180°$(图 58).

假设点 D' 是顶点 D 关于对角线 AC 的对称点.四边形 $ABCD'$ 的边等于原来的四边形 $ABCD$ 的边.当且仅当顶点 B 在直线 DD' 上时,对角线 BD' 和对角线 AC 垂直.因为由于对称性,$DD'\perp AC$.因此,当且仅当原来的四边形 $ABCD$ 的对角线 BD 垂直于 AC 时,四边形 $ABCD'$ 的对角线 BD' 垂直于对角线 AC.这样一来,关于对角线作反射时,四边形的边长仍然不变,而且还保持它的对角线的垂直性(或不垂直性).

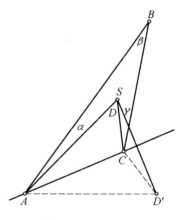

图 58

考虑到这一点,只要证明经过有限次关于对角线的反射,每一个非凸的四边形可以变成凸四边形就行了.对于凸四边形,所要证明的断言已经证明了(见 1).由此便可得出结论,对于原来的四边形 $ABCD$,断言也是成立的.

我们研究四边形 $ABCD'$ 的凸角（即小于 $180°$ 的角）.线段 AC 和边 AB 以及 CB 之间的夹角至少有一个应该是锐角.例如,我们假设 $\angle BAC$ 是锐角.这时

$$\angle BAD' = 2\angle BAC$$

是凸角.因为根据问题的条件, $\delta > 180°$, 对于原来的四边形的顶点 D, 外部所构成的 $\angle ADC$ 等于 $\angle AD'C$, 它是凸的.它与 $\angle \delta$ 之和为 $360°$, $\angle \delta$ 与四边形 $ABCD$ 的其他三个内角之和也为 $360°$, 所以它与这个和相等.因此,新的四边形 $ABCD'$ 的凸角满足下面的关系式

$$\angle D'AB > \alpha, \angle ABC = \beta, \angle CD'A = \alpha + \beta + \gamma > \gamma$$

且

$$\angle D'AB + \angle ABC + \angle CD'A > \alpha + \beta + (\alpha + \beta + \gamma)$$

这样一来,在对于对角线作反射时,凸角之和所增加的量比原来四边形两个最小的角之和还大,而且无论哪一个凸角都不减小.因此,等于四边形凸角之和的角在经过有限次关于对角线的反射之后不再是凸的了.这意味着,原来的（非凸的）四边形 $ABCD$ 变成了凸的（还可见 §51）.★

§38 关于三角形的边和角的一个关系

在第 57 题中说到的四边形的对角线相互垂直的必要充分条件,可以由下面的常用的定理推出:

如果两个三角形有两边对应相等,那么第三边所对的角较大的三角形第三边也较大.

我们将定理中所说的两个三角形这样来放：两条相等的边重合,而另两条相等的边从公共顶点出发,设 △ABC 和 △ABC' 是这样的三角形,且 $AC = AC'$（图 59）.

我们假设 $\angle BAC > \angle BAC'$.这时边 AC' 通过 $\angle BAC$ 的内部,且 $\angle CAC'$ 的平分线和线段 BC 相交于某点 D.线段 CD 和 $C'D$ 关于 $\angle CAC'$ 的平分线是对称的.因此 $CD = C'D$.这样一来

$$BC = BD + DC = BD + DC' > BC'$$

这就是所要证明的.

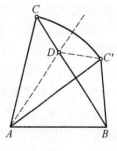

图 59

这就意味着,在边为 a, b, c 的三角形中,边 c 大于或小于以 a, b 为直角边的直角三角形的斜边,取决于 c 所对的角是钝角或是锐角.第 57 题中所说的等式由勾股定理推出.

58 证明：如果 n 是任意大于 2 的自然数，那么
$$(1 \cdot 2 \cdot 3 \cdot \cdots \cdot n)^2 > n^n$$

证明 我们研究乘积

$$1 \cdot n, 2 \cdot (n-1), 3 \cdot (n-2), \cdots, (n-1) \cdot 2, n \cdot 1$$

乘积中的任何一个，从第二个开始，到倒数第二个为止，都大于第一个（和最后一个）乘积：如果 $n-k \geqslant 1$，那么
$$(k+1)(n-k) = k(n-k) + (n-k) > k \cdot 1 + (n-k) = n$$

由此推出，上面写出的所有乘积的积当 $n > 2$ 时大于 n^n. 这就是所要证明的.

59 假设点 O 和 O' 是立方体两个相对的顶点. 将立方体的不包含点 O 和 O' 的六条棱的中点联结起来. 证明：立方体的这些棱的中点在一平面上且是正六边形的顶点.

证明 假设点 O 和 O' 是立方体的对角线相对的端点：点 A, B, C 是从顶点 O 发出的棱的端点，点 A', B', C' 是从顶点 O' 发出的棱的端点，因此 $OA \parallel O'A'$ 等. 点 L, M', N, L', M, N' 是棱 $B'C, CA', A'B, BC', C'A, AB'$ 的中点（图 60）.

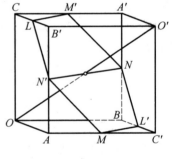

图 60

线段

$$O'M, O'N', O'L, O'M', O'N, O'L'$$
$$OM, ON', OL, OM', ON, OL'$$

相等. 因为立方体所有的侧面是全等的正方形，而这些线段是在每一个侧面中联结一个顶点和由这个顶点所相对的顶点发出的两条边的中点所得到的.

这样一来，点 M, N', L, M', N, L' 位于以立方体的顶点 O 和 O' 为中心，而半径相同的两个球面上，因此，这些点位于一个和线段 OO' 垂直的平面上，它们构成内接于两个球面所交成的圆内的六边形的顶点.

剩下的还要证明这个六边形的边相等. 这可如下导出，例如，线段 MN' 是 $\triangle B'AC'$ 的中点连线，从而等于侧面 $AC'O'B$ 的对角线的一半. 类似的断言对于六边形其他的边也是成立的.

60 假设 d 是正整数 a 和 b 的最大公约数,d' 是正整数 a' 和 b' 的最大公约数. 证明: 数
$$aa', ab', ba', bb'$$
的最大公约数等于 dd'.

证法 1　假设
$$a = a_1 d, b = b_1 d, a' = a_1' d', b' = b_1' d' \tag{1}$$
这时 a_1 和 b_1,同样 a_1' 和 b_1',都是互素的数(见 §23).

由关系式(1)推出
$$aa' = dd' a_1 a_1', ab' = dd' a_1 b_1', ba' = dd' b_1 a_1', bb' = dd' b_1 b_1'$$
因此,dd' 是数 aa', ab', ba', bb' 的公约数,其最大公约数大于 dd' 仅仅在数
$$a_1 a_1', a_1 b_1', b_1 a_1', b_1 b_1' \tag{2}$$
有公共素约数的时候(见 §22). 我们假定这个素公约数是存在的,并用 p 来表示. 因为 a_1 和 b_1 是互素的数,所以它们两个之中能被 p 整除的数不会多于一个. 假定 a_1 不能被 p 整除. 因为乘积 $a_1 a_1'$ 能被 p 整除,所以它们之中的某一个因子一定能被这个素数整除(见 §2.1)中所证明的定理). 因此,数 a_1' 应该能被 p 整除. 对数 $a_1 b_1'$ 进行类似的讨论: 它能被 p 整除仅仅在 b_1' 能够被 p 整除的情况下才有可能. 但是,数 a_1' 和 b_1' 不可能同时被 p 整除,因为它们是互素的. 这样一来,式(2)中的数的最大公约数不可能大于 1.

证法 2　如果 $(l, m, \cdots)$ 是正整数 $l, m, \cdots$ 的最大公约数,那么(见 §39 的关系式(1))
$$(aa', ab', ba', bb') = ((aa', ab'), (ba', bb'))$$
但是(见 §39 的关系式(2))
$$(aa', ab') = a(a', b') = ad', (ba', bb') = b(a', b') = bd'$$
因此
$$(aa', ab', ba', bb') = (ad', bd') = (a, b)d'$$
即
$$(aa', ab', ba', bb') = dd'$$
这就是所要证明的. ★

§39　关于最大公约数的两个定理

在解第 60 题时,我们利用了最大公约数的下面两个性质
$$(l, m, \cdots; l', m', \cdots) = ((l, m, \cdots), (l', m', \cdots)) \tag{1}$$
和

$$(kl, km, \cdots) = k(l, m, \cdots) \qquad (2)$$

关系式(1)和(2)的成立是显然的,因为如果将正整数 $l, m, \cdots$ 的最大公约数分解成素数的乘幂,那么在分解式中,每一个素数 p 的幂指数等于在数 $l, m, \cdots$ 的分解式中 p 所具有的幂指数 $\lambda, \mu, \cdots$ 中最小的数.

关系式(1)意味着数
$$\lambda, \mu, \cdots; \lambda', \mu', \cdots$$
中最小的数可以这样来求,先对两组数 $\lambda, \mu, \cdots$ 和 $\lambda', \mu', \cdots$ 分别确定每一组数中最小的数,然后再从得到的这两个数中取较小的数.

关系式(2)意味着,如果从数 $\lambda, \mu, \cdots$ 中选取最小的数,并将它加上 κ 就是数
$$\kappa + \lambda, \kappa + \mu, \cdots$$
中最小的数.

第 11 章　1914 年～1918 年试题及解答

❻1 点 A 和 B 位于圆 k 上，用另一个圆 k' 的弧联结点 A 和 B，此圆弧将圆 k 的面积分成两个相等的部分. 证明：联结点 A 和 B 的圆 k' 的弧的长度大于圆 k 的直径.

证明　圆 k 的所有直径都和圆 k' 的弧相交，因为要不然的话，$\overset{\frown}{AB}$ 不能把圆 k 的面积分成两个相等的部分（图 61）. 因此，圆 k 的圆心 O 在 k' 内（如果点 O 在圆 k' 外，那么通过它可以引一条不和 $\overset{\frown}{AB}$ 相交的直线，即找到了一条不和 $\overset{\frown}{AB}$ 相交的圆 k 的直径，这是不可能的）.

于是线段 AO 通过圆 k' 的内部，因此圆 k 的直径 AC 和 $\overset{\frown}{AB}$ 相交于某点 D，点 D 属于某一条半径 OC.

因为 $\overset{\frown}{AB}$ 的长度大于线段 AD 和 DB 的长度之和，所以我们只要证明 $DB > DC$ 就行了. 但这个不等式可以如下推出：以点 D 为圆心，DC 为半径的圆在圆 k 内①.

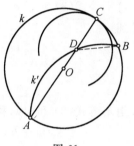

图 61

❻2 假设所有满足条件
$$-1 \leqslant x \leqslant 1$$
的 x 满足不等式
$$-1 \leqslant ax^2 + bx + c \leqslant 1$$
（系数 a, b, c 是实数）证明：对所有这些 x
$$-4 \leqslant 2ax + b \leqslant 4$$

证明　二次三项式
$$f(x) = ax^2 + bx + c$$
的导函数
$$f'(x) = 2ax + b$$
是线性函数，它的图形是直线. 因此，函数 $f'(x)$ 在闭区间

---

① 还可指出：圆 k' 的 $\overset{\frown}{AD}$ 和 $\overset{\frown}{DB}$ 大于它们所对应的弦 AD 和 DB，因此 $\overset{\frown}{ADB} = \overset{\frown}{AD} + \overset{\frown}{DB} > AD + DB = AO + OD + DB > AO + OB = AC$. ——俄译者注

$-1 \leqslant x \leqslant 1$ 中的最大值和最小值在这个区间的端点上达到. 这样一来,剩下的只要证明,值
$$f'(1) = 2a+b, f'(-1) = -2a+b$$
中的任何一个都不可能大于 4 和小于 -4.

根据本题的条件,当 $-1 \leqslant x \leqslant 1$ 时,$-1 \leqslant ax^2 + bx + c \leqslant 1$. 在不等式中,令 $x = 1, -1, 0$,我们得到
$$-1 \leqslant a \pm b + c \leqslant 1 \tag{1}$$
和 $-1 \leqslant c \leqslant 1$,由此还可得到
$$-1 \leqslant -c \leqslant 1 \tag{2}$$
将不等式(1) 和 (2) 两边分别相加,得到
$$-2 \leqslant a \pm b \leqslant 2 \tag{3}$$
将不等式(3) 对于 $a+b$ 和 $a-b$ 的情形两边分别相加,我们得到
$$-4 \leqslant (a+b) + (a-b) \leqslant 4$$
即
$$-2 \leqslant a \leqslant 2 \tag{4}$$
由不等式(3) 和 (4),我们得到 $-4 \leqslant 2a \pm b \leqslant 4$,即
$$-4 \leqslant 2a+b \leqslant 4, \quad -4 \leqslant -2a+b \leqslant 4 \tag{5}$$
这就是所要证明的. ★

§40 关于切比雪夫多项式的马尔科夫定理

将第 62 题证明的断言应用到切比雪夫多项式
$$T_2(x) = 2x^2 - 1$$
和它的导函数
$$T_2'(x) = 4x$$
两个函数的图形画在图 62 中.

多项式 $T_2(x)$ 和 $-T_2(x)$ 不同于所有其他的当 $-1 \leqslant x \leqslant 1$ 时满足不等式 $-1 \leqslant f(x) \leqslant 1$ 的二次多项式 $f(x)$.

和仅满足不等式
$$-4 < f'(1) < 4$$
的其他 $f(x)$ 的导函数不同,切比雪夫多项式 $T_2(x)$ 的导函数在区间的端点满足等式
$$T_2'(1) = -T_2'(-1) = 4$$
事实上,由于在题 62 的解答所引出的不等式(3) 和 (4),等式
$$f'(1) = 2a + b = 4$$
只可能在那种情况下成立:如果 $a \pm b = a = 2$,即如果
$$a = 2, b = 0$$

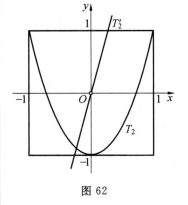

图 62

这时由不等式(1)我们得到 $2+c \leqslant 1$，即
$$c \leqslant -1$$
因为我们知道 $c \geqslant -1$，所以 $c=-1$. 这样一来，如果 $f'(1)=4$，我们便得到切比雪夫多项式 $T_2(x)=2x^2-1$.

类似地，若初始的等式取作
$$f'(-1)=4, f'(1)=-4, f'(-1)=-4$$
我们分别得到多项式 $-T_2(x), -T_2(x), T_2(x)$.

我们提一下，我们所证明的断言仅仅是下面的 A·A·马尔科夫(1856—1922)定理的特殊情况：

如果具有实系数的 n 次多项式
$$f(x)=a_0+a_1 x+a_2 x^2+\cdots+a_n x^n$$
对所有的 $-1 \leqslant x \leqslant 1$ 满足不等式
$$-1 \leqslant f(x) \leqslant 1$$
那么它的导函数满足不等式
$$-n^2 \leqslant f'(x)=a_1+2a_2 x+\cdots+na_n x^{n-1} \leqslant n^2$$
仅当 $x=1$ 或 $x=-1$ 而且仅仅当 $f(x)$ 和切比雪夫多项式 $T_n(x)$ 重合或者仅和它相差一个符号时，$|f'(x)|$ 可以达到自己的极限值.

63 圆和 $\triangle ABC$ 的边 BC, CA, AB 交于点 $A_1, A_2, B_1, B_2, C_1, C_2$. 证明：如果由点 A_1, B_1, C_1 作 BC, CA, AB 的垂线相交于一点，那么由点 A_2, B_2, C_2 所作 BC, CA, AB 的垂线也相交于一点.

证明 我们假设由点 A_1, B_1, C_1 对 $\triangle ABC$ 的边所作的垂线相交于一点 M(图 63).

因为圆 k 的圆心 O 在线段 $C_1 C_2$ 的中垂线上，所以，若由点 C_2 作边 AB 的垂线，这条垂线和线段 OM 的延长线交于点 N，那么 $NO=OM$. 类似的断言对于由点 A_2 和 B_2 所作的三角形的边的垂线也是成立的.

因此，由点 A_2, B_2, C_2 对三角形的三边所作的三根垂线相交于点 M 关于 O 对称的点 N，这就是所要证明的.

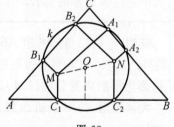

图 63

64 假设 A, B, C 是给定的实数. 证明：总可以找到这样的数 v，使得对于任何 $n>v$，有不等式
$$An^2+Bn+C<n!$$

证明 首先我们证明不等式
$$n! = n(n-1)(n-2)(n-3)\cdots 2 \cdot 1 = n(n-1)(n-2)$$
对任意的正整数 n 都成立.

事实上,如果 $n \geq 4$,那么 $n!$ 可以表示成两个正整数 $n(n-1)(n-2)$ 和 $(n-3)!$ 的乘积的形式,其中 $(n-3)! \geq 1$. 此外,不等式 $n! \geq n(n-1)(n-2)$,当 $n=1,2,3$ 时也成立,因为它左边的值 $1,2,6$,而右边的值为 $0,0,6$.

这样一来,我们只要证明下面的事实就够了:存在这样的正整数 v,使得当 $n > v$ 时,差
$$D = n(n-1)(n-2) - (An^2 + Bn + C)$$
是正的.

将右边的括号去掉并合并同类项,可以将 D 变为
$$D = n^3 - (Rn^2 + Sn + T)$$
其中 R, S, T 是与 n 无关的系数.

如果正整数 v 这样选取,使它大于系数 R, S, T 中的任何一个,那么
$$Rn^2 + Sn + T < v(n^2 + n + 1)$$
由此(因为 $n^3 > n^3 - 1 = (n-1)(n^2 + n + 1)$)得到不等式
$$D > (n-1)(n^2 + n + 1) - v(n^2 + n + 1) =$$
$$(n-1-v)(n^2 + n + 1)$$
这样一来,不等式 $D > 0$ 对任何整数 $n > v$ 都成立.

❻❺ 设三角形完全在某一个多边形内. 证明: 三角形的周长不超过多边形的周长.

证明 将三角形的边 AB, BC 和 CA 分别往顶点 A, B 和 C 的外边延长,使其与多边形的周界相交(图64). 交点 L, M 和 N 把多边形的周界分成 $(LM), (MN), (NL)$ 三部分.

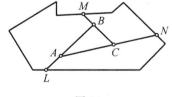

图 64

大家知道,每一条折线都比和它具有公共端点的直线段长,因此
$$(LM) + MB > LA + AB$$
$$(MN) + NC > MB + BC$$
$$(NL) + LA > NC + CA$$

将这些不等式两边分别相加并去掉同时包含在左边和右边的线段,我们得到不等式
$$(LM) + (MN) + (NL) > AB + BC + CA$$

66 证明：内接于平行四边形的三角形的面积的不可能大于这个平行四边形的面积的一半．

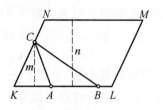

图 65

证明 第一种情形．假设三角形的两个顶点 A 和 B 在平行四边形的一条边 KL 上（图 65 和图 66）．

如果 S 是 $\triangle ABC$ 的面积，m 是边 AB 上的高，S' 是平行四边形的面积，n 是平行四边形的边 KL 上的高，那么

$$S = \frac{1}{2} m \cdot AB, \quad S' = n \cdot KL$$

因为

$$m \leqslant n, \quad AB \leqslant KL$$

所以

$$S \leqslant \frac{1}{2} S'$$

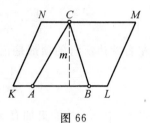

图 66

第二种情形．假设三角形的顶点在平行四边形的不同的边上（图 67）．这时，在三角形的顶点之中，一定有两个顶点在平行四边形的两条相对的边上．假设顶点 A 在边 KL 上，顶点 B 在对边 MN 上，顶点 C 在边 KN 上．

通过顶点 C 作一条和边 KL 以及 MN 平行的直线．假设点 D 是这条直线与三角形的边 AB 的交点，点 E 是它与平行四边形的边 LM 的交点．

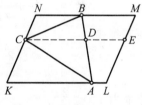

图 67

根据上面（在第一种情形所研究的）的证明，$\triangle ACD$ 的面积不大于 $\square KLBC$ 的面积的一半，$\triangle CDB$ 的面积不大于 $\square CEMN$ 的面积的一半．由此推出，整个 $\triangle ABC$ 的面积不超过 $\square KLMN$ 的面积的一半．

67 证明：方程

$$\frac{1}{x} + \frac{1}{x-a} + \frac{1}{x+b} = 0$$

（其中 a 和 b 是正数）有两个实数根，而且一根在 $\dfrac{a}{3}$ 和 $\dfrac{2a}{3}$ 之间．另一个根在 $-\dfrac{2b}{3}$ 和 $-\dfrac{b}{3}$ 之间．

证明 首先我们证明方程

$$\frac{1}{x} + \frac{1}{x-a} + \frac{1}{x+b} = 0 \qquad (1)$$

有两个根．去掉分母以后，我们得到

$$f(x) = 3x^2 - 2(a-b)x - ab = 0 \qquad (2)$$

这个方程的负根大于数 $-b$，而正根小于数 a，因为当 $x=-b$，0，a 时，二次三项式 $f(x)$ 的值
$$f(-b)=b(a+b), f(0)=-ab, f(a)=a(a+b)$$
的符号交替改变. 这两个根是满足原来方程的，因为去掉分母时可能产生的增根只能等于 $-b,0,a$.[①]

将正根 x_1 代入到原方程，得到
$$\frac{1}{x_1}+\frac{1}{x_1+b}=\frac{1}{a-x_1}$$
它左右两边所有的项都是正的. 由于
$$\frac{1}{x_1}<\frac{1}{a-x_1}$$
所以 $x_1>\frac{a}{2}$，从而更加有 $x_1>\frac{a}{3}$.

另一方面，由于 $x_1<x_1+b$，所以 $\frac{1}{x_1}>\frac{1}{x_1+b}$，且由方程
$$\frac{1}{x_1}+\frac{1}{x_1+b}=\frac{1}{a-x_1}$$
得到不等式
$$\frac{2}{x_1}>\frac{1}{a-x_1}$$
由此推出 $x_1<\frac{2a}{3}$.

用同样的方法不难证明对于负根 x_2 的不等式. ★

注[②]　在上面的解答中，在证明方程(1)有两个不同的实数根时，利用了连续函数的性质，现在我们仅仅用初等数学的知识来证明这一点.

首先，方程(2)和方程(1)是同解的，因为在去掉分母时可能产生的增根只可能是 $x=-b,0,a$，而我们不难验证这些值不是方程(2)的根.

方程(2)有两个不同的实数根，因为它的判别式
$$[2(a-b)]^2-4\cdot 3\cdot(-ab)=4(a^2+ab+b^2)>0$$
另外，由于方程(2)的常数项 $-ab<0$，所以方程(2)的两个根，一个为正实数，另一个为负实数.

这样一来，我们便证明了方程(1)有两个不同的实数根，而且一个根为正实数，另一个根为负实数.

[①]　在上面证明原方程有两个不同的实根时，用到了连续函数的性质. —— 中译者注
[②]　系中译者所加.

§41 拉格尔定理

在第 67 题的条件所说的方程可以看作方程

$$\frac{1}{x-a_1}+\frac{1}{x-a_2}+\cdots+\frac{1}{x-a_n}=0 \qquad (1)$$

的特殊情况,其中 $a_1,a_2,\cdots,a_n$ 是不同的实数.

不难证明:方程(1)有 $n-1$ 个实根.如果记号是这样选取的:$a_1<a_2<\cdots<a_n$,那么在任何一对数之间

$$(a_1,a_2),(a_2,a_3),\cdots,(a_{n-1},a_n)$$

包含方程(1)的一个且仅仅一个根.

法国数学家拉格尔(1834—1886)解决了更深刻的问题:能否指出方程(1)的根 α_i 在区间 (a_i,a_{i+1}) 内的分布情况.这个根是否能随意靠近区间的端点.

下面的定理给出了这些问题的答案:

如果将区间 (a_i,a_{i+1}) 分成 n 个相等的部分,那么包含在 a_i 和 a_{i+1} 之间的根 α_i 永远也不会落在紧靠着区间端点的两个部分的任何一个之中.

如果 $n=3$ 且

$$a_1=-b,a_2=0,a_3=a$$

那么拉格尔定理得出与 67 题的解答相同的结论.

函数

$$f(x)=\frac{1}{x+b}+\frac{1}{x}+\frac{1}{x-a}$$

的图像和方程 $f(x)=0$ 的根表明在图 68 中.

利用我们在 67 题的证明中所用的方法不难证明拉格尔定理.

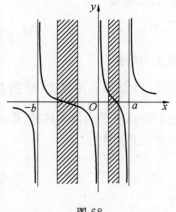

图 68

68 在 $\triangle ABC$ 中,$\angle C$ 的平分线交边 AB 于点 D.证明:线段 CD 的长度小于边 CA 和 CB 的几何平均值.

证法 1 假设点 E 是边 AC 上这样的点,使

$$\angle EDC=\angle ABC$$

这样的点(图 69)实际上是存在的,因为 $\angle ABC<\angle ADC$($\angle ADC$ 是 $\triangle BCD$ 的外角,而 $\angle ABC$ 是这个三角形的和它不相邻的一个内角).

$\triangle BCD$ 和 $\triangle CDE$ 相似,因为,除了 $\angle EDC=\angle ABC$ 之外,

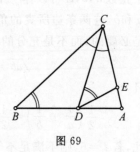

图 69

它们在顶点 C 处的顶角是相等的（注意，CD 是 $\triangle ABC$ 中 $\angle ACB$ 的平分线）. 写出对应边的比，得到
$$CB : CD = CD : CE$$
或
$$CD^2 = CE \cdot CB < CA \cdot CB$$
这就是所要证明的.

证法 2 (1) 在每一个三角形中，边 a, b 的长度，它们的夹角 γ，夹角的平分线 l 之间有关系式
$$\frac{1}{l} \cos \frac{\gamma}{2} = \frac{1}{2}\left(\frac{1}{a} + \frac{1}{b}\right) \tag{1}$$
(见 51 题的解法 1)

假设给定三个正数 a, b 和 l，那么三角形——它的两条边长等于 a 和 b，这两边的夹角的平分线长等于 l——当且仅当下面条件成立时才能作出：如果按公式(1)算出的角 $\frac{\gamma}{2}$ 的余弦小于 1，即如果
$$\frac{1}{l} > \frac{1}{2}\left(\frac{1}{a} + \frac{1}{b}\right) \tag{2}$$
成立的时候.

(2) 如果在不等式(2)的右边，数 $\frac{1}{a}$ 和 $\frac{1}{b}$ 的算术平均值用它们的几何平均值来代替，那么不等式更加成立.* 因此，在每一个三角形中
$$\frac{1}{l} > \sqrt{\frac{1}{a} \cdot \frac{1}{b}}$$
即
$$l < \sqrt{ab} \tag{3}$$

不等式(2)对于下面的作图是必要而充分的：对于给定的三个正数 a, b, l，可以作一个三角形，使得三角形的两条边长等于 a 和 b，这两条边所夹的角的平分线的长为 l. 但不等式(3)仅仅是必要的，而不是充分的. 例如，如果 $a = 3, b = 13$，那到
$$\sqrt{ab} = \sqrt{3 \times 13} > 6$$
而且
$$\frac{1}{2}\left(\frac{1}{a} + \frac{1}{b}\right) = \frac{1}{2} \times \left(\frac{1}{3} + \frac{1}{13}\right) = \frac{8}{39} > \frac{1}{6}$$
因此，若 $l = 6$，则不满足不等式(2)，虽然这时满足不等式(3).

§42 柯西[①]不等式

对于任意的正数 $x_1, x_2, \cdots, x_n$ 的几何平均值

$$\sqrt[n]{x_1 x_2 \cdots x_n}$$

不超过算术平均值

$$\frac{x_1 + x_2 + \cdots + x_n}{n}$$

即有不等式

$$\sqrt[n]{x_1 x_2 \cdots x_n} \leqslant \frac{x_1 + x_2 + \cdots + x_n}{n} \tag{1}$$

或

$$x_1 x_2 \cdots x_n \leqslant \left(\frac{x_1 + x_2 + \cdots + x_n}{n}\right)^n \tag{2}$$

而且等号仅当 $x_1 = x_2 = \cdots = x_n$ 时才能成立.

我们利用完全数学归纳法并且首先对 $n = 2^m$ (m 是任意的正整数)的情况来证明这个柯西不等式.

我们从 $n = 2$ 开始. 因为 x_1 和 x_2 是正数, 所以不等式

$$\sqrt{x_1 x_2} \leqslant \frac{x_1 + x_2}{2} \tag{3}$$

等价于不等式

$$x_1 x_2 \leqslant \left(\frac{x_1 + x_2}{2}\right)^2 \tag{4}$$

由 $\left(\frac{x_1 + x_2}{2}\right)^2 - x_1 x_2$, 我们得到

$$\left(\frac{x_1 + x_2}{2}\right)^2 - x_1 x_2 = \left(\frac{x_1 - x_2}{2}\right)^2 \geqslant 0$$

而且等式仅当 $x_1 = x_2$ 时才成立.

利用不等式(4)并且它将用到 4 个 ($n = 2^2 = 4$) 数的情况

$$(x_1 x_2)(x_3 x_4) \leqslant \left(\frac{x_1 + x_2}{2}\right)^2 \left(\frac{x_3 + x_4}{2}\right)^2$$

在不等式(4)中, 用 $\frac{x_1 + x_2}{2}$ 与 $\frac{x_3 + x_4}{2}$ 代替 x_1 与 x_2, 我们得到

$$\frac{x_1 + x_2}{2} \cdot \frac{x_3 + x_4}{2} \leqslant \left(\frac{x_1 + x_2 + x_3 + x_4}{4}\right)^2$$

这样一来, 前面的不等式可以变为

[①] 柯西(Cauchy, 1789—1857), 法国数学家. 数学分析严格化的开拓者, 柯召是第一个认识到无穷级数论并非多项式理论的平凡推广而应以极限为基础建立其完整理论的数学家. —— 中译者注

$$x_1 x_2 x_3 x_4 \leqslant \left(\frac{x_1+x_2+x_3+x_4}{4}\right)^4$$

并且在这种情况下,等号仅当 $x_1=x_2=x_3=x_4$ 时成立.

由此,对于 $n=8$ 的情况我们得到不等式

$$(x_1 x_2 x_3 x_4)(x_5 x_6 x_7 x_8) \leqslant$$
$$\left(\frac{x_1+x_2+x_3+x_4}{4}\right)^4 \left(\frac{x_5+x_6+x_7+x_8}{4}\right)^4$$

在不等式(4)中,用数 x_1, x_2, x_3, x_4 和 x_5, x_6, x_7, x_8 的算术平均值代替 x_1 和 x_2,我们得到不等式

$$\frac{x_1+x_2+x_3+x_4}{4} \cdot \frac{x_5+x_6+x_7+x_8}{4} \leqslant$$
$$\left(\frac{x_1+x_2+x_3+x_4+x_5+x_6+x_7+x_8}{8}\right)^2$$

因此对于 8 个正数有不等式

$$x_1 x_2 x_3 x_4 x_5 x_6 x_7 x_8 \leqslant$$
$$\left(\frac{x_1+x_2+x_3+x_4+x_5+x_6+x_7+x_8}{8}\right)^8$$

继续使 n 每次增加一倍,我们对于 $4,8,16,\cdots,2^m,\cdots$ 个数证明了定理.

对于任意的 n,可用下面的方法来证明定理. 例如,设 $n=5$. 对于给定的数再补充 $8-5=3$ 个数,这些数的每一个都等于 5 个给定数的算术平均值 k. 根据前面证明的

$$x_1 x_2 x_3 x_4 x_5 k^3 \leqslant \left(\frac{x_1+x_2+x_3+x_4+x_5+3k}{8}\right)^8 = k^8$$

因此

$$x_1 x_2 x_3 x_4 x_5 \leqslant k^5$$

关于几何平均值和算术平均值的定理是柯西首先叙述和证明的.

如果正数 $x_1, x_2, \cdots, x_n$ 这样变化,使得它们的和或者它们的乘积为常数,那么对于所证明的不等式还可补充下面两个定理:

任意多个正因子这样变化,使得它们的和为常数(而其他是任意的). 当所有的因子相等时,这些因子的乘积达到它的最大值.

任意多个正的被加项这样变化,使得它们的乘积为常数(而其他是任意的). 当所有的被加项相等时,这些被加项的和达到它的最小值.

§43 琴生不等式

丹麦数学家琴生(Jensen, 1859—1925)一步一步重复柯西的所有论证,证明了下面比较一般的定理.

设 $f(x)$ 是这样的函数,使得
$$f(x_1) + f(x_2) \leqslant 2f\left(\frac{x_1+x_2}{2}\right) \qquad (1)$$
对于数轴上给定区间(可能是无穷的)的 x_1 和 x_2 总是成立的. 这时,对于这个区间中任意的 $x_1, x_2, \cdots, x_n$,有不等式
$$f(x_1) + f(x_2) + \cdots f(x_n) \leqslant nf\left(\frac{x_1+x_2+\cdots+x_n}{n}\right) \quad (2)$$

(如果在不等式(1)中,等号仅当 $x_1=x_2$ 时成立,那么在不等式(2)中等号也仅当 $x_1=x_2=\cdots=x_n$ 时成立)

作为特殊情况,由琴生不等式可以推出在 §42 中所证明的柯西不等式. 此外,琴生不等式还可对最早研究的两个问题给出新的解答.

(1) 事实上,对于任意的正数 x_1 和 x_2 有不等式
$$x_1 x_2 \leqslant \left(\frac{x_1+x_2}{2}\right)^2$$
将它对任意大于 1 的底取对数,我们得到
$$\log x_1 + \log x_2 \leqslant 2\log \frac{x_1+x_2}{2}$$
因此,我们可以利用琴生不等式断言:对任意的正数 $x_1, x_2, \cdots, x_n$ 有不等式
$$\log x_1 + \log x_2 + \cdots + \log x_n \leqslant n\log \frac{x_1+x_2+\cdots+x_2}{n}$$
这是 §42 中的不等式(2)取对数后的形式.

(2) 设 x_1 和 x_2 是两个正的锐角. 这时(见 §9)
$$\sin x_1 \sin x_2 = \frac{1}{2}[\cos(x_1-x_2) - \cos(x_1+x_2)]$$
$$\sin^2 \frac{x_1+x_2}{2} = \frac{1}{2}[1-\cos(x_1-x_2)]$$

因此
$$\sin^2 \frac{x_1+x_2}{2} - \sin x_1 \sin x_2 = \frac{1-\cos(x_1-x_2)}{2} = \sin^2 \frac{x_1-x_2}{2}$$

这样一来
$$\sin x_1 \sin x_2 \leqslant \sin^2 \frac{x_1+x_2}{2}$$
将这个不等式对任意大于 1 的底取对数,我们得到
$$\log \sin x_1 + \log \sin x_2 \leqslant 2\log \sin \frac{x_1+x_2}{2}$$
因此,在这种情况下我们可以利用琴生不等式,于是,对于任意多个正的锐角有不等式

$$\log \sin x_1 + \log \sin x_2 + \cdots + \log \sin x_n \leqslant$$
$$n \log \sin \frac{x_1 + x_2 + \cdots + x_n}{n}$$

即
$$\sin x_1 \sin x_2 \cdots \sin x_n \leqslant \sin^n \frac{x_1 + x_2 + \cdots + x_n}{n}$$

而且等号仅当 $x_1 = x_2 = \cdots = x_n$ 时成立.

如果 $n=3$, 且 $x_1 + x_2 + x_3 = \frac{\pi}{2}$, 即如果 x_1, x_2, x_3 是三角形的角的一半, 那么
$$\sin x_1 \sin x_2 \sin x_3 \leqslant \sin^3 \frac{\pi}{6} = \frac{1}{8}$$

这个不等式在 11 题的证法 2 中证明过（利用欧拉定理）.

(3) 琴生不等式可以解答 14 题.

事实上, 如果 x_1 和 x_2 是包含在 $0°$ 和 $180°$ 之间的两个角, 那么
$$\sin x_1 + \sin x_2 = 2 \sin \frac{x_1 + x_2}{2} \cos \frac{x_1 - x_2}{2} \leqslant 2 \sin \frac{x_1 + x_2}{2}$$

这样一来, 我们可以利用琴生不等式断言: 对于包含在所指出的范围内的任意多个角 $x_1, x_2, \cdots, x_n$, 有不等式
$$\sin x_1 + \sin x_2 + \cdots + \sin x_n \leqslant n \sin \frac{x_1 + x_2 + \cdots + x_n}{n}$$

而且等式仅当 $x_1 = x_2 = \cdots = x_n$ 时成立.

如果 $n=3$, $x_1 + x_2 + x_3 = \pi$, 我们得到 14 题的解答的第二部分.

(4) 利用琴生不等式容易证明并可推广到 §33 中所证明的关于调和平均值的断言.

设 $f(x) = -\frac{1}{x}$. 这个函数在正数的范围内满足琴生定理的条件, 因为
$$-\frac{1}{a} - \frac{1}{b} \leqslant 2 \left(\frac{-\frac{1}{a-b}}{2} \right) = -\frac{4}{a+b}$$

而且等号仅当 $a=b$ 时成立. 事实上, 不等式的右边和左边之差
$$-\frac{4}{a+b} + \frac{1}{a} + \frac{1}{b} = \frac{-4ab + b(a+b) + a(a+b)}{ab(a+b)} =$$
$$\frac{(a-b)^2}{ab(a+b)}$$

当 $a \neq b$ 时是正的, 且当 $a=b$ 时变为 0.

我们提醒一下, 正数 $x_1, x_2, \cdots, x_n$ 的调和平均值是满足关系式

$$\frac{n}{h} = \frac{1}{x_1} + \frac{1}{x_2} + \cdots + \frac{1}{x_n}$$

的数 h,其算术平均值是满足关系式

$$na = x_1 + x_2 + \cdots + x_n$$

的数 a.

对于数 $x_1, x_2, \cdots, x_n$ 和函数 $f(x) = -\frac{1}{x}$ 应用琴生不等式,我们得到

$$-\frac{1}{x_1} - \frac{1}{x_2} + \cdots - \frac{1}{x_n} \leqslant n\left(-\frac{1}{a}\right)$$

即

$$-\frac{n}{h} \leqslant -\frac{n}{a}$$

由此得到

$$h \leqslant a$$

于是,我们证明了,正数的调和平均值不能大于它们的算术平均值,而且等号仅当所有的正数相等时成立.

§44 凸函数和凹函数[①]

凸函数和凹函数在现代数学的许多方面起着重要的作用. 我们先给出几何的定义.

定义在某个区间上的函数 $y = f(x)$ 叫作凸函数,如果它的图形的任意一段弧都不在这段弧所对的弦的上面(图 70(a)).

定义在某个区间上的函数 $y = f(x)$ 叫作凹函数,如果它的图形的任意一段弧都不在这段弧所对的弦的下面(图 70(b)).

例如,函数 $y = x^2, y = x^4, y = a^x (a > 0)$ 是凸函数,而函数 $y = -x^2, y = -x^4, y = \lg x$ 是凹函数. 函数 $y = \sin x$ 在区间 $0 \leqslant x \leqslant \pi$ 内是凹函数,而在区间 $\pi \leqslant x \leqslant 2\pi$ 内是凸函数. 线性函数 $y = ax + b$ 是仅有的这样一种函数,它同时既是凸函数又是凹函数.

现在我们用分析的语言引出上面所给出的定义.

定义在某一个区间上的函数 $y = f(x)$ 叫作凸函数,如果对于它的定义域中的任意的 x_1, x_2 以及任意的 $\alpha, \beta, \alpha \geqslant 0, \beta \geqslant 0, \alpha + \beta = 1$,有不等式

$$f(\alpha x_1 + \beta x_2) \leqslant \alpha f(x_1) + \beta f(x_2) \tag{1}$$

用不等式

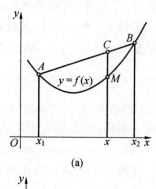

(a)

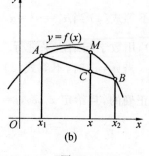

(b)

图 70

[①] 系俄译编辑所加.

$$f(\alpha x_1 + \beta x_2) \geqslant \alpha f(x_1) + \beta f(x_2) \qquad (2)$$

来代替不等式(1)可以得到凹函数的定义.

我们来证明这个定义等价于上面所给出的几何的定义.事实上,假设点 $A(x_1,f(x_1))$ 和点 $B(x_2,f(x_2))$ 是我们的函数图形上的点(图70(a)和(b)).点 C 是弦 AB 上这样一个分点,它把 AB 分成比 $AC:CB=\beta:\alpha$,当 $\alpha+\beta=1$ 时,点 C 的坐标为 $(\alpha x_1+\beta x_2, \alpha f(x_1)+\beta f(x_2))$.当 α 沿着一个方向跑遍区间 $0\leqslant\alpha\leqslant1$,而 $\beta=1-\alpha$ 沿相反的方向跑遍这个区间时,点 C 跑遍整条弦 AB.

在图形上取横坐标为 $x=\alpha x_1+\beta x_2$ 的点 M.它的纵坐标等于 $f(\alpha x_1+\beta x_2)$.函数当而且仅当点 M 不在点 C 上面时是凸函数(图70(a)两个点具有同样的横坐标),而这正好意味着不等式(1)成立.同样地,函数的凹性意味着点 M 不在点 C 的下面(图70(b)),即不等式(2)成立.

显然 §43 中的不等式(1)是我们的不等式(2)相应于 $\alpha=\beta=\frac{1}{2}$ 的特殊情况.不仅如此,如果 $f(x)$ 连续并且对所有的 x_1 和 x_2 满足 §43 中的不等式(1),那么它在我们的定义的意义下是凹函数.因此对于凹函数来说,在 §43 中所证明的不等式是正确的,而对于凸函数也有类似的不等式,只是将符号"$\leqslant$"变成"$\geqslant$".此外,这些不等式还可推广.

假设 $y=f(x)$ 是凸函数或凹函数.这时对于它的定义域中的任意 $x_1,x_2,\cdots,x_n$ 和任意的 $\alpha_1,\alpha_2,\cdots,\alpha_n, \alpha_i\geqslant 0, i=1,2,\cdots,n, \sum_{i=1}^{n}\alpha_i=1$,如果 $f(x)$ 是凸函数,则有不等式

$$f(\alpha_1 x_1 + \cdots + \alpha_n x_n) \leqslant \alpha_1 f(x_1) + \cdots + \alpha_n f(x_n) \qquad (3)$$

如果它是凹函数,则有不等式

$$f(\alpha_1 x_1 + \cdots + \alpha_n x_n) \geqslant \alpha_1 f(x_1) + \cdots + \alpha_n f(x_n) \qquad (4)$$

这两个不等式也叫作琴生不等式.(§43 的不等式(2)可由不等式(4)当 $\alpha_1=\cdots=\alpha_n=\frac{1}{n}$ 时得到)我们只需证明不等式(3),用数学归纳法来进行.

当 $n=1$ 时,不等式(3)是显然的.我们假设它对某一个 n 是正确的,且给定 $x_i, \alpha_i, i=1,2,\cdots,n+1, \alpha_i\geqslant 0, \sum_{i=1}^{n+1}\alpha_i=1$. 令

$$\bar{x}_1 = \bar{\alpha}_1 x_1 + \cdots + \bar{\alpha}_n x_n, \bar{x}_2 = x_{n+1}$$

$$\bar{\alpha}_1 = \frac{\alpha_1}{\alpha}, \alpha = \alpha_1 + \cdots + \alpha_n, \beta = \alpha_{n+1}$$

(如果对于 $i=1,2,\cdots,n, \alpha_i=0$,那么没有什么要证明的了)这时

$$f(\alpha_1 x_1 + \cdots + \alpha_{n+1} x_{n+1}) = f(\alpha \bar{x}_1 + \beta \bar{x}_2) \leqslant$$
$$\alpha f(\bar{x}_1) + \beta f(\bar{x}_2) =$$
$$\alpha f(\bar{\alpha}_1 x_1 + \cdots + \bar{\alpha}_n x_n) + \alpha_{n+1} f(x_{n+1}) \leqslant$$
$$\alpha [\bar{\alpha}_1 f(x_1) + \cdots + \bar{\alpha}_n f(x_n)] + \alpha_{n+1} f(x_{n+1}) =$$
$$\alpha_1 f(x_1) + \cdots + \alpha_n f(x_n) + \alpha_{n+1} f(x_{n+1})$$

(在这里我们利用了对于 n 的不等式(3)和凸性的定义(1))这样一来,不等式(3)对 $n+1$ 是正确的,而根据数学归纳原理,证明了对所有的自然数 n 都是正确的.

如果直接验证定义(1)和(2),可能有些困难,但是如果我们利用微分学,那么困难的程度将会大大减低.

如果在某一个区间内,二阶导数 $f''(x) \geqslant 0$(相应的, $f''(x) \leqslant 0$),那么在这个区间内,函数 $f(x)$ 是凸函数(相应的, $f(x)$ 是凹函数).

事实上,利用有限增量公式我们求得
$$\alpha f(x_1) + \beta f(x_2) - f(\alpha x_1 + \beta x_2) =$$
$$\alpha [f(x_1) - f(\alpha x_1 + \beta x_2)] + \beta [f(x_2) - f(\alpha x_1 + \beta x_2)] =$$
$$\alpha f'(c_1)(x_1 - \alpha x_1 - \beta x_2) + \beta f'(c_2)(x_2 - \alpha x_1 - \beta x_2) =$$
$$\alpha \beta [f'(c_2) - f'(c_1)](x_2 - x_1) =$$
$$\alpha \beta f''(c)(c_2 - c_1)(x_2 - x_1)$$

其中 $x_1 < c_1 < \alpha x_1 + \beta x_2 < c_2 < x_2$ 和 $c_1 < c < c_2$. 因此左边的符号和 f'' 的符号重合,因而当 $f'' \geqslant 0$ 得到不等式(1),当 $f'' \leqslant 0$ 得到不等式(2).

例如,函数 $y = \ln x$ 是凹函数,因为 $y'' = -\frac{1}{x^2} < 0$. 因此
$$\ln(\alpha_1 x_1 + \cdots + \alpha_n x_n) \geqslant \alpha_1 \ln x_1 + \cdots + \alpha_n \ln x_n =$$
$$\ln(x_1^{\alpha_1} \cdots x_n^{\alpha_n})$$

由此推出
$$\alpha_1 x_1 + \cdots + \alpha_n x_n \geqslant x_1^{\alpha_1} \cdots x_n^{\alpha_n}$$
$$(x_i > 0, \alpha_i \geqslant 0, \sum_{i=1}^n \alpha_i = 1)$$

它是柯西不等式(§42)的推广.

所有上面的讨论可以毫无困难地用到多元函数中去(还可见 §65).

69 将数
$$1, 2, 3, 4, 5$$
用任何方法分成两组. 证明:总可以在某一组中找到这样两个数,它们之差与这一组中的某一个数相同.

证明 我们试图把数 $1,2,3,4,5$ 分成这样两组,使得在任一组中,任何两个数之差都不和这一组中的数相等.

数 2 和 4 不能分在一组,因为 $4-2=2$.

数 1 不能和 2 分在一组,因为 $2-1=1$. 因此,数 1 只能分在包含有 4 的那一组.

因为 $4-1=3$,所以 3 只能和 2 同一组.

于是,数 1 和 4 应该分在一组,数 2 和 3 应该分在另一组.

但是剩下的数 5 不能属于这两组中的任何一组,因为 $5-1=4$,而 $5-2=3$.

❼⓿ 给定方程组
$$y - 2x - a = 0$$
$$y^2 - xy + x^2 - b = 0$$
其中 a, b 是整数,x 和 y 是未知数. 证明:如果有某一组有理数满足这个方程组,那么它们应该是整数.

证明 我们研究方程组
$$y - 2x - a = 0 \tag{1}$$
$$y^2 - xy + x^2 - b = 0 \tag{2}$$

由方程(1)推出
$$x = \frac{y-a}{2}$$

将这个表达式代入到方程(2),我们得到
$$y^2 - y\frac{y-a}{2} + \left(\frac{y-a}{2}\right)^2 - b = 0$$

去掉括号并合并同类项,这个新的方程变为
$$3y^2 = 4b - a^2$$
或者
$$(3y)^2 = 3(4b - a^2) \tag{3}$$

现在假设 x 和 y 是满足方程(1)和(2)的有理数,因而也满足方程(3).

因为 a, b 是整数,所以方程(3)的右边是整数. 它可以和有理数 $3y$ 的平方相等仅仅是在 $3y$ 不是分数而是整数的情况下才有可能(见第40题和§31).

此外,方程(3)的右边的数能被 3 整除,而这只有在数 $3y$ 能被 3 整除时才可能(见§2),也就是说,只有当 y 是整数时才有可能.

由方程(3)还可推出,数 a 和 y 要么同为偶数,要么同为奇

数,因此

$$x = \frac{y-a}{2}$$

是整数.

71 在十进制中,位数大于 1 的某数的平方,其十位数字等于 7. 这个数的平方的个位数字等于多少?

解 我们证明:在十进制中,如果某数平方的十位数字是奇数,那么这个数的平方的个位数字等于 6.

设 c 是数 a 在十进制记数法中的个位数字. 这时 $a+c$ 是偶数,而 $a-c$ 能被 10 整除,因此 $a^2-c^2=(a+c)(a-c)$ 能被 20 整除,从而数 a^2 和 c^2 的个位数字相同,十位数字同为偶数或同为奇数.

在十进制中,一位数的平方的十位数字为奇数的仅仅只有 $4^2=16$ 和 $6^2=36$. 无论在哪种情况下,个位数字都等于 6. 因此,在十进制记数法中,任何一个数的平方 a^2 的十位数字为奇数,仅仅只有在 a 的个位数字为 4 或 6 时才有可能. 然而这时数 a^2 的个位数字等于 6.

本题条件中所说的数是存在的. 例如,$24^2=576, 26^2=676$ 就是这样的数.

72 在圆 k 内给定两点 A 和 B. 证明:存在这样一个圆(实际上,有无穷多个),它通过点 A 和 B,且完全在圆 k 内.

证明 联结圆 k 的圆心 O 和点 A. 如果以线段 OA 的任意一点 C 为圆心,以 CA 为半径画一个圆(图 71),那么这个圆完全在圆 k 内①.

如果作线段 AB 的中垂线,那么它或者和线段 OA 相交,或者和线段 OB 相交. 以交点 C 为圆心,以 $CA=CB$ 为半径所画的圆通过两个给定的点 A 和 B,且(根据上面所证明的)完全在圆 k 内.

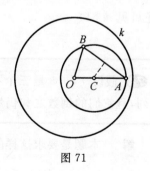

图 71

---

① 假设点 P 是这个圆上的任一点,那么 $OP < OC+CP = OC+CA = OA$,而 OA 小于圆 k 的半径,所以点 P 在圆 k 内. —— 中译者注

73 假设 AC 是 $\square ABCD$ 的较长的对角线，从顶点 C 引边 AB 和 AD 的垂线 CE 和 CF，分别和 AB 与 AD 的延长线相交于点 E 与 F. 证明
$$AB \cdot AE + AD \cdot AF = AC^2$$

证明 由顶点 B 向对角线 AC 作垂线，垂足为点 G（图 72）. 对角线中较长的对角线 AC 将 $\square ABCD$ 分成钝角 $\triangle ADC$ 和钝角 $\triangle ABC$，因此点 G 在顶点 A 和 C 之间的 AC 上.

$\text{Rt}\triangle AEC$ 和 $\text{Rt}\triangle AGB$ 是相似三角形，因为 $\angle EAC = \angle GAB$.

$\text{Rt}\triangle AFC$ 和 $\text{Rt}\triangle CGB$ 也是相似三角形，因为 $\angle FAC = \angle GCB$.

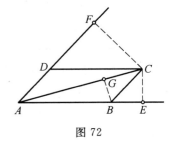

图 72

在相似的三角形中，对应边成比例，于是我们得到
$$AC : AE = AB : AG, AC : AF = BC : GC$$
由此得到
$$AB \cdot AE = AC \cdot AG, BC \cdot AF = AC \cdot GC$$
最后可以得到
$$AB \cdot AE + BC \cdot AF = AC \cdot (AG + GC)$$
但是
$$BC = AD, AG + GC = AC$$
因此
$$AB \cdot AE + AD \cdot AF = AC^2$$
这就是所要证明的.

从所得到的关系式中，作为特殊情况可以推出勾股定理：如果 $\square ABCD$ 变成矩形，那么这个关系式变成
$$AB^2 + BC^2 = AC^2$$

（还可见 §51）

74 假设 x, y, z 是三个不同的自然数，按上升的次序排列，且它们的倒数之和仍然是整数. 求 x, y, z 的值.

解 本题是要求这样的正整数 x, y, z, a，使得
$$x < y < z, \frac{1}{x} + \frac{1}{y} + \frac{1}{z} = a$$
首先我们指出，对于任何 x, y, z 有
$$a = \frac{1}{x} + \frac{1}{y} + \frac{1}{z} < \frac{1}{1} + \frac{1}{2} + \frac{1}{2} = 2$$

因此，$a=1$.

但这时
$$\frac{1}{x} < a = 1 < \frac{1}{x} + \frac{1}{x} + \frac{1}{x} = \frac{3}{x}$$

这样一来，$1 < x < 3$，由此得到 $x=2$.

这时，对于 x,y,z 的倒数的方程变为
$$\frac{1}{y} + \frac{1}{z} = \frac{1}{2}$$

由此得到
$$\frac{1}{y} < \frac{1}{2} < \frac{2}{y}$$

因此 $2 < y < 4$，即 $y=3$.

最后，由方程
$$\frac{1}{2} + \frac{1}{3} + \frac{1}{z} = 1$$

求得 $z=6$.

这样一来，本题只有唯一的解：$a=1, x=2, y=3, z=6$.

---

⑦⑤ 假设对任何实数 x，有
$$ax^2 + 2bx + c \geqslant 0$$
$$px^2 + 2qx + r \geqslant 0$$

其中 $a,b,c;p,q,r$ 都是实数. 证明：对任何实数 x，有
$$apx^2 + 2bqx + cr \geqslant 0$$

证明 (1) 引理. 如果对于所有的实数 x，二次三项式
$$f(x) = ax^2 + 2bx + c \geqslant 0 \qquad (1)$$

那么数 $a, c, ac - b^2$ 都是非负的.

为了证明这个引理，我们利用下面的容易验证的恒等式
$$af(x) = (ax+b)^2 + ac - b^2 = (ax+b)^2 - (b^2 - ac) \quad (2)$$

(a) 用反证法可以证明系数 a 是非负的.

假设 $a < 0$. 这时由不等式(1)推出，对所有的 x 的值，$af(x) \leqslant 0$. 如果考虑到恒等式(2)，那么所得的不等式就是
$$(ax+b)^2 \leqslant b^2 - ac$$

但是这是不可能的. 事实上，总可以找到这样一个数 $M > 1$，它同时又大于数 $b^2 - ac$. 如果 x 满足方程 $ax + b = M$，那么
$$(ax+b)^2 = M^2 > M > b^2 - ac$$

(b) 系数 c 不可能是负的，因为由于有不等式(1)，所以
$$c = f(0) \geqslant 0$$

(c) 关于数 $ac-b^2$ 的非负性,我们对于 $a>0$ 和 $a=0$(我们已经知道,a 不可能小于零)的情形用不同的方法来证明.

如果 $a>0$,取 x 满足方程 $ax+b=0$,那么由恒等式(2)推出
$$af(x)=ac-b^2$$
因为 $a>0,f(x)\geqslant 0$,所以
$$ac-b^2\geqslant 0$$
这就是所要证明的.

当 $a=0$ 时,二次三项式蜕化为
$$f(x)=2bx+c$$
而且系数 b 应该等于零.事实上,如果系数 b 不等于零,那么函数 $f(x)=2bx+c$ 可以取任何正值和负值.但是如果 $a=0,b=0$,那么 $ac-b^2=0$.

因此在这种情况下,数 $ac-b^2$ 也是非负的.

(2) 逆引理. 如果
$$a\geqslant 0, c\geqslant 0, ac-b^2\geqslant 0$$
那么二次三项式
$$f(x)=ax^2+2bx+c\geqslant 0$$
对所有的实数 x 都成立.

由恒等式(2)推出,对于 x 所有的值
$$af(x)\geqslant ac-b^2$$
又因为 $ac-b^2\geqslant 0$,所以
$$af(x)\geqslant 0$$

当 $a>0$ 时,由上面的不等式推出 $f(x)\geqslant 0$.当 $a=0$ 时,由于 $ac-b^2\geqslant 0$,所以系数 b 也等于 0.这时对于 x 的所有的值都有 $f(x)=c$,根据条件,系数 c 是非负的.

(3) 应用引理来证明第 75 题.

如果对于 x 的所有的值有
$$ax^2+2bx+c\geqslant 0$$
和
$$px^2+2qx+r\geqslant 0$$
那么根据所证明的(正)引理,有
$$a\geqslant 0,\quad c\geqslant 0,\quad p\geqslant 0,\quad r\geqslant 0$$
除此之外,还有
$$ac-b^2\geqslant 0,\quad pr-q^2\geqslant 0$$
即
$$ac\geqslant b^2,\quad pr\geqslant q^2$$
但这时应该有不等式
$$ap\geqslant 0,\quad cr\geqslant 0$$

和
$$ac \cdot pr \geqslant b^2 q^2$$
即
$$ap \cdot cr - (bq)^2 \geqslant 0$$

由此,根据逆引理可推出,对于 x 的所有的值,有
$$apx^2 + 2bqx + cr \geqslant 0$$

这就是所要证明的.

第 12 章 1922 年～1923 年试题及解答

76 在空间中给定四个点：A,B,C 和 D. 试作一平面 S, 使得点 A 和 C 在 S 的一侧, 点 B 和 D 在 S 的另一侧, 且点 A, B,C,D 到平面 S 的距离相等.

解 平面 S 应该这样来做(图 73), 使得它到点 A 和 B, 点 B 和 C, 点 C 和 D 及点 D 和 A 的距离相等, 而且每一对点的两个点分布在平面 S 的不同的两侧. 如果平面 S 对前三对点满足本题的条件, 那么它对第四对点也满足本题的条件.

对于分布在平面两侧的两个点来说, 要想使它们到平面的距离相等, 必须使这个平面通过联结这两个点的线段的中点. 这样一来, 如果平面 S 通过线段 AB, BC 和 CD 的中点, 那么这个平面对前三对点满足本题的要求. 因此, 通过这三个已知点的平面满足本题的条件. 如果线段 AB,BC,CD 的中点不在一条直线上, 那么本题的解是唯一的. 如果这些点在一条直线上, 那么本题有无穷多个解(通过线段中点所在的直线的任一平面满足本题的全部要求).

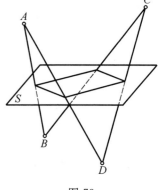

图 73

77 证明：四次多项式 x^4+2x^2+2x+2 不可能分解成两个具有整系数 a,b,c,d 的二次三项式 x^2+ax+b 和 x^2+cx+d 的乘积.

证明 二次三项式 x^2+ac+b 和 x^2+cx+d 的乘积可以表示成
$$x^4+(a+c)x^3+(b+ac+d)x^2+(bc+ad)x+bd$$
如果所得到的四次多项式恒等于 x^4+2x^2+2x+2, 那么

$$a+c=0 \quad (1)$$
$$b+ac+d=2 \quad (2)$$
$$bc+ad=2 \quad (3)$$
$$bd=2 \quad (4)$$

根据本题的条件, 系数 a,b,c,d 是整数, 因此, 由关系式(4)推出, 在乘积 bd 中, 一个因子为奇数(等于 ± 1), 而另一个

因子为偶数(等于 ±2). 例如,假设系数 b 为奇数,而系数 d 为偶数.

这时,由关系式(3)推出,乘积 bc 为偶数,由于第一个因子 b 是奇数,所以第二个因子 c 应该是偶数,但这是不可能的. 事实上,因为 b 是奇数,而 c 和 d 是偶数,那么关系式(2)的左边是奇数,因而不可能等于 $2\star$.

§45　爱森斯坦[①]定理

第 77 题证明的断言是下述定理的特殊情况:设
$$f(x) = a_0 x^n + a_1 x^{n-1} + \cdots + a_{n-1} x + a_n$$
是具有整系数的多项式. 如果存在这样一个素数 p,最高次项的系数 a_0 不能被 p 整除,而所有其他的系数能被 p 整除,但常数项不能被 p^2 整除,那么 $f(x)$ 不能分解为两个低次的整系数多项式的乘积.

这个定理是赛涅曼(1846)和爱森斯坦(1850)证明的,通常把它叫作爱森斯坦定理,虽然最先证明这个定理的并不是他.

78 证明:如果 $a, b, \cdots, n$ 是互不相同的自然数,且任何一个都不能被大于 3 的素数整除,那么
$$\frac{1}{a} + \frac{1}{b} + \cdots + \frac{1}{n} < 3$$

证明　根据本题的条件,量
$$S = \frac{1}{a} + \frac{1}{b} + \cdots + \frac{1}{n}$$
的项都是如 $\frac{1}{2^r \times 3^s}$ 的项,其中幂指数 r 和 s 是非负整数(见 §7). 如果 t 是 r 和 s 所取的值中最大的值,那么 S 的项可以表示成等比数列
$$1, \frac{1}{2}, \frac{1}{2^2}, \cdots, \frac{1}{2^t} (\text{其和为 } U)$$
和
$$1, \frac{1}{3}, \frac{1}{3^2}, \cdots, \frac{1}{3^t} (\text{其和为 } V)$$
的相应的项的乘积. 换句话说,S 的项包含在乘积

---

① 爱森斯坦(Eisenstein,1823—1852),德国数学家. 他重点研究二次型和二元三次型理论、数论以及椭圆函数和阿贝耳超越函数理论中的一些问题. —— 中译者注

$$\left(1+\frac{1}{2}+\cdots+\frac{1}{2^t}\right)\left(1+\frac{1}{3}+\cdots+\frac{1}{3^t}\right)=UV$$

的项之中. 因为在 UV 中可能有不属于 S 的项, 所以 $S \leqslant UV$. 但是 $U<2, V<\frac{3}{2}$, 所以 $S<3$.

不等式 $U<2, V<\frac{3}{2}$ 可以用下面的方式来证明

$$U=\left(1-\frac{1}{2^{t+1}}\right):\left(1-\frac{1}{2}\right)<1:\left(1-\frac{1}{2}\right)=2$$

$$V=\left(1-\frac{1}{3^{t+1}}\right):\left(1-\frac{1}{3}\right)<1:\left(1-\frac{1}{3}\right)=\frac{3}{2}$$

❼❾ 三个半径都为 r 的圆相交于一点 O, 另外两两相交于点 A, B, C. 证明: 通过点 A, B, C 可以作一个半径仍为 r 的圆.

证明 圆 OBC, 圆 OCA 和圆 OAB 的圆心 O_1, O_2, O_3 到点 O 的距离都为 r(图 74). 这样一来, $\triangle O_1 O_2 O_3$ 的外接圆的圆心是点 O, 半径为 r. 因此为了解答本题, 只要证明 $\triangle ABC$ 和 $\triangle O_1 O_2 O_3$ 全等就行了.

首先我们注意到, 四边形 $BO_3 OO_1$ 和四边形 $CO_2 OO_1$ 都是菱形, 因为它们所有的边都等于 r.

由此推出, 线段 $O_3 B$ 和 $O_2 C$ 都平行且等于线段 OO_1, 所以 $O_3 B \parallel O_2 C$, 且 $O_3 B = O_2 C$. 于是, 四边形 $BCO_2 O_3$ 是平行四边形, 从而 $BC = O_2 O_3$. 同理可证 $CA = O_3 O_1$, $AB = O_1 O_2$. 这样一来, $\triangle ABC$ 和 $\triangle O_1 O_2 O_3$ 全等, 这就是所要证明的.

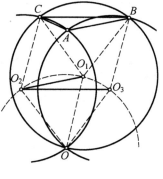

图 74

❽⓪ 证明: 如果

$$s_n = 1 + q + q^2 + \cdots + q^n$$
$$S_n = 1 + \frac{1+q}{2} + \left(\frac{1+q}{2}\right)^2 + \cdots + \left(\frac{1+q}{2}\right)^n$$

那么

$$C_{n+1}^1 + C_{n+1}^2 s_1 + C_{n+1}^3 s_2 + \cdots + C_{n+1}^{n+1} s_n = 2^n S_n$$

证法 1 只需证明所要证明的恒等式右边和左边 $q_k(k=0,1,2,\cdots,n)$ 的系数相等就可以了, 即只要证明

$$C_{n+1}^{k+1} + C_{n+1}^{k+2} + \cdots + C_{n+1}^{n+1} = 2^{n-k} C_k^k + 2^{n-k-1} C_{k+1}^k + \cdots + C_n^k \tag{1}$$

我们对 $n-k$ 用完全数学归纳法来证明关系式(1).

当 $n-k=0$ 时,关系式(1)显然成立.假设当第一项和最后一项①的下标和上标之差等于 $N-1$ 时,关系式(1)成立.我们来证明关系式(1)对于附标差 $n-k$ 等于 N 的时候也成立.

关系式(1)的左边可以变成下面的形式(见 §5 的(4))
$$(C_n^k + C_n^{k+1}) + (C_n^{k+1} + C_n^{k+2}) + \cdots + (C_n^{n-1} + C_n^n) + C_n^n =$$
$$C_n^k + 2(C_n^{k+1} + C_n^{k+2} + \cdots + C_n^n) \tag{2}$$

式(2)右边括号里的二项式系数,其下附标和上附标之差 $n-(k+1)=n-k-1=N-1$.因此,如果对它应用归纳假设,我们可以将关系式(1)的左边变为
$$C_n^k + 2(2^{n-k-1}C_k^k + 2^{n-k-2}C_{k+1}^k + \cdots + C_{n-1}^k)$$

但这个表达式正好就是关系式(1)的右边的表达式,于是关系式(1)被证明了.

证法 2 我们先证明关系式
$$C_{n+1}^1 + C_{n+1}^2 s_1 + C_{n+1}^3 s_2 + \cdots + C_{n+1}^{n+1} s_n = 2^n S_n \tag{*}$$
对于 $q=1$ 成立,然后再证明它对于其他的 q 值成立.

(1) 如果 $q=1$,那么 $s_n=n+1$,$S_n=n+1$,因而关系式(*)具有下面的形式
$$C_{n+1}^1 + 2C_{n+1}^2 + \cdots + (n+1)C_{n+1}^{n+1} = 2^n(n+1) \tag{1}$$
利用可直接验证的二项式系数的恒等式
$$kC_{n+1}^k = (n+1)C_n^{k-1} \quad (k=1,2,\cdots,n+1)$$
(见 §5 的公式(3)).当把它用到关系式(1)的左边时,我们得到
$$(n+1)(C_n^0 + C_n^1 + \cdots + C_n^n) = 2^n(n+1)$$
(二项式系数的和在 §25(3) 中有计算)

(2) 现在假设 $q \neq 1$.将关系式(*)的右边和左边分别乘以恒等式
$$1-q = 2\left(1 - \frac{1+q}{2}\right)$$
的右边和左边.

利用等比数列的求和公式,我们得到
$$(1-q)s_n = 1-q^{n+1}, \quad \left(1 - \frac{1+q}{2}\right)S_n = 1 - \left(\frac{1+q}{2}\right)^{n+1}$$

这样一来,需要证明的关系式(*)变为
$$C_{n+1}^1(1-q) + C_{n+1}^2(1-q^2) + \cdots + C_{n+1}^{n+1}(1-q^{n+1}) =$$
$$2^{n+1}\left[1 - \left(\frac{1+q}{2}\right)^{n+1}\right] = 2^{n+1} - (1+q)^{n+1}$$

---

① 指 C_n^{k+1} 和 C_n^k.——中译者注

这个关系式是成立的,因为根据牛顿二项式的性质(见 §25)
$$C_{n+1}^0 + C_{n+1}^1 + C_{n+1}^2 + \cdots + C_{n+1}^{n+1} = 2^{n+1}$$
$$C_{n+1}^0 + C_{n+1}^1 q + C_{n+1}^2 q^2 + \cdots + C_{n+1}^{n+1} q^{n+1} = (1+q)^{n+1}$$
于是,关系式(∗)被证明了★.

§46 关于恒等多项式

(1) 如果利用下面的定理,我们可以省掉第 80 题的证法 2 中研究 $q=1$ 的情况的那一部分:

如果两个次数不超过 n 的多项式,对于自变量多于 n 个的值,多项式的值相重合,那么它们对于自变量所有的值都重合,且在两个多项式中,自变量的同次幂的系数相等.

事实上,由这个定理可以断定:在第 80 题的证法 2 的第一部分所研究的 $q=1$ 的情形可以由这个证明的第二部分推出. 事实上,在恒等式(∗)的右边和左边是 q 的多项式. 在证明的第二部分证明了,它们对于所有 $q \neq 1$ 的值相重合,即对大于多项式次数的那么多个 q 的值是重合的,这样一来,它们对所有 q 的值都重合,包括 $q=1$ 的情况在内.

如果利用在 §17 的(3)中所说的定理,不难证明上面所说的定理. 事实上,如果所研究的多项式的同次幂的系数不相等,那么左右两边之差是不超过 n 次的多项式,并且和问题的条件相反,它不可能对自变量的多于 n 个的值都取零值.

(2) 在(1)中所叙述的定理可以建立代数方程的根与系数之间的关系(韦达①定理).

如果 $\alpha_1, \alpha_2, \cdots, \alpha_n$ 是方程
$$f(x) = a_0 x^n + a_1 x^{n-1} + \cdots + a_{n-1} x + a_n = 0 \quad (a_0 \neq 0) \tag{1}$$
的根,那么
$$\alpha_1 + \alpha_2 + \cdots + \alpha_n = -\frac{a_1}{a_0}$$
$$\alpha_1 \alpha_2 + \alpha_1 \alpha_3 + \cdots + \alpha_{n-1} \alpha_n = \frac{a_2}{a_0}$$
一般的
$$\alpha_1 \alpha_2 \cdots \alpha_k + \alpha_1 \alpha_2 \cdots \alpha_{k-1} \alpha_{k+1} + \cdots + \alpha_{n-k+1} \alpha_{n-k+2} \cdots \alpha_n =$$
$$(-1)^k \frac{a_k}{a_0} \quad (k=1, 2, \cdots, n) \tag{2}$$

---

① 韦达(Vieta,1540—1603),法国数学家. 16 世纪最具有影响的数学家之一,被称为"代数之父". 为近代数学的发展奠定了基础. —— 中译者注

(在关系式的左边是方程(1)的所有可能的 k 个根的乘积之和)

在 §17 的(2)中证明了,$f(x)$ 可以表示成形式
$$f(x) = a_0(x-\alpha_1)(x-\alpha_2)\cdots(x-\alpha_n)$$
(根 α_i 不一定是不同的)去掉括号并且合并同类项,我们将得到 x^{n-k} 的系数等于关系式(2)的左边乘以 $(-1)^k a_0$,即多项式的系数 a_k。这样一来,韦达定理(2)可由(1)中所说的关于恒等多项式的定理推出.

81 证明:由正整数组成的等差数列的所有的项不可能都是素数.(除了蜕化的情形,即公差为零的等差数列,它所有的项都等于同一素数)

证明 如果等差数列的公差 $d>0$,a_r 是它的通项,那么
$$a_{r+s} = a_r + sd$$

根据本题的条件,数列的公差 d 是正整数,数列的第一项不小于 1,而所有其他的项都大于 1. 我们在这个数列中总可以找到 $a_r > 1$(实际上除了第一项可能特殊以外,其余的项都满足这个条件).

当 $a_r > 1$ 和 $s = a_r$ 时,有
$$a_{r+s} = a_r + a_r d = a_r(1+d)$$
是一个复合数,这就是所要证明的.

第 13 章　1924 年～1926 年试题及解答

82 给定三个正数 a,b,c. 证明：如果对于任何正整数 n，都可以用 a^n,b^n,c^n 为边长作三角形，那么所有作出的三角都是等腰三角形.

证明　假设 $a \geqslant b \geqslant c$. 那么当且仅当
$$a^n < b^n + c^n \tag{1}$$
时，数 a^n,b^n,c^n 才能成为三角形的边长. 或者把不等式(1)写作
$$a^n - b^n < c^n$$
于是
$$(a-b)(a^{n-1} + a^{n-2}b + \cdots + b^{n-1}) < c^n \tag{2}$$

因为数 a 和 b 都不小于 c，所以不等式(2)的左边的第二个因式不小于 nc^{n-1}. 于是由不等式(2)推出
$$(a-b)nc^{n-1} < c^n$$
它可以写成
$$(a-b) < \frac{c}{n} \tag{3}$$

上面的不等式要想对所有的正整数 n 都成立，只可能 $a=b$，这就是所要证明的.

83 在平面上给定一点 O 和一条直线 e. 试求到定点 O 的距离 r 和到定直线 e 的距离 ρ 之和等于已知数 a 的点 P 的轨迹（数 r 和 ρ 是正数）.

解　要想使关系式 $r+\rho=a$ 成立，那么给定点 O 到给定直线 e 的距离不大于 a.

如果点 O 到直线 e 的距离等于 a，那么所求的点的轨迹是联结点 O 和由 O 作 e 的垂线的垂足之间的线段.

如果点 O 到直线 e 的距离小于 a，我们作和直线 e 平行且和 e 相距为 a 的直线 d_1 和 d_2（图 75）. 在这种情况下，所求的轨迹由两条位于直线 d_1 和 d_2 所构成的带子内的抛物线的弧所组成.

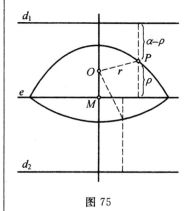

图 75

事实上,在直线 e 和 d_1 所构成的带子内,到点 O 的距离 r 并且到 d_1 的距离为 $a-\rho=r$ 的点满足本题的要求.集点 O 和准线 d_1 确定了位于直线 e 和 d_1 之间的带子内的抛物线的弧.

类似地,在直线 e 和 d_2 之间的带子内,以给定的点 O 为焦点,以 d_2 为准线的抛物线的弧上的点满足本题要求.这条弧在直线 e 和 d_2 所构成的带子内.

两条抛物线弧的端点在直线 e 上.

§47 关于抛物线①

在第 83 题的解答中所利用的抛物线的定义对于每一个钻研过解析几何的人来说都是知道的,但是在中学并不是很普及的,因此我们简单地提一下.

到给定的点(称之为抛物线的焦点)和给定的直线(称之为它的准线)等距离的点的轨迹叫作抛物线.

由焦点作准线的垂线,取它的中点作为坐标原点, x 轴和准线平行, y 轴通过焦点.这时准线的方程是 $y=-\dfrac{p}{2}$,焦点的坐标是 $\left(0,\dfrac{p}{2}\right)$,其中 p 是焦点和准线之间的距离.

假设 $M(x,y)$ 是我们的曲线上的任意一点.这时由定义有

$$\sqrt{x^2+\left(y-\dfrac{p}{2}\right)^2}=\left|y+\dfrac{p}{2}\right|$$

由此得到

$$x^2+y^2-py+\dfrac{p^2}{4}=y^2+py+\dfrac{p^2}{4}$$

和

$$y=\dfrac{x^2}{2p}$$

我们得到了通常的抛物线的方程.

84 在平面上给定三点 A,B,C.求作三个圆 k_1,k_2,k_3,使 k_2 和 k_3 相切于点 A,圆 k_3 和 k_1 相切于点 B,圆 k_1 和 k_2 相切于点 C.

---

① 俄译编辑补加.

解 假设点 O_1, O_2, O_3 是满足本题条件的三个圆的圆心 (图76). 由点 A, B, C 作这三个圆的切线, 那么这些切线是彼此相切于这些点的三个圆的根轴★, 因此相交于一点 O. 所有三条线段 OA, OB, OC 都相等, 因为每一条线段的平方等于点 O 关于这三个圆中的某一个圆的幂★. 换句话说, 过点 A, B, C 所作的圆的切线的交点 O 和 $\triangle ABC$ 的外接圆心相重合.

显然 $\triangle O_1O_2O_3$ 的边(或者可能是它们的延长线)通过点 A, B, C 并且和线段 OA, OB, OC 垂直.

这样一来, 只有这样的圆才能满足本题的要求, 这些圆的圆心 O_1, O_2, O_3, 我们可以这样得到: 对于 $\triangle ABC$ 的外接圆, 过点 A, B, C 作它的切线, 这些切线的交点就是 O_1, O_2, O_3. 不难证明, 用这种方法所作的圆实际上是满足本题要求的.

如果 $\triangle ABC$ 是锐角三角形, 那么圆 k_1, k_2, k_3 彼此相外切 (图76).

如果 $\triangle ABC$ 是钝角三角形, 那么两个圆彼此相外切, 它们和第三个圆相内切 (图77).

如果 $\triangle ABC$ 是直角三角形, 那么本题无解. 可以证明, 在这种情况下, 在三个圆中, 有一个圆蜕化成一条直线, 其余两个圆在这条直线的同一侧, 且彼此相外切 (图78)[①].

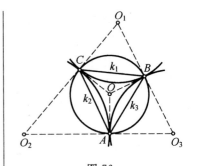

图 76

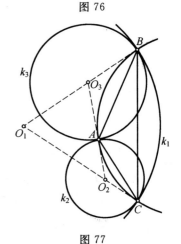

图 77

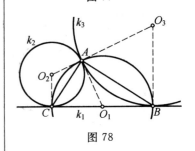

图 78

§48 点关于圆的幂及两圆的根轴

我们知道, 对于由点 P 向给定的圆所引的所有的割线来说, 点 P 到和圆的两个交点的线段 PM 和 PN 的乘积是相同的. 这个与割线的方向无关的乘积叫作点 P 关于圆 k 的幂.

通常还对割线的线段 PM 和 PN 添加上符号. 指向同一方向的线段认为具有相同的符号. 指向相反方向的线段具有不同的符号. 如果点 P 在圆 k 外 (图79(a)), 那么割线的线段具有相同的符号, 并且点 P 关于圆 k 的幂是正的. 反之, 在圆 k 内的点 P 关于 k 的幂是负的 (图79(b)). 如果点 P 在圆 k 上, 那么通过它所引的割线的线段, 有一个缩成一点, 因此这样的点关于圆 k 的幂等于零.

圆 k 外任意一点 P 关于 k 的幂等于 P 到 k 的切线的平方.

如果割线通过圆 k 的圆心 C, 那么由点 P 到和圆的交点的两条线段的长等于 $d+r$ 和 $d-r$, 其中 $d=PC$, 而 r 是圆 k 的半径. 因此, 点 P 关于圆 k 的幂等于

---

① "彼此相外切" 还包括两圆与这条直线相切. —— 中译者注

$$(d+r)(d-r) = d^2 - r^2$$

关于两个非同心圆等幂的点的轨迹是一条垂直于两圆连心线的直线. 这条直线叫作两圆的根轴.

设点 A 和点 B 是两圆的圆心, a 和 b 是它们的半径, 点 P 是平面上任意一点, 点 Q 是点 P 在线段 AB 上的投影(图 80).

正像上面所证明的, 点 P 关于圆的幂等于 $PA^2 - a^2$ 和 $PB^2 - b^2$. 因此, 如果

$$PA^2 - a^2 = PB^2 - b^2$$

那么点 P 属于两圆的根轴. 根据勾股定理

$$b^2 - a^2 = PB^2 - PA^2 = (QB^2 + PQ^2) - (AQ^2 + PQ^2) = QB^2 - AQ^2$$

正像在第 57 题的证法 1 中所证明的, 差 $QB^2 - AQ^2$ 单值地确定点 Q 在线段 AB 上的位置. 因此, 关于两个给定圆具有幂 $PA^2 - a^2 = PB^2 - b^2$ 的点的轨迹是一条垂直于它们的连心线 AB 且通过点 Q 的直线.

如果两圆相交, 那么它们的根轴是联结交点的直线.

事实上, 两个交点属于到两圆等幂的点的轨迹, 因为它们关于每一个圆的幂都等于零.

如果两圆彼此相切, 那么它们的根轴是通过切点的公切线, 因为在这种情况下, 根轴通过圆的切点且垂直于它们的连心线.

三圆 k_1, k_2, k_3 两两所取的根轴, 或者平行, 或者交于一点, 这取决于三个圆 k_1, k_2, k_3 的圆心在一条直线上或不在一条直线上.

事实上, 如果圆心在一条直线上, 那么所有三条根轴都垂直于这条直线, 因而是平行的. 如果圆心不在一条直线上, 那么所有三对圆的根轴是不平行的. 圆 k_1, k_3 和 k_2, k_3 的根轴的交点对所有三个圆具有等幂, 因此属于 k_1, k_2 的根轴. (圆 k_1, k_2, k_3 两两所取的根轴的交点叫作它们的根心)

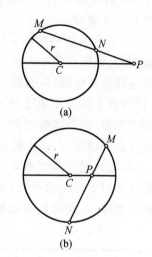

图 79

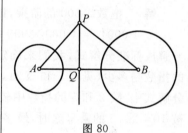

图 80

❽❺ 假设 a, b, c, d 是四个整数, 证明: 差
$$b-a, c-a, d-a, d-c, d-b, c-b$$
的乘积能被 12 整除.

证明 如果我们能证明, 差
$$b-a, c-a, d-a, d-c, d-b, c-b$$
的乘积(为简单起见, 用 P 表示它)能被 $4 = 2^2$ 和 3 整除, 那么问题就解决了. 事实上, 如果在乘积 P 中, 包含素数 2 的指数不

小于 2,3 的指数不小于 1,那么(见 §7 和 §21～§23),P 能被 $12 = 2^2 \times 3$ 整除.

(1) 将所有的整数按它们被 4 除所得到的余数 0,1,2,3 来分成四类. 如果在数 a,b,c,d 中有两个数属于同一类,那么它们的差能被 4 整除,从而数 P 能被 4 整除. 如果数 a,b,c,d 之中,任何两个数都不属于同一类,那么在它们之中有两个偶数和两个奇数. 两个偶数之差以及两个奇数之差都能被 2 整除,因此在这种情况下,P 也能被 4 整除.

(2) 在任意四个整数 a,b,c,d 中,总可以到这样两个数,它们被 3 除时有相同的余数(见 §30 狄里希利原理). 它们的差能被 3 整除,从而乘积 P 也能被 3 整除.

❽❻ 数 1 000! 的末尾有多少个零?

解 把数 1 000 的阶乘,即数
$$1\,000! = 1\,000 \times 999 \times 998 \times \cdots \times 3 \times 2 \times 1$$
分解成标准分解式,我们来确定在这个分解式中,包含 2 和 5 的指数是多少(见 §7 和 §21, §22, §23). 在阶乘 1 000! 的分解式中,数 2 和 5 的指数中较小的一个若为 k,则 1 000! 在被 $10 = 2 \times 5$ 的乘幂除时,最多能被 10^k 整除. 因此,数 1 000! 的末尾有 k 个零.

在数 $1,2,3,\cdots,1\,000$ 中,每第五个数能被 5 整除. 由于
$$1\,000 = 5 \times 200 + 0$$
所以在 1 和 1 000 之间,恰好有 200 个数能被 5 整除. 在这 200 个数中,每第五个数至少能被 5^2 整除. 因为
$$200 = 5 \times 40 + 0$$
所以在 200 个能被 5 整除的数中,有 40 个能被 5^2 整除.

继续用 5 除,我们得到
$$40 = 5 \times 8 + 0$$
$$8 = 5 \times 1 + 3$$
$$1 = 5 \times 0 + 1$$

因此,在整数 1 到 1 000 之内,有 8 个数能被 5^3 整除,有 1 个数能被 5^4 整除,而没有任何一个数能被 5 的五次幂或更高次幂整除.

这样一来,在数 1 000! 的标准分解式中,5 的指数等于
$$200 + 40 + 8 + 1 = 249$$

在数 1 000! 的标准分解式中,2 的指数必定更大,因为每第二个数就能被 2 整除,仅仅在 1 到 1 000 之内的偶数就有 500

个. 因此数 $1\,000!$ 的末尾有 249 个零★.

§49 关于将阶乘分解为乘积因子时素数的最大乘幂

在第 86 题中, 我们从数 $m=1\,000$ 和 $p=5$ 入手得到下面一串等式

$$\begin{aligned} m &= pq_1 + r_1 \quad (0 \leqslant r_1 < p) \\ q_1 &= pq_2 + r_2 \quad (0 \leqslant r_2 < p) \\ q_2 &= pq_3 + r_3 \quad (0 \leqslant r_2 < p) \\ &\vdots \\ q_{k-1} &= p \cdot 0 + r_k \quad (0 \leqslant r_k < p) \end{aligned} \quad (1)$$

它在 q_{k-1} 中断了, 后面的 $q_k = 0$. 我们来确定: 将 $m!$ 分解成素数的乘积时, 素数 p 在分解式中的指数

$$\alpha = q_1 + q_2 + \cdots + q_{k-1} \quad (2)$$

由所作的解答看出, 同样的论证对于任意的自然数 m 和任意的素数 p 仍然是有效的.

如果我们在以 p 为基数的记数系统中来写数 m, 那么 m, $q_1, q_2, \cdots, q_{k-1}$ 被 p 除所得到的余数 $r_1, r_2, \cdots, r_k$ 将是 p 进制的 "数字". 这意味着当从关系式 (1) 逐次消去 $q_1, q_2, \cdots, q_{k-1}$ 时, 我们可以将数 m 表示成形式

$$\begin{aligned} m &= p(pq_2 + r_2) + r_1 = \cdots = \\ &\quad p^{k-1} r_k + p^{k-2} r_{k-1} + \cdots + pr_2 + r_1 \end{aligned}$$

设

$$s = r_1 + r_2 + \cdots + r_k \quad (3)$$

将关系式 (1) 加起来并利用关系式 (2) 和 (3), 我们得到

$$m + \alpha = p\alpha + s$$

其中 α 是在阶乘 $m!$ 的标准分解式中所遇到的素数 p 的最大指数. 这样一来, 我们证明了下面的勒让德[①] 定理:

设 m 是任意的自然数, p 是任一素数. 在数 $m!$ 的标准分解式中, 包含 p 的乘幂的指数等于

$$\frac{m-s}{p-1}$$

其中量 s 表示将数 m 在以 p 为基数的记数系统中写出来时所得到的数字之和.

[①] 勒让德 (Legendre, 1752—1833), 法国数学家. 勒让德的主要研究领域是分析学 (尤其是椭圆微积分理论)、数论、初等几何与天体力学, 取得了许多成果, 导致了一系列的重要理论诞生. 勒让德是椭圆积分理论奠基人之一. —— 中译者注

❽❼ 证明:直角三角形的内切圆半径 r 小于任何一条直角边的一半和斜边的四分之一.

证明 由直角顶点 C 作斜边 AB 的高,其垂足为点 D. 点 E, F, G 是内切圆和直角边 $a = BC$, $b = CA$ 以及斜边 $c = AB$ 的切点. 由这些切点作内切圆的直径,其另一个端点分别为点 E', F', G'(图 81).

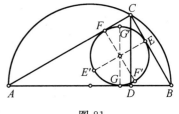

图 81

在任一三角形内或它周界上的点之中,到三角形一边的距离最大的点是这条边所对的三角形的顶点①. 因此
$$E'E < AC, F'F < BC \tag{1}$$
和
$$G'G < CD$$
因为 $\triangle ABC$ 的外接圆的半径不会不小于它的任何一条弦的一半,于是 $CD \leqslant \frac{1}{2} AB$. 故有
$$G'G < \frac{1}{2} AB \tag{2}$$

不等式(1)和(2)可以写成
$$2r < b, 2r < a, 2r < \frac{1}{2} c$$

因此,内切圆半径小于线段
$$\frac{1}{2} a, \frac{1}{2} b, \frac{1}{2} c$$

中的每一条,这就是所要证明的.

❽❽ 证明:对任意的整数 a 和 b,方程组
$$\begin{cases} x + y + 2z + 2t = a \\ 2x - 2y + z - t = b \end{cases}$$
有整数解.

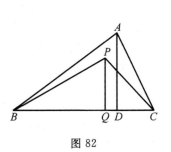

图 82

证法 1 (1)首先我们证明,如果 $a = 1, b = 0$,那么方程组
$$\begin{cases} x + y + 2z + 2t = 1 \\ 2x - 2y + z - t = 0 \end{cases} \tag{1}$$
至少有一组整数解.

由第一个方程推出,如果方程组(1)有整数解的话,那么

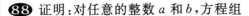

---

① 设点 P 是 $\triangle ABC$ 内或边界上的任一点(图 82). 如果点 P 不和点 A 重合,那么 $\triangle PBC$ 包含在 $\triangle ABC$ 之中,于是 $S_{\triangle PBC} < S_{\triangle ABC}$,所以 $PQ < AD$,其中 PQ 是点 P 到 BC 的距离,AD 是点 A 到 BC 的距离. ——中译者注

$x+y$ 一定是奇数. 令 $x=1, y=0$, 那么方程组 (1) 可有整数解
$$x=1, y=0, z=-1, t=1$$

(2) 如果 $a=0, b=1$, 那么方程组
$$\begin{cases} x+y+2z+2t=0 \\ 2x-2y+z-t=1 \end{cases} \tag{2}$$

也至少有一组整数解,只要注意到这时 $z-t$ 是奇数就行了. 方程组 (2) 的一组解是
$$x=-1, y=-1, z=1, t=0$$

(3) 如果 x_1, y_1, z_1, t_1 是方程组 (1) 的任一组解, x_2, y_2, z_2, t_2 是方程组 (2) 的任一组解, 那么数
$$x=ax_1+bx_2$$
$$y=ay_1+by_2$$
$$z=az_1+bz_2$$
$$t=at_1+bt_2$$

满足原来的方程组
$$\begin{cases} x+y+2z+2t=a \\ 2x-2y+z-t=b \end{cases} \tag{3}$$

当把上面所得到的方程组 (1) 和 (2) 的特解取作 x_1, y_1, z_1, t_1 和 x_2, y_2, z_2, t_2 时, 我们便得到原方程组的解
$$x=a-b, y=-b, z=-a+b, t=a$$

因为 a 和 b 是整数, 所以对于任意的整数 a 和 b, 方程组 (3) 至少有一组整数解, 这就是所要证明的.

证法 2 将本题条件中给出的方程组对 x 和 z 解出, 我们得到
$$x=\frac{1}{3}(-a+2b+5y+4t)=b+2y+t-\frac{1}{3}(a+b+y-t)$$
$$z=\frac{1}{3}(2a-b-4y-5t)=a-y-2t-\frac{1}{3}(a+b+y-t)$$

如果这样选取 y 和 t, 使得数
$$\frac{1}{3}(a+b+y-t)=u$$

是整数, 那么 x 和 z 也将是整数.

假设 t 和 u 是任意整数, 把它们代到最后一个关系式并对 y 解出, 我们得到
$$y=-a-b+t+3u$$

如果 y 和 t 像我们所指出的那样来选取, 那么 x 和 z 也是整数. 因此原方程组对任何整数 a 和 b 都有整数解. 假若 $t=a$, $u=0$, 我们便得到前面研究过的特解. ★

§50 关于马遍历无穷象棋盘的格子的问题

第 88 题的断言可以叙述为:在无穷的象棋盘上,马可以从任一格跳到其他任何一格.

无穷的象棋盘和通常的象棋盘(大小为 8×8 格)不同的是:无穷的象棋盘包含有无穷多个充满整个平面的格子. 在今后的讨论中,用格子中心来代替格子进行研究是方便的. 我们取任意一个方格的中心作为直角坐标系的原点,取坐标轴和方格的水平边以及竖直边平行(图 83). 如果把任意一个方格的边长取作长度单位,那么无穷象棋盘的格子的中心构成平面上的整点阵 —— 具有整数坐标的点的集合. 我们可以用数对 —— 在走一步的前后,马所在的方格的中心的坐标 —— 的办法来描述马走的一步(或者若干步). 例如,在图 83 中,马的 8 种可能的走法对应于下面的数对

$$u_1 = (1,2), \quad u_2 = (1,-2)$$
$$u_3 = (2,1), \quad u_4 = (2,-1)$$
$$-u_1 = (-1,-2), \quad -u_2 = (-1,2)$$
$$-u_3 = (-2,-1), \quad -u_4 = (-2,1)$$

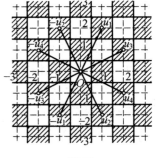

图 83

上面写的"正负"两种走法是相反的,即其中一种走法的作用和另一种走法的作用相抵消. 例如,接连走 7 步 u_1,然后走 5 步 $-u_1$,这时马所在的格子就是它走 2 步 u_1 后所在的格子. 如果马重复走 8 步 u_1 之后再走 12 步相反的 $-u_1$,那么所得到的结果相当于马只走 4 步 $-u_1$. 如果马从坐标原点出发,走了 x 步 u_1,那么在走完第 x 步以后,它所在的方格的坐标是 $(x, 2x)$.

于是,走 x 步 u_1 使马从坐标原点走到格子 $(x, 2x)$,走 y 步 u_2 便走到了格子 $(y, -2y)$,走 z 步 u_3 到格子 $(2z, z)$,走 t 步 u_4 到格子 $(2t, -t)$. 逐次地一个接一个地走完这些步以后,马从坐标原点走到中心坐标为

$$(x + y + 2z + 2t, 2x - 2y + z - t) \tag{1}$$

的格子.

因为横坐标 $x + y + 2z + 2t$ 和纵坐标 $2x - 2y + z - t$ 具有预先给定的值 a 和 b,所以步数 x, y, z, t 必须这样选取,使它们满足第 88 题解答中的方程组(3).

这样一来,在题目解答中所证明的断言 —— 对任意的整数 a 和 b,方程组(3)都有整数解 —— 可做另外的解释:在无穷的象棋盘上,马可以从任何一个方格走到其他任何一个方格.

这后一个断言可以直接证明,用不着引进坐标和解方程.

正像图 84 所表明的,马走 3 步可以从任何一格走到右边相邻的格子.如果反过来走,走 3 步以后,马走到左边一格.不难指出一种走法,使马走到上边或下边的一格.

为了走到任何一个格子,我们只需把走的路径分解成一系列横的走一格和竖的走一格这些基本走法就行了.这样一来,在无穷的象棋盘上,马确实可以从任何一格走到其他任何一格.

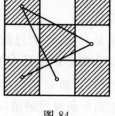

图 84

89 证明:四个连续的自然数的乘积不能表示成整数平方的形式.

证明 四个连续的自然数 $n, n+1, n+2, n+3$ 的乘积可以用下面的方式来表示

$$[n(n+1)(n+2)(n+3)] = (n^2+3n)(n^2+3n+2) =$$
$$(n^2+3n)^2 + 2(n^2+3n) =$$
$$(n^2+3n+1)^2 - 1$$

因此,所要研究的乘积包含在两个连续整数

$$n^2+3n \quad \text{和} \quad n^2+3n+1$$

的平方之间,因此它不可能表示成整数平方的形式.

90 当某一个小圆沿着半径比它大一倍的圆的里面无滑动地滚动时,小圆上的任一点描画出什么样的曲线?

解 在小圆 k' 上任取一点 M,我们来研究小圆滚动时点 M 所走的路线.我们从小圆 k' 的这样一个位置 k'_0 开始,这时点 M 在不动的外圆 k 上(图 85).点 M 的初始位置记作 A.

我们首先来研究,当 k' 沿着不动的圆 k 滚动,走完大圆周长的四分之一,即由点 A 到点 A_1 时,将会发生什么情况.

圆 k' 总是和不动的圆 k 相切.假设点 B 是切点.过点 B 引圆 k' 的直径,则另一个端点和圆 k 的圆心 O 重合.

因为圆 k' 沿着 k 无滑动地滚动,所以圆 k' 的 $\overset{\frown}{BM}$ 总是和圆 k 的 $\overset{\frown}{AB}$ 相等.$\overset{\frown}{AB}$ 和 $\overset{\frown}{BM}$ 所对的圆心角和半径成反比.因此,圆 k 的 $\overset{\frown}{AB}$ 所对的圆心角比圆 k' 的 $\overset{\frown}{BM}$ 所对的圆心角小一半.换句话说,圆周角 BOM 等于圆心角 BOA.这样一来,点 M 在圆 k 的半径 OA 上.

不仅如此,$\angle OMB$ 作为圆 k' 的直径 OB 所对的圆周角必

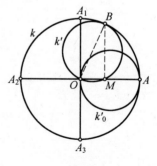

图 85

定是直角.因此,由点 B 作半径 OA 的垂线,则点 M 和这条垂线的垂足重合.

于是,当圆 k' 通过圆 k 的四分之一 $\overparen{AA_1}$ 时,点 M 从点 A 到点 O 画出圆 k 的半径 OA.

然后,当圆 k' 沿着不动的圆 k 滚动通过 $\overparen{A_1A_2}$ 时,运动的情况和上面所研究过的情况关于直线 OA_1 是镜像对称的.因此,点 M 这时画出圆 k 的半径 OA_2.

当圆 k' 沿着圆 k 的下半部分 $(\overparen{A_2A_3A})$ 滚动时,点 M 以相反的方向(从点 A_2 到点 A)通过直径 AA_2.

如果运动继续下去,那么已经到达圆 k 的直径 AA_2 的端点 A 的点 M 又开始向点 A_2 移动.

第 14 章 1927 年～1933 年试题及解答

91 假设 a,b,c,d 是整数,且与数
$$m = ad - bc$$
互素. 证明:对 $ax+by$ 能被 m 整除的整数 x 和 y, $cx+dy$ 也能被 m 整除.

证法 1 假设 x 和 y 是使 $ax+by = mk$ 的整数,其中 k 为任意整数. 因为 $m = ad-bc$, 所以
$$ax + by = k(ad - bc)$$
由此推出
$$a(x-kd) = -b(y+kc) \qquad (1)$$

如果数 a 和 b 有公约数 $l > 1$, 那么数 $m = ad-bc$ 也能被 l 整除, 于是 m 和 a 与 b 不是互素的, 这与本题条件相违. 因此 a 和 b 是互素的.

由关系式(1)推出, 数 b 和 $y+kc$ 的乘积能被 a 整除. 因为因子 b 和数 a 互素, 所以第二个因子 $y+kc$ 应该能被 a 整除(见 §21～§23). 于是
$$y + kc = la$$
其中 l 是某一个整数.

将 $y+kc = la$ 代入到关系式(1), 我们得到
$$x - kd = -lb$$
因此
$$x = kd - lb,\ y = -kc + la \qquad (2)$$
而这时
$$cx + dy = l(ad - bc) = lm$$
即 $cx+dy$ 能被 m 整除.

因此, 对于 $ax+by$ 能被 m 整除的那些整数值 x 和 y 来说, $cx+dy$ 也能被 m 整除.

反过来也是对的:对于 $cx+dy$ 能被 m 整除的那些整数值 x 和 y 来说, $ax+by$ 也能被 m 整除.

证法 2 为了简单起见, 我们引入下面的记号
$$u = ax+by,\ v = cx+dy$$

这时
$$du - bv = mx$$
即
$$bv = du - mx \qquad (1)$$

如果 x, y 是使 u 能被 m 整除的那些整数,那么由关系式(1)推出,bv 也能被 m 整除. 因为 b 和 m 互素,所以 v 应当能被 m 整除.

类似地可以证明逆命题:如果 v 能被 m 整除,那么 u 也能被 m 整除.

一个特殊的情况是,$m = 17$ 时有
$$u = 2x + 3y, v = 9x + 5y$$
这在第 1 题的证法 2 中研究过.

❾❷ 在十进制中,由数字 $1, 2, 3, 4, 5$ 组成四位数,且在每一个四位数中,这些数字中的每一个出现的次数不多于 1 次. 所有这些四位数的和等于多少?

解 根据本题条件,数字 $1, 2, 3, 4, 5$ 中的每一个在每一位(例如,在十位)出现的次数等于将其余四个数字分配到其余三位上去的方法的个数. 不难算出,这种方法的个数等于 $4 \times 3 \times 2 = 24$.

因此,对于满足本题条件的所有的四位数来说,位于四个数位的每一位的数字之和等于
$$24 \times (1 + 2 + 3 + 4 + 5) = 24 \times 15 = 360$$
于是四位数本身的和等于
$$360 \times (10^3 + 10^2 + 10 + 1) = 360 \times 1\,111 = 399\,960$$

❾❸ 在和 $\triangle ABC$ 的边相切的四个圆(一个内切、三个傍切)中,我们研究和边 AB 相切的两个圆(两个切点在顶点 A 和 B 之间). 证明:这两个圆的半径的几何平均值不超过边 AB 的长的一半.

证法 1 我们在第 20 题证明了,不等式
$$rr_c \leqslant \frac{c^2}{4}$$
是第 20 题有解的必要条件. 这正好就是第 93 题的结论.

在第 20 题还证明了条件的充分性.

证法 2 假设 c 是 $\triangle ABC$ 的边 AB 的长,r 是内切圆半径,r_c 是和边 AB 以及 $\triangle ABC$ 的其他两边的延长线相切的傍切圆的半径.S 是 $\triangle ABC$ 的面积,p 是它的半周长.

我们利用 §8 中的关系式(4) 和(7)
$$S = rp = r_c(p-c)$$
这时
$$r = \frac{S}{p}, r_c = \frac{S}{p-c}$$
且
$$rr_c = \frac{S^2}{p(p-c)} = \frac{p(p-a)(p-b)(p-c)}{p(p-c)} = (p-a)(p-b)$$
因此
$$\sqrt{rr_c} = \sqrt{(p-a)(p-b)}$$

因为两个正数的几何平均值总不会超过它们的算术平均值(见 §42),所以
$$\sqrt{rr_c} = \sqrt{(p-a)(p-b)} \leqslant \frac{(p-a)+(p-b)}{2} = \frac{c}{2}$$
这就是所要证明的.

证法 3 由图 21(见第 20 题的解答) 显然有,线段 OO' 对点 A 和 B 所张的角是直角(因为 AO 和 AO' 是两条相邻且互补的角的平分线,所以点 A 和点 B 在对线段 OO' 所张的角为直角的点的轨迹上,即在以 OO' 为直径的圆上).而点 A 和 B 不在直线 OO' 上,因此我们可以有下面的断言:

$\triangle ABC$ 的顶点 A,B 和内切圆心 O 以及和边 AB 及其他两边的延长线相切的傍切圆的圆心 O' 在一个圆上(而且在这个圆上,点 O 和 O' 把点 A 和 B 隔开).

这样一来,本题的断言是下面更一般的断言的特殊情况(图 86).

如果四个点 A,B,C,D 在一个圆上,并且点 A 和 B 把点 C 和点 D 隔开,那么从点 C 和点 D 到弦 AB 的垂线长的几何平均值不大于弦 AB 的一半.

作直径 $C'D' \perp AB$,与 AB 相交于点 M.于是点 C 和 AB 的垂线长不大于 $C'M$,点 D 到 AB 的垂线长不大于 $D'M$.但是线段 $C'M$ 和 $D'M$ 的几何平均值等于线段 AB 的一半.

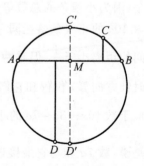

图 86

94 假设 a 是任意的正数. 我们研究 a 的 $n-1$ 个连续倍数:$a,2a,3a,\cdots,(n-1)a$. 证明:在这个序列中,至少可以找到这样的一个数,它和与它最相近的整数之差不超过 $\frac{1}{n}$.

证明 粗略地说,第 94 题的断言的实质是:在数 a 的倍数之中,有许多数几乎是整数. 实际上,本题的条件包含了比较精确的断言,因为它解释了应该怎样来理解"几乎是整数"的数.

在图 87 中,表明了对 $n=12$ 的情形. 从圆上的点 O 开始,沿着逆时针方向标出长为 $a,2a,\cdots,11a$ 的弧(圆的周长取作长度单位). 对于我们来说,把数不放在直线上而放在圆上是方便的,因为我们感兴趣的仅仅是数的小数部分. 例如,我们对于数 $e=2.718\cdots$ 和 $0.718\cdots$ 是不加区别的,从我们的观点来看,它们是相等的. 通过所标出的弧的端点,我们画一条径向的小线条,并指出它们所对应的数 $0,a,2a,\cdots$.

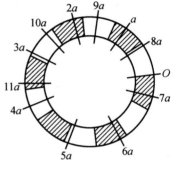

图 87

除此之外,从点 O 开始,把圆周分成 n 等份. 从一部分到另一部分的分点,我们规定它仅仅属于以它为"终点"的那一部分(换句话说,当把圆周分成 n 等份时,所得到的弧是半开的). 这时,任何一个"边界点"都不能同时属于两部分.

可能出现这样的情况,在 n 段弧的每一段弧中出现一根小线条. 这时,和点 O 最接近的长为 $\frac{1}{n}$ 的弧上的小线条所对应的数满足本题条件.

如果在某一段弧中没有任何一根小线条,那么根据狄里希利原理,在其余 $n-1$ 段弧中,至少在一段弧上有多于一段的小线条(因为小线条的总数等于 n).(例如,在图 87 中,对应于数 $3a$ 和 $10a$ 的小线条落在同一段弧上). 这样一来,这两根小线条之间的距离小于 $\frac{1}{n}$. 但是两根小线条之间的距离(沿着圆周按逆时针方向算)仅仅和它们的"标号"之差有关. 因此,点 O 和对应于数 $10a-3a=7a$ 的小线条之间的距离也小于 $\frac{1}{n}=\frac{1}{12}$. 这就是说,数 $7a$ 和与它最接近的整数之差(按绝对值)小于 $\frac{1}{n}=\frac{1}{12}$,这正是本题的断言.

(上面所作的论证完全可以用到一般的情形中去,只需将数 $11a,3a,10a,7a$ 换成 $(n-1)a,ia,ka$ 和 $(k-i)a$)

95 试将前 n 个自然数写在一个圆周上,使得任何两个相邻的数之差不超过 2. 再证明:这种写法仅只有一种办法,而且为此只要注意到与每一个数最相近的数就足够了.

解 在 1 的两边只能放数 2 和 3 (图 88 和图 89). 在数 2 的另一边,除了 4 以外,不能放任何其他的数,在数 3 的另一边,仅仅只能放数 5 等. 因此,在 1 的一边只能放偶数 $2, 4, \cdots$, 而在另一边只能放奇数 $3, 5, \cdots$. 这两个等差数列一直到遇见数 $n-2$ 和 $n-1$ 中的一个数时为止. 在这两个数之间再放上数 n. 仅仅只有把 n 个数在圆周上这样排列才能满足本题要求,而且这样的排列确实满足本题的要求.

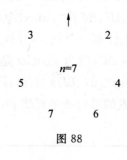

图 88

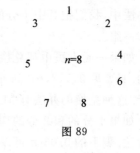

图 89

96 在平面上给定一条直线和两个点 A 和 B. 应该在这直线上怎样选取点 P, 才能使
$$\max(AP, BP)$$
有最小值?(如果线段 AP 和 BP 的长度不一样,那么 $\max(AP, BP)$ 表示线段中较长的线段. 如果 $AP = BP$, 那么 $\max(AP, BP)$ 等于两条线段中任何一条线段的长度)

解 在两个给定的点中,用点 A 表示那样的点,它到直线 e 的距离不比另一个点 B 到直线 e 的距离近. 由点 A 作直线 e 的垂线,垂足为点 A_1 (图 90).

(1) 如果 $AA_1 \geqslant A_1B$, 那么点 A_1 就是要求的点. 事实上,如果直线 e 上的点 P 和点 A_1 重合,那么 $\max(AP, BP) = AA_1$. 对于直线 e 上的任何其他的点 P, $\max(AP, BP) > AA_1$, 因为这个点到点 A 的距离大于点 A_1 到点 A 的距离.

(2) 如果 $AA_1 < A_1B$, 那么作线段 AB 的中垂线 f, 并且由点 B 作直线 e 的垂线 BB_1, 垂足为点 B_1 (图 91).

如果某一点到点 A 的距离比到点 B 的距离短,那么它应该属于以直线 f 为边界且包含点 A 的半平面. 同样的,如果某一点到点 B 的距离比到点 A 的距离短,那么它应该属于以直线 f 为边界且包含点 B 的半平面. 由于 $AA_1 < A_1B$, $BB_1 \leqslant AA_1 < AB_1$, 所以点 A_1 和 B_1 分别属于直线 f 所分成的不同的半平面. 因此线段 A_1B_1 和直线 f 相交于某一点 C.

我们来证明:点 C 是在这种情况下所要求的点. 在这个点,

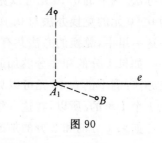

图 90

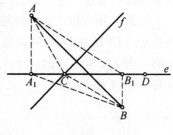

图 91

$\max(AC, BC) = AC = BC$, 而对于直线 e 上任何其他的点 P, $\max(AP, BP) > \max(AC, BC)$. 事实上, 如果代替点 C, 在直线 e 上任取一个点 D, 并且点 D 和点 B_1 在点 C 的同一侧. 于是 $AD > AC$, 因为 $\triangle ACD$ 是钝角三角形, AD 是它最大的边. 因此, $\max(AD, BD) > \max(AC, BC)$. 若点 D_1 在点 C 把直线 e 分划成的另一条半直线上, 类似的断言也是成立的.

97 一元人民币可以用多少种办法兑换开？[①]

解 解答本题原则上不会有什么困难, 只需列举出兑换一元人民币时所有可能的情况, 再算出共有多少种办法. 为了便于计算各种不同的办法, 分成组是比较方便的. 在所有的兑换办法中, 我们把其中 1 分的和 2 分的加起来的总钱数相同的算作一组.

如果一元人民币都兑换成 1 分的和 2 分的, 这是可以办得到的. 只要取 $0, 1, 2, \cdots, 50$ 个 2 分的, 其余的都兑换成 1 分的就行了. 这种兑换的办法有 51 种;

如果 1 分的和 2 分的加起来有 0.95 元, 这总共有 48 种兑换办法. 剩下的 0.05 元可以"兑换"成 1 个 5 分的. 这种兑换办法有 48 种;

如果 1 分的和 2 分的加起来有 0.90 元, 这总共有 46 种兑换办法. 剩下的 0.10 元可以兑换成 2 个 5 分的或 1 个 1 角的. 因为 0.90 元的兑换办法与 0.10 元的兑换办法是无关的. 所以, 在这一组中, 兑换的办法共有 46×2 种;

如果 1 分的和 2 分的加起来有 0.85 元, 这总共有 43 种兑换办法. 剩下的 0.15 元可以兑换成 3 个 5 分的或 1 个 5 分的加上 1 个 1 角的. 所以, 在这一组中, 兑换的办法共有 43×2 种;

如果 1 分的和 2 分的加起来有 0.80 元, 这总共有 41 种兑换的办法. 剩下的 0.20 元可以这样兑换: 4 个 5 分的 (1 种), 2 个 5 分的 (1 种), 0 个 5 分的 (2 种), 于是剩下的 0.20 元有 4 种兑换办法. 所以, 在这一组中, 兑换的办法共有 41×4 种;

如果 1 分的和 2 分的加起来有 0.75 元, 这总共有 38 种兑换办法. 剩下的 0.25 元可以这样兑换: 5 个 5 分的 (1 种), 3 个 5 分的 (1 种), 1 个 5 分的 (2 种). 所以, 在这一组中, 兑换的办法共有 38×4 种;

[①] 原题是匈牙利的货币, 为了使我国读者阅读方便, 改为人民币. 题解也做了相应的改变. —— 中译者注

用这种方法我们不难计算出,在1分的和2分的加起来的钱数为 0.70 元,0.65 元,0.60 元,0.55 元,0.50 元,0.45 元,0.40 元,0.35 元,0.30 元,0.25 元,0.20 元,0.15 元,0.10 元,0.05 元以及根本没有 1 分的和 2 分的各个组中,兑换办法的个数分别是

$36 \times 6, 33 \times 6, 31 \times 9, 28 \times 9, 26 \times 13, 23 \times 13, 21 \times 18,$
$18 \times 18, 16 \times 24, 13 \times 24, 11 \times 31, 8 \times 31, 6 \times 39, 3 \times 39,$
1×49,这样一来,兑换办法的总数等于 4 562.

98 证明:当 $0 \leqslant x \leqslant \dfrac{1}{n}$,$k$ 次多项式
$$1 - C_n^1 x + C_n^2 x^2 - C_n^3 x_3 + \cdots + (-1)^k C_n^k x^k$$
的值为正的(这里的 k 是不超过 n 的正整数;$C_n^1, C_n^2, \cdots, C_n^k$ 是二项式系数).

证明 我们把多项式 $1 - C_n^1 x + C_n^2 x^2 - C_n^3 x_3 + \cdots + (-1)^k C_n^k x^k$ 所有的项从常数项开始按 x 的升幂分成对. 如果最高次项没有和它配对的,那么它的幂指数是偶数,因而对任何 x 都是正的.

我们研究多项式中构成一对的两个连续项
$$C_n^l x^l - C_n^{l+1} x^{l+1} = \left(1 - \frac{n-l}{l+1} x\right) C_n^l x^l = \frac{l(1+x) + (1-nx)}{l+1} C_n^l x^l$$

最后一个表达式当 $0 \leqslant l \leqslant n-1$ 和 $0 \leqslant x \leqslant \dfrac{1}{n}$ 时是正的,这就是所要证明的.

99 在平面上引三条相交于一点的直线 p, q, r,且两两之间的夹角为 60°. 此外,给定长为 a, b, c 的三条线段,且 $a \leqslant b \leqslant c$. 证明:到直线 p, q, r 的距离分别小于 a, b, c 的点当且仅当 $a + b > c$ 时填满了某一个六边形的内部. 如果 $a + b > c$,六边形的周长等于什么?

证明 到直线 p 的距离小于 a 的点填满了关于直线 p 对称且宽为 $2a$ 的带子的内部(图 92). 因此,满足本题条件的点的轨迹是分别关于直线 p, q, r 对称且宽分别为 $2a, 2b, 2c$ 的带子

所交成的区域的内部.每一个带子关于直线 p,q,r 的交点 O 是对称的①.因此,带子所交成的区域是中心对称的多边形,因而有偶数条边.带子宽度的一半 a,b,c 应该满足什么样的条件才能使得多边形的边数不等于 4 呢? 也就是说,a,b,c 应该满足什么样的条件,才能使得所有三个带子所交成的区域不会和其中任何两个带子交成的区域相重合?

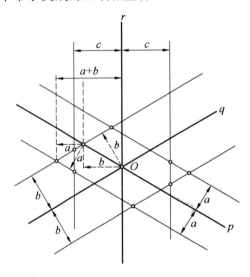

图 92

首先,我们研究关于直线 p 和 q 对称的带子所交成的区域.它是一个平行四边形.我们来估计这个平行四边形里面的点到直线 r 的距离是多少.对于平行四边形内的任一点,我们从点 O 出发,先沿着和直线 p 平行的方向移动,然后再沿着和直线 q 平行的方向移动,总可以到达这一点.在平行于直线 p 的方向上进行位移.这个位移垂直于直线 q 的分量小于 b.不论位移是在哪一侧("正的"或"负的")进行的,终点到直线 q 的距离总小于 b.由于直线 p,q,r 两两之间的夹角为 $60°$,所以直线 q 和 r 关于直线 p 是对称的.因此,沿着和直线 p 平行的方向的位移,在垂直于直线 r 的方向上的分量和在垂直于直线 q 的方向上的分量是一样的.所以这个分量小于 b,而且与位移是在哪一侧——"正的"或"负的"——进行的无关.用同样的方法可以证明,沿着与直线 q 平行的方向的位移,其垂直于 r 分量总小于 a,而且和沿着所取的直线往哪一侧移动是无关的.

因为由点 O 在平行于直线 p 和 q 的方向上进行位移,可以到达所研究的平行四边形内的任何一点,所以我们可以断言:这个平行四边形的所有内点到 r 的距离小于 $a+b$.

---

① 这句话的意思是:若点 M 属于某个带子,则和点 M 关于点 O 中心对称的点也属于这个带子.——中译者注

由此推出,由宽为 $2a$ 和 $2b$ 且关于直线 p 和 q 对称的带子所交成的平行四边形,仅仅在 $a+b>c$ 的情况下才会包含不属于所有三个带子所交成的区域的点.

我们来研究其他两对带子所交成的平行四边形.用类似于上面的论证可以证明,仅仅在 $b+c>a$ 和 $a+c>b$ 的情况下,这些平行四边形才会包含不属于所有三个带子所交成的区域的点.但是根据本题条件,$a\leqslant b\leqslant c$,所以后两个不等式总是成立的.因此,条件 $a+b>c$ 是使得满足本题条件的点的轨迹具有六边形的形状的必要(和充分的)条件.

直线 p,q,r 把整个平面划成为具有公共顶点且大小为 $60°$ 的角.六边形的周长是由若干段构成的,每一段的长度等于带子的边界被角的夹边所截得的线段的长.

我们来证明这一点.

在直线 p,q,r 中,任取两根直线,我们来研究它们所构成的 $60°$ 的角以及边界和第三条直线平行的带子落在这个角内的那一部分(图 93).如果带子的这一部分完全属于六边形,那么上面的断言显然成立.如果落在这个角内的带子的那一部分,其中有些部分在其他某一个带子的外面,那么它具有正三角形的形状,因此,两个带子相应的边界段相等(在图 93 中,相等的段用相同个数的小线标出).这样一来,前面所作的断言在这种情况下仍然有效.

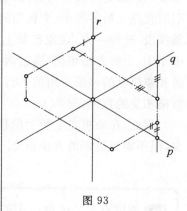

图 93

由此推出,六边形的周长等于高为 a,b,c 的等边三角形的边长的两倍的和,即

$$2\left(\frac{2}{\sqrt{3}}a+\frac{2}{\sqrt{3}}b+\frac{2}{\sqrt{3}}c\right)=\frac{4}{\sqrt{3}}(a+b+c)$$

100 个位数是 6 而又能被 3 整除的五位数有多少?

解 个位数字为 6 的五位数能被 3 整除的必要充分条件是去掉个位数字后所得到的四位数能被 3 整除.四位数总共有 $9\,999-999=9\,000$ 个.它们每第三个数能被 3 整除.因此,有 $3\,000$ 个能被 3 整除的四位数,从而也正好有这么多个个位数字为 6 而又能被 3 整除的五位数.

101 在大小为 $8\times 8=64$ 格的象棋盘上引一条直线.此直线最多可以穿过多少方格?

解 我们将所引的直线和象棋盘的方格的边界所有的交点都标出来.所标出的点将所引的直线分成若干条有限的线段(我们不研究由第一个标出的点和最后一个标出的点发出的半直线).每一条线段通过一个且仅仅一个象棋盘的方格.因此,我们只要算出有限线段的条数便可知道所引的直线和多少个方格相交.

象棋盘被18条直线段(9条竖的和9条横的)分成方格.所引的直线和这些直线段的每一条仅相交于一点,但是在棋盘的边线的四条直线段中,只有两条和所引的直线相交.因此,在所引的直线上最多有16个标出的点,这些点把这条直线分成15条线段.这样一来,在象棋盘上所引的任何一条直线可以和不多于15个的方格相交.通过两个角上的方格的边的中点引一条和象棋盘的一条对角线平行的直线,我们便得到了和15个方格相交的直线(图94).

因此,在象棋盘上所引的任一条直线可以与15个方格相交,但不能与更多的方格相交.

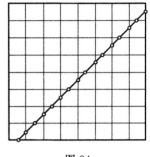

图 94

102 假设点 P 是锐角 $\triangle ABC$ 内不和外接圆心重合的任意一点.证明:在线段 AP, BP, CP 中,有一条线段的长大于 R,还有一条的长小于 R(这里 R 是 $\triangle ABC$ 的外接圆的半径).

证法 1[①] 假设点 O 是 $\triangle ABC$ 的外接圆心.因为点 O 到 $\triangle ABC$ 的三个顶点的距离都等于 R,所以本题断言可变为:在三角形的顶点之中,有一个顶点到点 P 的距离比到点 O 的距离近,还有一个顶点到点 O 的距离比到点 P 的距离近.

与点 P 和 O 距离相等的点的轨迹是线段 OP 的中垂线.在这条直线点 O 一侧的点到点 O 的距离比到点 P 的距离近.在这条直线点 P 一侧的点到点 P 的距离比到点 O 的距离近,于是只要证明:在所引的直线的两侧至少有一个 $\triangle ABC$ 的顶点.

因为 $\triangle ABC$ 是锐角三角形,所以外接圆心 O 在它的里面(图95).因此,线段 OP 的中点也在三角形内,从而线段 OP 的中垂线通过 $\triangle ABC$ 的内部并和它的周界相交于两点.这两个点中的某一个点可以和三角形的顶点重合,但不能两个交点都和三角形的顶点重合.因此,线段 OP 的中垂线至少和三角形

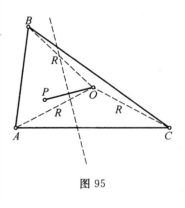

图 95

---

① 本题断言的第二部分实质上与第41题是一样的.

的一条边的内点相交. 这条边所联结的三角形的两个顶点在线段 OP 的中垂线的两侧, 这就是所要证明的.

证法 2 (1) 我们利用下面的引理:

在三角形内或在它的边长(但不是三角形的顶点)的任意一点到两个顶点的距离之和小于相交于第三个顶点的三角形的两边之和.

引理的证明: 假设 $\triangle ABC$ 是任意的三角形, 点 D 是它的不同于顶点 C 的点. 在三角形的其他两个顶点中, 不和点 D 重合的顶点记作点 A. 假设点 E 是直线 AD 和边 BC 的交点(图 96).

在点 B, D, E 之间有三角形不等式
$$DB \leqslant DE + EB$$
等号对应于那种情况: 当 $\triangle BDE$ 蜕化成一条直线段的时候, 即点 D 在三角形的边 AB 上, 或者在边 BC 上.

联结点 A, C, E 的线段长满足类似的不等式
$$AD + DE \leqslant AC + CE$$
等号对应于那种情况: 当 $\triangle ACE$ 蜕化成一条直线段时, 即点 D 在边 AC 上.

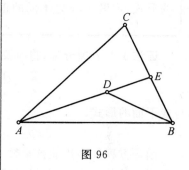

图 96

把所得到的不等式两边分别相加并消去左边和右边的线段 DE, 我们得到不等式
$$AD + DB \leqslant AC + CB$$
其中等号仅当上面两个不等式都为等式时才成立. 因为点 D 不和顶点 A 重合, 那么这仅仅只有在点 D 和顶点 C 重合的时候才有可能.

(2) 联结外接圆心 O 的三角形的顶点. 点 P 是 $\triangle ABC$ 内不和点 O 重合的任意一点, 那么它在 $\triangle AOB$, $\triangle BOC$, $\triangle COA$ 中的某一个三角形内或它的边界上, 但不和这个三角形的顶点重合. 例如, 假设点 P 在 $\triangle AOB$ 内(图 97).

根据引理
$$AP + PB < AO + OB = 2R$$
因此, 线段 AP 和 PB 中较小的线段一定小于外接圆半径.

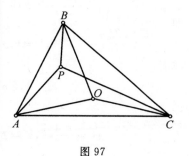

图 97

现在我们联结点 P 和三角形的顶点. 因为 $\triangle ABC$ 是锐角三角形, 所以外接圆心 O 在它的里面, 且在 $\triangle APB$, $\triangle BPC$, $\triangle CPA$ 中的某一个三角形内或在它的边界上, 但不和它的顶点重合. 我们假设点 O 在 $\triangle CPA$ 内. 这时根据引理
$$AP + PC > AO + OC = 2R$$
因此, 线段 AP 和 PC 中较大的线段一定大于外接圆半径 R.

> **103** 假设 p 是大于 2 的素数. 证明: $\dfrac{2}{p}$ 可以有且仅有一种办法表示成
> $$\frac{2}{p} = \frac{1}{x} + \frac{1}{y}$$
> 的形式, 这里 x, y 是不同的正整数.

证法 1 去掉分母, 将所要证明的关系式
$$\frac{2}{p} = \frac{1}{x} + \frac{1}{y}$$
写成下面的形式
$$2xp = p(x+y)$$

因为方程的右边能被素数 p 整除, 所以(见 §2)方程左边的因子中的某一个也能被 p 整除. 系数 2 不能被 p 整除. 由于 x 和 y 在方程中是对称的, 所以不失一般性, 可以认为 x 能被 p 整除, 即 $x = px'$. 将这个表达式代入到方程中去, 最后那个方程可变成
$$(2x'-1)y = px'$$

数 x' 和方程左边的第一个因子是互素的. 因此, 第二个因子 y 应该能被 x' 整除: $y = x'z$, 由此得到
$$(2x'-1)z = p$$
这个方程只能有下面的解
$$z = p, 2x' - 1 = 1$$
即
$$x' = 1, x = y = p$$
或者
$$z = 1, 2x' - 1 = p$$
即
$$x' = \frac{p+1}{2}, x = p\frac{p+1}{2}, y = \frac{p+1}{2}$$

在第一种情形中, 数 x 和 y 是相同的. 因此, 在第二种情形中所得到的 x 和 y 的值是原题的唯一解.

证法 2 将方程
$$\frac{2}{p} = \frac{1}{x} + \frac{1}{y}$$
的两边乘以 $2xyp$, 并将右边的 $2xp$ 和 $2yp$ 移到左边, 且两边同加上 p^2, 我们把方程变成
$$(2x - p)(2y - p) = p^2$$

因为 x 和 y 是不同的数, 所以该方程左边的两个因子是不

同的.因此,它们的乘积要想等于 p^2,只可能一个因子等于 1,而另一个因子等于 p^2. 设
$$2x - p = 1, 2y - p = p^2$$
这时
$$x = \frac{p+1}{2}, y = p\frac{p+1}{2}$$
这里得到的解和上面得到的解不同的仅仅是 x 和 y 互换了位置.

104 假设 a_1, a_2, a_3, a_4, a_5 和 b 是满足关系式
$$a_1^2 + a_2^2 + a_3^2 + a_4^2 + a_5^2 = b^2$$
的整数. 证明:所有这些数不可能都是奇数.

证明 (1) 本题的证明主要依据下面的注解.

奇数的平方被 8 除时,余数总是 1.

事实上,形如 $2k+1$ 的数叫作奇数,其中 k 是整数. 将它平方得
$$(2k+1)^2 = 4k^2 + 4k + 1 = 4k(k+1) + 1$$
因为在数 k 和 $k+1$ 中,总有一个是偶数,所以右边第一项能被 8 整除.

(2) 本题断言可以直接从上面所作的注解推出. 事实上,如果所有的数 $a_1, a_2, a_3, a_4, a_5, b$ 都是奇数,那么关系式
$$a_1^2 + a_2^2 + a_3^2 + a_4^2 + a_5^2 = b^2$$
的左边被 8 除时,余数等于 $1+1+1+1+1=5$,而右边被 8 除时,余数为 1. 所得到矛盾表明:所有的数 $a_1, a_2, a_3, a_4, a_5, b$ 不可能都是奇数.

105 在直线上给定点 A 和 B. 在此直线上求一点 P,使
$$\frac{1}{1+AP} + \frac{1}{1+BP}$$
达到最大值. 这里 AP 和 BP 表示线段的长,因此不能取负值.

解 我们来证明:当点 P 和点 A 或点 B 重合时,量
$$S(P) = \frac{1}{1+AP} + \frac{1}{1+BP}$$
达到最大值.

如果点 P 在线段 AB 的延长线上. 那么显然 $S(P) <$

$S(A) = S(B)$，因为这时两个分数的分母都比点 P 和线段 AB 的一个端点重合时要大。

现在我们假设点 P 在线段 AB 上。从点 B 往右和从点 A 往左取单位长的线段。它们的端点记作点 C 和 D（图98）。

量 $S(P)$ 可以表示成

$$\frac{1}{CP} + \frac{1}{DP} = \frac{CD}{CP \cdot DP} \quad (1)$$

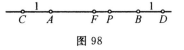

图98

它在右边的分母的表达式越小时越大，因为它的分子是一个常数。我们注意，线段 CP 可以表示成 $CF + FP$，而线段 DP 可以表示成 $CF - FP$，其中点 F 是线段 CD 的中点，于是我们得到

$$CP \cdot DP = CF^2 - FP^2$$

因此，点 P 离点 F 越远，分母越小。所以，式(1)右边的分母当点 P 和线段 AB 的一个端点重合时达到最小值。

106 证明：如果 b 是能被 a^n 整除的自然数（a 和 n 也是自然数），那么

$$(a+1)^b - 1$$

能被 a^{n+1} 整除。

证法1 为了简单起见，我们用 $d \mid n$ 表示 d 是数 n 的约数（n 能被 d 整除）。

我们对 n 用完全数学归纳法来证明本题的断言。

当 $n = 0$ 时，本题断言显然成立：如果 b 是任意正整数，那么 $(a+1)^b - 1 = [(a+1) - 1][(a+1)^{b-1} + \cdots + (a+1) + 1]$ 能被 a 整除。

现在我们假设本题断言对 $n = k$ 时成立。换句话说，如果 $a^k \mid b$，那么 $a^{k+1} \mid (a+1)^b - 1$。假设 b' 是能被 a^{k+1} 整除的数。比 $\dfrac{b'}{a}$ 用 b 来表示。这时 $a^k \mid b$，且

$$(a+1)^{b'} - 1 = (a+1)^{ab} - 1 = [(a+1)^b]^a - 1 =$$
$$[(a+1)^b - 1][(a+1)^{(a-1)b} +$$
$$(a+1)^{(a-2)b} + \cdots + (a+1)^b + 1] \quad (1)$$

根据归纳假设，式(1)右边第一个方括号内的表达式能被 a^{k+1} 整除。第二个方括号中有 a 个被加项，因此第二个因子可以表示成

$$[(a+1)^{(a-1)b} - 1] + [(a+1)^{(a-2)b} - 1] + \cdots +$$
$$[(a+1)^b - 1] + a$$

由归纳基础（当 $n = 0$ 时所证明的本题断言）推出，方括号中的

表达式和最后一项都能被 a 整除. 因此
$$a^{k+2} \mid (a+1)^{b'} - 1$$
即本题断言当 $n=k+1$ 时也是正确的,从而它对所有的 n 被证明了.

证法 2 由牛顿二项式的性质(见 §25)知
$$(a+1)^b - 1 = C_b^1 a + C_b^2 a^2 + \cdots + C_b^{b-1} a^{b-1} + C_b^b a^b$$
$C_b^k (k=1,2,\cdots,b)$ 是二项式系数,或是从 b 个元素中取出 k 个元素的组合数,它为整数. 其值可由式(1)确定
$$C_b^k = \frac{b \cdot (b-1) \cdot \cdots \cdot (b-k+1)}{k \cdot (k-1) \cdot \cdots \cdot 1} \tag{1}$$
我们来证明
$$a^{n+1} \mid a^k C_b^k \quad (k=1,2,\cdots,b) \tag{2}$$
为此必须弄清楚二项式系数 C_b^k 能被 a 的多少次幂整除. 由关系式(1)推出
$$b C_{b-1}^{k-1} = k C_b^k$$
假设 d 是数 b 和 k 的最大公约数. 这时 $\frac{b}{d}$ 和 $\frac{k}{d}$ 是互素的数(见 §23). 用 d 除最后一个等式的两边,我们得到
$$\frac{b}{d} \mid \frac{k}{d} C_b^k$$
因为 $\frac{b}{d}$ 和 $\frac{k}{d}$ 互素,所以
$$\frac{b}{d} \mid C_b^k$$
于是,为了证明关系式(2),我们只要证明
$$a^{n+1} \mid \frac{a^k b}{d}$$
就够了.

这实际上是成立的,因为 $d \leqslant k$,因此 d 小于任何一个素数的 k 次幂,于是,如果 p 是 a 的标准分解式中的任何一个素因子,那么在 d 的标准分解式中,如果有素因子 p,它的指数一定小于或等于 $k-1$.

假设 p 是 a 的标准分解式中的某一个素因子,其指数 $\alpha \geqslant 1$. 因为 $a^n \mid b$,所以在 b 的标准分解式中,p 的指数 $\geqslant n\alpha$,而在 $\frac{b}{d}$ 的标准分解式中,p 的指数 $\geqslant n\alpha - (k-1) \geqslant (n-k+1)\alpha$. 因此 $a^{n-k+1} \mid \frac{b}{d}$.

在证明中所用到的不等式 $k < p^k$,当 $k=1$ 时显然成立. 当且仅当 k 每次增加 1 时,它也是成立的,因为它的左边这时仅仅增加 1,而右边却增加了 $p-1$ 倍,这里 $p > 1$.

107 假设在 $\triangle ABC$ 中,边 AB 和 AC 不相等 ($AB \neq AC$), AP 是 $\angle A$ 的平分线(点 P 在边 BC 上).

证明:(1) 若边 BC 的中点为 F,由点 A 作边 BC 的高,垂足为点 T,那么点 P 在点 F 和点 T 之间;

(2) 如果 $\triangle ABC$ 是锐角三角形,那么 $\angle FAP < \angle PAT$.

证明 (1) 作 $\triangle ABC$ 的外接圆. 显然 $\angle A$ 的平分线和外接圆交于另一点 D,而且点 D 在顶点 B 和 C 之间不包含顶点 A 的圆弧上,并且将这段弧二等分(图 99). 过边 BC 的中点 F 所作的垂线也和外接圆交于点 D. 如果 $\triangle ABC$ 不是等腰三角形,那么 $\angle A$ 的平分线不会和这个顶点的对边上的高重合,因此点 F, P 和 T 是互不相同的. 因为点 P 在 $\angle A$ 的平分线上,且将点 A 和 D 分开,所以由点 A 和点 D 向边 BC 作垂线时,垂足被点 P 分开.

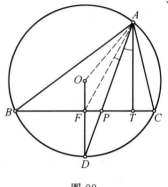

图 99

(2) 外接圆心 O 在边 BC 的中垂线 FD 上,如果 $\triangle ABC$ 是锐角三角形,那么点 F 是线段 OD 的内点①. 因此

$$\angle FAP < \angle OAD$$

另一方面,$\triangle AOD$ 是等腰三角形,此外,线段 FD 和 AT 平行,所以

$$\angle OAD = \angle ODA = \angle PAT$$

比较所得到的关系式,我们得到不等式

$$\angle FAP < \angle PAD$$

这就是所要证明的.

108 假设 α, β, γ 是任一锐角三角形的三个顶角. 证明:如果 $\alpha < \beta < \gamma$,那么

$$\sin 2\alpha > \sin 2\beta > \sin 2\gamma$$

证法 1 我们将 $\triangle ABC$ 对于顶点 A 和 B 的对边作反射. 假设点 A_1 是顶点 A 关于边 BC 的对称点,点 B_1 是顶点 B 关于边 AC 的对称点(图 100). 因为 $\triangle ABC$ 是锐角三角形,所以它的顶点 C 在 $\triangle ABA_1$ 和 $\triangle BAB_1$ 的外面. 又因为 $\alpha < \beta$,所以

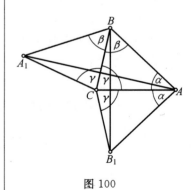

图 100

---

① 因为这时点 O 在 $\triangle ABC$ 内,而点 D 总是在 $\triangle ABC$ 外的. —— 中译者注

$BC < AC$. 此外
$$\angle ACA_1 = 2\gamma = \angle BCB_1$$
因此
$$S_{\triangle BCB_1} = \frac{1}{2}BC^2 \sin 2\gamma < \frac{1}{2}AC^2 \sin 2\gamma = S_{\triangle ACA_1}$$
于是
$$\frac{AB^2}{2}\sin 2\alpha = S_{\triangle BAB_1} = 2S_{\triangle ABC} - S_{\triangle BCB_1} > 2S_{\triangle ABC} - S_{\triangle ACA_1} =$$
$$S_{\triangle ABA_1} = \frac{AB^2}{2}\sin 2\beta$$
由此推出
$$\sin 2\alpha > \sin 2\beta$$
用同样的方法可以证明
$$\sin 2\beta > \sin 2\gamma$$

证法 2 只要证明下面这一点就足够了:如果在锐角 $\triangle ABC$,角满足不等式 $\alpha < \beta$,那么有 $\sin 2\alpha > \sin 2\beta$.

假设点 O 是外接圆心,R 是它的半径(图 101).

利用同一条弧上的圆心角和圆周角之间的关系,我们得到
$$\angle BOC = 2\alpha, \angle AOC = 2\beta$$
由 $\triangle AOC$ 和 $\triangle BOC$ 的顶点 A 和 B 作它们的公共边 OC 的高 AA_1 和 BB_1,于是
$$AA_1 = R\sin 2\beta, BB_1 = R\sin 2\alpha$$
现在剩下的只要证明 $BB_1 > AA_1$ 了.

假设点 D 是边 AB 和直线 CO 的交点.因为 $\triangle AA_1D \backsim \triangle BB_1D$,所以只要证明 $BD > AD$ 就行了(即点 D 应该和顶点 A 在线段 AB 的中垂线的同一侧).

外接圆心 O 在直线 CO 上,且将点 C 和点 D 分隔开.同时,外接圆心 O 又在线段 AB 的中垂线上.由于 $\alpha < \beta$,所以 $CB < CA$,因此顶点 C 和 B 在中垂线的同一侧,从而顶点 A 和 D 在另一侧.

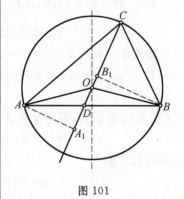

图 101

证法 3 如果 α, β, γ 是锐角三角形的角,那么
$$\pi - 2\alpha, \pi - 2\beta, \pi - 2\gamma \tag{1}$$
也是某一个三角形的角,因为它们的和等于 $3\pi - 2\pi = \pi$.

我们用 a', b', c' 来表示这个三角形的角(1)依次所对的边.根据本题条件 $\alpha < \beta < \gamma$.因此
$$\pi - 2\alpha > \pi - 2\beta > \pi - 2\gamma$$
于是
$$a' > b' > c' \tag{2}$$
但是
$$\sin(\pi - 2\alpha) : \sin(\pi - 2\beta) : \sin(\pi - 2\gamma) = a' : b' : c'$$

考虑到有不等式(2)，便可由此推出
$$\sin 2\alpha > \sin 2\beta > \sin 2\gamma$$

证法 4 首先我们注意到，由于 $\gamma = \pi - \alpha - \beta < \frac{\pi}{2}$，所以 $\alpha + \beta > \frac{\pi}{2}$. 但是根据本题条件，$\alpha < \beta$，因此 $2\beta > \frac{\pi}{2}$.

这样一来，我们可以断定：$\angle \alpha$ 和 $\angle \beta$ 满足不等式
$$\pi - 2\beta < 2\alpha < 2\beta \tag{1}$$
$$\frac{\pi}{2} < 2\beta < 2\gamma < \pi \tag{2}$$

因为 $\sin(\pi - 2\beta)$ 和 $\sin 2\beta$ 相等，而包含在 $\pi - 2\beta$ 和 2β 之间的任一角的正弦有更大的值，所以
$$\sin 2\alpha > \sin 2\beta$$

在 $\frac{\pi}{2}$ 到 π 的区间内，正弦单调下降，因此由不等式(2)有
$$\sin 2\beta > \sin 2\gamma$$

证法 5 利用 $\alpha + \beta + \gamma = \pi$，且比较 $\sin 2\alpha$ 和 $\sin 2\beta$ 的值.
$$\sin 2\alpha - \sin 2\beta = 2\cos(\alpha+\beta)\sin(\alpha-\beta) = 2\cos\gamma\sin(\beta-\alpha) \tag{3}$$

式(3)右边是正的，因为 γ 和 $\beta - \alpha$ 都是正的锐角. 因此
$$\sin 2\alpha > \sin 2\beta$$
同样可以证明
$$\sin 2\beta > \sin 2\gamma$$

---

❶❶❾ 如果
$$a^2 + b^2 = 1 \tag{1}$$
$$c^2 + d^2 = 1 \tag{2}$$
$$ac + bd = 0 \tag{3}$$
试求 $ab + cd$ 的值.

解法 1 我们来研究关系式(1)～(3).

由关系式(1)推出，a 和 b 不能同时为 0. 不失一般性，我们可假设 $a \neq 0$（不然的话，将数 a 和 b 进行对换，同时将数 c 和 d 进行对换）. 将等式(3)对于 c 解出，并将所得到的表达式
$$c = -\frac{bd}{a} \tag{4}$$
代入到关系式(2)中，我们得到新的关系式
$$\frac{b^2 d^2}{a^2} + d^2 = \frac{(a^2+b^2)d^2}{a^2} = 1$$

由于有关系式(1),我们便可推出
$$a^2 = d^2 \qquad (5)$$

利用关系式(4),并将需要求值的表达式 $ab+cd$ 变成
$$ab + cd = ab - \frac{bd^2}{a} = \frac{b(a^2-d^2)}{a} \qquad (6)$$

将表达式(5)代入到式(6)的分子中,我们得到
$$ad + cd = 0$$

解法 2 将等式(3)的两边乘以 $ad+bc$,我们得到
$$(ac+bd)(ad+bc) = a^2cd + d^2ab + c^2ab + b^2cd =$$
$$ab(c^2+d^2) + cd(a^2+b^2) = 0$$

因为在本题条件中有等式(1)和(2),所以
$$ab + cd = 0 \bigstar$$

§51 关于矢量

用矢量运算的观点,对第 109 题可做进一步的讨论. 矢量在物理和数学中有着广泛的应用.

(1) 从始点 A 到终点 B 的有方向的线段叫作矢量. 矢量表示作 $\overrightarrow{AB}$. 如果两个矢量平行(共线),并指向同一方向,而且长度相等,则认为这两个矢量是相等的. 这样一来,如果一个矢量是从另一个矢量平行移动得到的,我们对这两个矢量是不加区别的. 例如图 102 中所画的矢量 $\overrightarrow{AB}$ 和 $\overrightarrow{CD}$ 是相等的,而且它们可以同样地表示作 $\boldsymbol{a} = \overrightarrow{AB} = \overrightarrow{CD}$.

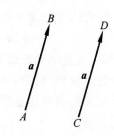

图 102

(2) 可以对矢量进行各种运算. 两个矢量的和是一个矢量,它是这样得到的:在一个被加矢量的终点放上另一个被加矢量,然后从第一个被加矢量的始点到第二个被加矢量的终点作一个矢量,这个矢量就表示两相加矢量之和. 这样定义两个矢量之和与物理中所采用的速度合成的方法(即大家熟知的平行四边形法则)是一致的. 由图 103 所画的平行四边形可以看出,两个矢量的和在交换相加项的次序时是不变的
$$\boldsymbol{a} + \boldsymbol{b} = \boldsymbol{b} + \boldsymbol{a}$$

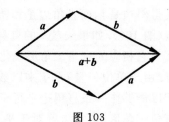

图 103

直接可以看出,矢量的加法具有结合律的性质,即
$$(\boldsymbol{a}+\boldsymbol{b}) + \boldsymbol{c} = \boldsymbol{a} + (\boldsymbol{b}+\boldsymbol{c})$$

因此,在三个或更多矢量的和中加括号是多余的.

由矢量的加法法则显然可以看出应该怎样理解两个矢量的差. 如果矢量 $\boldsymbol{a}$ 和 $\boldsymbol{b}$ 从同一点发出,那么从矢量 $\boldsymbol{b}$ 的终点到矢量 $\boldsymbol{a}$ 的终点所引的矢量叫作差 $\boldsymbol{a}-\boldsymbol{b}$(图 104),因为
$$\boldsymbol{b} + (\boldsymbol{a}-\boldsymbol{b}) = \boldsymbol{a}$$

任何一个矢量减去和它相等的矢量,差矢量的始点和终点将重

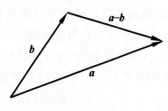

图 104

合,所得到的矢量叫作零矢量
$$a - a = 0$$

(3) 矢量可以和数相乘. 如果 m 是正数,那么矢量 ma 可以这样得到:作一个新的矢量,它和矢量 a 平行,且都指向同一个方向,它的长度和矢量 a 的长度的比是 $m:1$,矢量 $(-m)a$ 和矢量 ma 平行且其长度相等,但方向相反,因此
$$ma + (-m)a = 0 \cdot a = 0$$

在图 105 中表示了矢量 a 与某些数相乘所得到的矢量. 为了简单起见,矢量 $(-1)a$ 通常表示为 $-a$. 这样的表示法和上面所采用的定义是一致的,因为
$$a + (-b) = a - b$$

矢量和数的乘法确定了
$$0 \cdot a = 0, 1 \cdot a = a$$

不难看出,对于任意两个数 m 和 n
$$(m+n)a = ma + na, m(na) = (mn)a$$

而对于任何两个矢量 a 和 b
$$m(a+b) = ma + mb$$

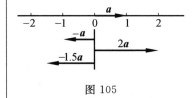

图 105

于是,矢量的加法以及矢量与数的乘法具有和通常数的加法和乘法运算相同的性质. 这就大大简化了矢量的运算,因为上面所定义的两种运算所服从的不是新的法则,而是已经非常熟悉的法则.

(4) 我们假设在平面上给定两个相互垂直的单位向量 i 和 j. 对于平面上的每一个矢量 v 都可以作这样一个直角三角形,使得斜边是 v,而直角边是和所选取的单位矢量 i 和 j 平行的矢量(图 106). 如果矢量 v 的自身和矢量 i,j 中的某一个平行,那么与它相应的直角三角形蜕化成一条线段,一条直角边缩成一点. 由于单位矢量 i 和 j 乘以数时,所得到的矢量平行于 i 和 j,所以能够作一条直角边平行于矢量 i 和 j 而斜边等于矢量 v 的直角三角形,这意味着对于平面上的任意矢量 v,可以找到这样两个数 x 和 y,使得
$$v = xi + yj$$

而且对于每一个矢量 v,数 x 和 y 是唯一确定的.

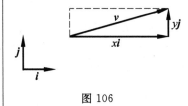

图 106

数 x 和 y 叫作矢量 v 的(关于所选取的单位矢量 i 和 j)坐标. 如果必须指明的不仅是矢量 v 本身,而且还有它的坐标 x,y,那么通常把它写成 $v\{x,y\}$. 类似地,当所描写的矢量不在平面上,而在空间中,我们引进三个相互垂直且具有公共始点的单位矢量 i,j,k,而任一矢量由它的三个坐标给定(图 107)
$$v\{x,y,z\} = xi + yj + zk$$

当由研究平面上的矢量过渡到研究空间中的矢量时不会

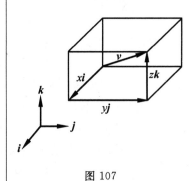

图 107

产生任何困难. 矢量 xi, yj, zk 叫作矢量 v 的相互垂直的分量.

如果选取了始点 O, 并作了矢量 $\overrightarrow{OP}$, 那么点 P 在平面上或空间中的位置就确定了. 这样的矢量叫作点 P 的矢径. 矢径的坐标是点 P 的坐标. 这样, 我们就得到熟悉的平面上和空间中的直角 (或笛卡儿①) 坐标系.

(5) 我们来说明怎样利用矢量来建立三角函数的理论. 这时并不需要关于三角函数的任何预备知识. 矢量不仅能够建立三角函数的全部理论, 而且还可以给出函数本身的定义.

我们这样选取单位矢量 i 和 j, 使得 i 按正方向旋转 $90°$ 变到 j. 将矢量 i 按正方向或负方向旋转 $\angle\alpha$ 时, 我们将认为矢量 i 的新位置和老位置之间的夹角 α 分别是正的或负的. 例如, 我们假设单位矢量 i 按正方向旋转 $\angle\alpha$ 后的单位矢量 e 重合 (图 108). 矢量 e 的坐标依赖于 $\angle\alpha$. 它们叫作 $\angle\alpha$ 的余弦和正弦

$$e\{\cos\alpha, \sin\alpha\}$$

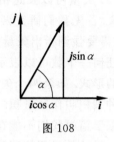

图 108

这样定义的三角函数可以根据 $\angle\alpha$ 和 $\angle\beta$ 的余弦和正弦的值为计算 $\angle\alpha+\angle\beta$ 的余弦和正弦. 正当指出, 这时对于 $\angle\alpha$, $\angle\beta$ 和 $\angle\alpha+\angle\beta$ 不必加以任何限制, 它们可以是锐角、钝角, 比周角大的角, 正角或负角.

从我们已经遇到过的单位矢量 i 和 j 入手. 将两个矢量旋转同一个 $\angle\alpha$ (图 109), 我们得到矢量 i' 和 j'. 根据余弦和正弦的定义

$$i' = i\cos\alpha + j\sin\alpha \tag{1}$$

如果将包含在等式 (1) 中的所有的矢量都按正方向旋转 $90°$ 角, 那么等式 (1) 不会破坏. 因为在这种旋转下, i 变为 j, j 变为 $-i$, 所以新的等式为

$$j' = -i\sin\alpha + j\cos\alpha \tag{2}$$

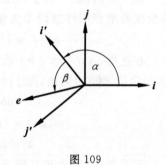

图 109

现在我们把矢量 i' 旋转 $\angle\beta$. 根据三角函数的定义, i' 变成的矢量 e 可以表示成

$$e = i'\cos\beta + j'\sin\beta \tag{3}$$

因为矢量 i 旋转 $\angle\alpha+\angle\beta$ 时变成矢量 e, 所以 e 也可以表示成

$$e = i\cos(\alpha+\beta) + j\sin(\alpha+\beta) \tag{4}$$

将关于单位矢量 i' 和 j' 的表达式 (1) 和 (2) 代入到等式 (3), 我们得到

$$e = (i\cos\alpha + j\sin\alpha)\cos\beta + (-i\sin\alpha + j\cos\alpha)\sin\beta =$$
$$(\cos\alpha\cos\beta - \sin\alpha\sin\beta)i + (\sin\alpha\cos\beta + \cos\alpha\sin\beta)j \tag{5}$$

---

① 笛卡儿 (Descartes, 1596—1650), 法国著名哲学家、数学家、物理学家. 他是西方近代资产阶级哲学奠基人之一. —— 中译者注

将式(5)中矢量 e 的坐标和它在式(4)中的坐标相比较,我们得到两角和的余弦和正弦的公式

$$\cos(\alpha+\beta) = \cos\alpha\cos\beta - \sin\alpha\sin\beta$$
$$\sin(\alpha+\beta) = \sin\alpha\cos\beta + \cos\alpha\sin\beta$$

(6) 矢量可以彼此相乘,而且乘法运算可以用不同的方式来定义.首先我们研究两个矢量的乘积不是矢量而是数的情况.在需要强调指出矢量数之间的区别时,通常把数叫作标量,因为任何一个数可以表示成有刻度的直线 —— 数轴 —— 上的点的形式.如果两个矢量相乘时得到一个数,那么两个矢量的这种乘积叫作数量积.通常又把这种乘法叫作标乘或数乘.可惜限于篇幅我们不能在此介绍关于矢量的其他类型的乘积.两个矢量的数量积仿照计算功的公式来定义.从物理学知道,功等于力和在力的方向上的位移分量的乘积.把位移分解成两个分量:一个在力的方向上,另一个在垂直于力的方向上,这样我们可以把功表示成如下三个因子的乘积:总的位移、力的大小、力和位移两个方向之间夹角的余弦.这些物理上的考虑,正是两个矢量数量积定义的原型.

在一般情况下,两个矢量 a 和 b 的长度以及它们之间夹角的余弦的乘积叫作这两个矢量的数量积

$$ab = |a||b|\cos(a,b)$$

在这里,$|a|$ 和 $|b|$ 表示矢量 a 和 b 的长度(模),而 (a,b) 是它们之间的夹角(图110).由数量积的定义推出

$$ab = ba$$
$$m(ab) = (ma)b = a(mb)$$
$$a^2 = aa = |a|^2$$

不难看出,两个相互垂直的矢量的数量积等于零.由两个矢量的数量积等于零决不能推出矢量因子中的某一个等于零,因为两个矢量因子可以不为零而相互垂直.

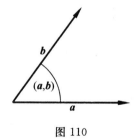

图 110

两个单位矢量的数量积等于它们之间夹角的余弦.例如,在图108中所画的单位矢量 e 在单位矢量 i 上的投影等于 $(ie)i$,因为 $ie = \cos\alpha$.用 $a = me$ 来代替 e,我们得到的投影和 $(ie)i$ 相差一个因子 m,即得到矢量 a 的投影

$$m(ie)i = [i(me)]i = (ia)i$$

现在我们来求图111所画的三个矢量 a,b 和 $a+b$ 在单位矢量 i 上的投影.因为矢量 a 和 b 的投影之和等于它们的和 $a+b$ 的投影,所以

$$[i(a+b)]i = (ia)i + (ib)i$$

我们注意到这个等式两边的所有矢量都有 ki 的形式,这里 k 是某一个数,于是我们得到

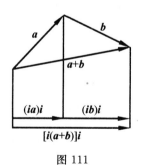

图 111

$$i(a+b) = ia + ib$$

最后,如果代替单位矢量 i 而取任意的矢量 $c = ni$,那么将最后这个等式所有的项乘以 n,于是它可以表示为

$$c(a+b) = ca + cb$$

这样,我们证明了数量积具有分配律的性质. 这一重要的性质我们还可以用另外的办法来证明:选取和给定的矢量 c 平行的单位矢量 i,并且利用两个矢量之和在任一方向上(特别是在矢量 c 的方向上)的投影等于这两个矢量的投影之和.

从所证明的数量积的性质推出:当任一矢量和两个或更多个矢量之和相乘时,只要计算这个矢量和被加的每一个矢量彼此的乘积,然后求所有这些乘积之和就行了,而且两个矢量和的数量积等于一个和的每一个被加项乘以另一个和的所有被加项的数量积之和.

于是,我们证明了:对于矢量来说,上面所采用的两个矢量的数量积的定义,保持了数的乘法的许多熟知的性质. 唯一的区别是:对于矢量来说,"两个因子的乘积,仅当其中一个因子为零时等于零"这一法则不再成立了.

知道了两个矢量 a 和 b 的坐标 (a_1, a_2, a_3) 和 (b_1, b_2, b_3),我们来计算 a 和 b 的数量积. 根据坐标的定义,矢量 a 和 b 可以表示成形式

$$a = a_1 i + a_2 j + a_3 k$$
$$b = b_1 i + b_2 j + b_3 k$$

计算矢量 a 和 b 的分量的两两之间的乘积,并考虑到矢量 i, j, k 中任何两个的数量积等于 0,而它们之中的每一个与自身的数量积等于 1,我们得到

$$ab = a_1 b_1 + a_2 b_2 + a_3 b_3$$

当然,如果矢量在平面上,那么就没有必要引进第三个坐标了,而数量积仅仅是两对,而不是三对坐标的乘积之和.

如果矢量 $v = xi + yj + zk$ 数乘以矢量 i, j, k,那么我们得到

$$x = iv, y = jv, z = kv$$

由此有

$$v = (iv)i + (jv)j + (kv)k$$

(7) 用数量积可以毫无困难地引出余弦定理. 我们这样选取三角形的边 a, b, c 的方向,使(图 112)

$$c = a - b$$

这个等式的每一边和自身作数乘时得到

$$c^2 = (a-b)^2 = a^2 + b^2 - 2ab$$

即

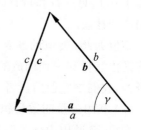

图 112

$$c^2 = a^2 + b^2 - 2ab\cos\gamma$$

(8) 最后,我们指出,数量积可以解答某些题目,甚至于在问题的条件中所涉及的仅仅是数.我们从第109题开始.

由原题关系式(1)和(2)推出,$u\{a,b\}$ 和 $v\{c,d\}$ 是单位矢量(图113),而关系式(3)意味着 $uv=0$(向量 u 和 v 相互垂直).在(6)中知道,矢量 u 和 v 的坐标可以表示成

$$a = iu, b = ju, c = iv, d = jv$$

利用在(6)中最后得出的关系式,且在它里面用矢量 u 和 v 来代替 i 和 j,而一次用 i 代替 v,另一次用 j 代替 v,得到

$$i = (ui)u + (vi)v$$
$$j = (uj)u + (vj)v$$

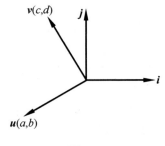

图 113

用矢量 u 和 v 的坐标来代替数量积,我们得到

$$i = au + cv$$
$$j = bu + dv$$

计算矢量 i 和 j 的数量积,我们求得

$$0 = ab + cd$$

(i 和 j 的数量积等于零,因为这两个矢量相互垂直,由此推出等式的左边为零.在计算右边时,我们利用了 $u^2 = v^2 = 1$ 和 $uv = 0$)计算一下矢量 i 和 j 的每一个和自身的数量积,不难证实 $a^2 + c^2 = 1, b^2 + d^2 = 1$.

第109题还可以有其他的解法.我们把数 a, b, c, d 排成两行两列的表的形式

$$\begin{pmatrix} a & b \\ c & d \end{pmatrix}$$

这种四个数的表叫作二阶矩阵.所谓矩阵的两行(不一定是不同的行)的数量积是指这两行同一列的元素相互乘积之和.这样的定义和前面所采用的两个矢量的数量积的定义是一致的.用类似的方法来定义矩阵的两列的数量积.第109题的条件用"矩阵的语言"可叙述作:如果二阶矩阵的任意不同行的数量积等于0,而每一行和自身的数量积等于1,那么矩阵的列也具有同样的性质.

不但如此,类似的断言对于三阶矩阵也是正确的[①],三阶矩阵是由三行和三列构成的矩阵.它的证明完全是重复前面所进行的,我们把它留给读者.

(9) 利用矢量的数量积来解答某些其他试题.

在第57题中说到了四边形 $P_1 P_2 P_3 P_4$ 的对角线垂直的必

[①] 甚至于对任意阶的矩阵都正确. —— 俄译编辑注

第 14 章　1927 年～1933 年试题及解答　173

Chapter 14　1927～1933 Problems and Solutions

要充分条件. 设 p_1, p_2, p_3, p_4 是四边形的顶点关于某个任意选取的点 O 的矢径(图 114). 四边形的边的平方等于相应的顶点的矢径之差的数量平方(即矢径之差和自身的数量积). 例如，如果 $a = P_1 P_2$，那么

$$a^2 = (p_1 - p_2)^2$$

利用上面所列举的数量积的性质，我们将四边形的对边平方和之差变成下面的形式

$$(a^2 + c^2) - (b^2 + d^2) = (p_1 - p_2)^2 + (p_3 - p_4)^2 -$$
$$(p_2 - p_3)^2 - (p_4 - p_1)^2 =$$
$$-2p_1 p_2 - 2p_3 p_4 + 2p_2 p_3 + 2p_4 p_1 =$$
$$2(p_1 - p_3)(p_4 - p_2)$$

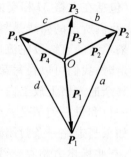

图 114

由所得到的表达式推出，若要四边形(它的每一个顶点彼此不同)的对边平方和之差变为零，当且仅当矢量 $p_1 - p_3 = \overrightarrow{P_3 P_1}$ 和 $p_4 - p_2 = \overrightarrow{P_2 P_4}$ 相互垂直，即它的对角线彼此构成直角时才能. 这正是第 57 题所断定的.

（10）因为方向相同的矢量的数量积等于它们长度的乘积，而相互垂直的矢量的数量积等于 0，第 73 题所要证明的等式左端的被加项可以表示成下面的形式

$$AB \cdot AE = \overrightarrow{AB} \cdot \overrightarrow{AE} = \overrightarrow{AB}(\overrightarrow{AC} - \overrightarrow{EC}) = \overrightarrow{AB} \cdot \overrightarrow{AC}$$

类似地

$$AD \cdot AF = \overrightarrow{AD} \cdot \overrightarrow{AC}$$

因为根据平行四边形法则，矢量 $\overrightarrow{AB}$ 和 $\overrightarrow{AD}$ 之和等于 $\overrightarrow{AC}$，所以由此可推出

$$AB \cdot AE + AD \cdot AF = (\overrightarrow{AB} + \overrightarrow{AD}) \overrightarrow{AC} = \overrightarrow{AC}^2 = AC^2$$

110 在象棋盘的 64 个方格中，标出 16 个方格，使得 8 行中的每一行和 8 列中的每一列都有两个标出的方格. 证明：可以把 8 个黑子和 8 个白子放在标出的方格上(每格放一子)，使得每一行和每一列有一个白子和一个黑子.

证明　我们从任意一个标出的方格开始，从它走到和它同一行的另一个标出的方格，再从这个方格走到和它同一列的第三个标出的方格. 就这样依次沿着行和列从一个标出的方格走到另一个标出的方格. 我们迟早会遇到原来曾经到达过的标出的方格(图 115). 这种方格只能是开始出发的方格. 事实上，假设沿着我们走的路线，第一次走到了方格 M，走进方格 M 的路线是直线段 AM，从方格 M 走出来的路线是直线段 MB. 那

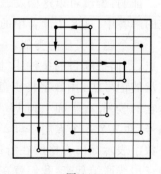

图 115

么当我们离开了方格 M 以后,我们再也不会再回到方格 M 了.假若第二次沿着直线段 CM 又走到了方格 M.且标出方格 A,B,C 是不同的.那么它们之中的每一个要么和 M 同行,要么和 M 同列.但这是不可能的,因为根据本题条件,在每一行和每一列(包括在方格 M 相交的行和列)只有两个标出方格.这样一来,我们所走的路线是封闭的,它包含有偶数个标出方格,因为各条单独的直线段轮流通过象棋盘的行和列.当沿着我们的路线走时,我们可以在每第二个走到的标出方格上放上黑子,而在其余的方格上放上白子,这样便使得我们走的路线所通过的每一行和每一列都是一个白子和一个黑子.

如果当走完一条封闭路线时,我们发现还有些行和列没有到过,有些标出方格在路线的外边,那么我们从它们之中的任何一个开始,又可以构作第二条封闭路线,并且在它转角的方格上交替放上黑子和白子,使得新的路线所通过的每一行和每一列仍然是有一个黑子和一个白子.新的路线和原来的路线不会有公共的("角上的")标出方格,因为在每一行和每一列中,我们所走的直线段只能属于一条路线,而属于公共方格所在的行和列已经被第一条路线"占用"了.

只要象棋盘的 8 行中的每一行和 8 列中的每一列不是都有一个黑子和白子,这种封闭路线的构作就一直进行下去. ★

§52 图论的某些知识

试将第 110 题和下面的问题进行比较.某杂志发表了 8 个题目.当从读者寄来的解答中挑选每道题的两个解答.准备把它们刊登在下一期杂志上的时候,编辑发现所有 16 个挑选出来的解答是 8 个读者提出的,而且他们之中每一个人正好都提出了 2 个解答.

证明:编辑可以这样发表每一道题的一个解答,使得在发表的解答中,这 8 个读者中的每一个人都有一道解答.

两个题目明显的类似,一眼就可看出来.为了更加强调这一点,我们把题目的条件用"图画"的形式来表示.我们利用象棋盘的记号法:用数字将棋盘的横行编号,用小写拉丁字母表示它的竖列.在平面上画 16 个点,其中 8 个点用数字 1 到 8 来编号,而其余 8 个点用字母 a 到 h 来表示.如果在我们的图中,将数字表示标出方格所在行的点和字母表示标出方格所在列的点用线联结起来,我们就在图中画出了这个标出的方格.

图 116 表明了满足第 110 题的条件的标出方格的布局的一种方案.同时,如果把数字看作是发表在杂志上的题目的编

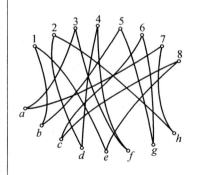

图 116

号,把字母看作是寄来解答的读者的"笔名",把联结的点线看作是指明解答出于哪位读者(线是联结读者的"笔名"和他所解答的题目的编号的),那么图 116 也可以看作是上面所叙述的题目的直观表示.

不难看出,不管对图 116 做哪一种解释,从它所引出的 16 条线中可以挑选出 8 条这样的线,它们的端点和所有 16 个点重合.因此,从数学的观点来看,竞赛题 110 和关于杂志的读者寄解答的问题是一样的(等价的).

可以化为这一类数学问题的,还有许多其他的问题,例如下面的问题(其中用 n 来代替数字 8).

有 n 个姑娘和 n 个小伙子去参加舞会.每个小伙子认识两个姑娘,而每个姑娘认识两个小伙子.证明:可以将所有参加舞会的姑娘和小伙子分成 n 对,使得每一对舞伴中的小伙子和姑娘是彼此认识的.

使每一个小伙子和一个带有数字(编号)的点对应,使每一个姑娘和一个带有字母的点对应,将其"主人"彼此相识的点用线连起来.可以断定:从所引的线中,可以挑选出这样 n 条线,它们的端点和所有 $2n$ 个点重合.

我们研究由点以及联结它们的线所构成的这些图形的某些一般的性质.

点(顶点)和将它们之中的某些点两两联结起来的线(边)的集合叫作图.

我们强调一下,图的边不一定是直线.我们规定,两个不同的边只能有有限个(一个或两个)公共点.如果图的边相交于内点,那么我们并不认为它是公共点.当把图的顶点放在三维空间中的时候,我们总可以用一条或若干条线将它们彼此成对联结起来,而所得到的图的任何两条边都不相交.但是为了做到这一点,在二维平面上是不够的.例如,平面上的任意 5 个点不可能彼此用线(为此总共要 10 条线)这样联结起来,使得所得到的图的边不相交于内点,不管我们使这些边具有多么复杂的形状.对有六个顶点 $A_1, A_2, A_3, B_1, B_2, B_3$ 和 $A_1B_1, A_1B_2, A_1B_3, A_2B_1, A_2B_2, A_2B_3, A_3B_1, A_3B_2, A_3B_3$ 的任意的平面图,类似的断言也是正确的.

我们把上面两个断言的证明留给读者.(第二个断言不是别的,而是将古老的关于房屋和水井的问题"译成"了图论的语言:在平面上有三座房屋和三口水井,可以从每一座房屋到每一口水井修一条小路而任何两条小路都不相交吗)

从上面所引的例子看出,在平面上构作具有任意个数顶点且彼此之间以任意给定的方式用边联结起来的图只有认为边的内交点（不和顶点重合）是"假的"的时候才有可能，即规定：在边的内交点处，一条边看成是从另一条边的下面通过的．于是图116所画的图只有16个顶点（其中一部分用数1到8编号，另一部分用 a 到 h 的字母表示）．图117所画的图有6个顶点：A_1,A_2,A_3,B_1,B_2,B_3．所有其余的边的交点应该认为是两个不同的点，一个属于"从上面"通过的边，另一个属于"从下面"通过的边．

对每一个平面图可以进行变形而"重新画图"．

图论从事于研究图的这样一些性质，它们仅仅依赖于顶点的个数和哪些顶点彼此之间有边联结（以及两个给定的顶点有多少条边相连）．图论中所证明的断言与图的形状或它的边的长度是毫无关系的．

两个特殊类型的图在图论中起着特别重要的作用．

如果图的每一个顶点属于（联结）同样条数的边，这种图叫作正规图或齐次图．对于正规图的所有顶点的这个共同的数，我们称之为图的阶数．例如，任意的正多面体的棱和顶点构成正规图．在图117中画的是三阶的这一类的图．如果图不是正规的，那么对于它的每一个顶点个别地定义阶数是合理的．所谓顶点的阶数是指它所属于的边的条数．

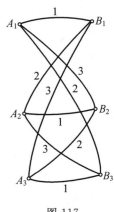

图117

1阶的正规图由单条的边组成．2阶正规图要有趣得多．每一个这样的图由一条或若干条封闭的线——环路——组成．例如，两个四边形和一个三角形构成包含有11个顶点和11条边的2阶正规图．

如果包含在一个图里面的所有环路都由偶数条边组成，这个图叫作偶回路．立方体的顶点和棱所对应的图可以是偶回路的例子．不难证实，由它的棱不能挑选出3条，5条或任意其他奇数条棱，使这些棱构成环路（即不能构成"三角形""五边形"或任何其他具有奇数条边的"多边形"）．上面所叙述的三个题目所对应的图也可以作为偶回路的例子：所有的回路含有偶数个顶点，因而含有偶数条边，因为边是轮流联结用数字表示的顶点和用字母表示的顶点的．

现在我们已经具有定义图的乘积的所有必要知识．设图 $G_1,G_2,G_3,\cdots$ 具有相同的顶点，但是它们之中的任何两个图不含有公共边．这时由这些顶点以及图 $G_1,G_2,G_3,\cdots$ 所有的边所组成的图 G 叫作图 $G_1,G_2,G_3,\cdots$ 的乘积，记作
$$G=G_1,G_2,G_3,\cdots$$

于是，乘积图的顶点的个数等于因子图中任何一个图的顶点的个数．显然，正规图的乘积是正规的，它的阶数等于图因子的阶数之和．例如，四个1阶正规图的乘积是4阶正规图．

自然会产生逆问题:给定的正规图可以分解成因子的乘积吗?或者也可以说,它能"因子分解"吗?

我们从研究 2 阶正规图开始.(如果说 k 阶图,那么"正规的"这个词可以省略,因为图的阶仅仅是对正规图定义的)这些图中最简单的是"三角形":三个顶点,用三条边两两联结起来.显然,三角形不能分解成两个 1 阶图的乘积.换句话说,从三角形的三条边中不能挑选出这样两条边,使得三个顶点中的每一条顶点属于一条而且仅仅属于一条所选取的边.

和三角形不同,四边形可以分解成两个 1 阶图的乘积:其中一个包含两条对边,另一个包含四边形的另外两条对边.五边形不能分解成两个 1 阶图的乘积,六边形可以这样分解等.对于具有更多的边的 2 阶图可以断定:如果无论是原来的图,或者是包含在它里面的所有的环路都只含有偶数条边,那么这个图可以分解成两个 1 阶图的乘积.如果即使是一个环路的边数是奇数,那么一定不能分解.在第一种情况下,图是偶回路,在第二种情况下,图属于另一种类型的图.

于是,我们证明了定理:

(A) 所有的 2 阶偶回路可以分解成两个 1 阶图的乘积.

它是下面的 Д·寇尼格定理的特殊情况:所有的 n 阶偶回路可以表示成 n 个 1 阶图的乘积.(我们注意到,当 $n=2$ 时,图属于偶回路对于它能分解成两个 1 阶图的乘积是必要的.对于任意的 n,图属于偶回路不再是它能分解成 n 个 1 阶图的乘积的必要条件,而仅仅是充分的条件.这一点读者自己可以不困难地证实)例如,图 117 所画的 3 阶图可以表示成 3 个 1 阶图的乘积.每一个 1 阶图的边分别用数 1,2,3 来表示.一般的寇尼格定理的证明是十分复杂的(当 $n=3$ 时已十分复杂了).因此,我们仅只限于在这里叙述它,在 $n=2$ 之后,最简单的情况是 $n=4$.我们建议读者试试自己的能力并设法证明当 $n=4$ 时的寇尼格定理.

但是我们回到 $n=2$ 的情况并设法回答下面的问题:2 阶偶回路含有多少个 1 阶的因子?

显然,如果图由一个唯一的多边形(有偶数条边)组成,那么 1 阶因子的个数等于:凡相邻的边分别属于两个因子,这样把所有的边分成两组,得到两个 1 阶因子.在比较一般的情况下,当图由 v 个多边形(都有偶数条边)组成时,如果从每一个多边形的两个 1 阶因子中取出一个因子联合在一起,我们将得到图的所有 1 阶因子.因此,整个图的 1 阶因子的个数等于这种不同取法的个数,即 2^v.

(B) 如果 2 阶偶回路由 v 个连通的片(具有偶数条边的多

边形)构成,那么包含在它里面的 1 阶因子的个数等于 2^v.

在求解关于包含在大于 2 阶的图中的 1 阶因子的个数问题时遇到了非常大的困难,至今还没有得到完全的解决.当 $n > 2$ 时,包含在 n 阶偶回路中的 1 阶因子的个数不仅仅由连通的分支(片)的个数 v 来决定.读者可以研究 n 不太大的某个偶回路来证实这一点.

正像上面所引的例子所表明的那样,定理(A) 和(B) 可以解决某些组合问题.只需要事先把这些问题"翻译成"图论的语言.于是,图论能够解答第 110 题,甚至能解答更一般的关于在 $m \times n$ 的象棋盘上放黑子和白子的问题以及相应的关于在杂志上发表题目和寄来解答(这时题目的个数可以等于 m,而解答的个数等于 n) 的问题.关于舞伴的对子问题可以借助于定理(A) 解决.定理(B) 可以判断任何一个问题可以有多少种解答,解答的总个数等于数 2 的某个正整数次幂.

应该看到,关于熟人对的问题以及关于题目和寄解答的问题都可以借助于图论来解决,甚至于如果代替 2 而取任意的自然数 k 也是如此.为此只需要利用上面定理和未加证明的寇尼格定理就行了,根据这个定理,对任意的自然数 n, n 阶偶回路可以分解成 1 阶图的乘积.

⑪ 图 k_1 和 k_2 相切于点 P. 过点 P 作一条割线和图 k_1 交于点 A_1,和圆 k_2 交于点 A_2. 另一条也通过点 P 的割线和圆 k_1 交于点 B_1,和圆 k_2 交于点 B_2. 证明: $\triangle PA_1B_1 \backsim \triangle PA_2B_2$.

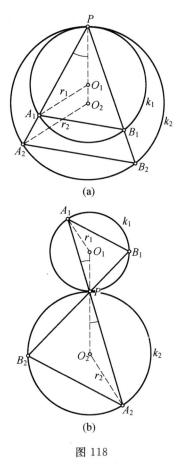

图 118

证法 1 假设 r_1 是圆心为点 O_1 的圆 k_1 的半径,r_2 是圆心为点 O_2 的圆 k_2 的半径(图 118).

$\triangle PO_1A_1$ 和 $\triangle PO_2A_2$ 是相似的,因为在顶点 P 处的顶角,或者重合(图 118(a)). 或者作为对顶角而相等(图 118(b)),而且它们都是等腰三角形.用类似的办法可以证明 $\triangle PO_1B_1$ 和 $\triangle PO_2B_2$ 相似,由相似三角形的对应边成比例,我们得到

$$PA_1 : PA_2 = r_1 : r_2$$

和

$$PB_1 : PB_2 = r_1 : r_2$$

由此得到

$$PA_1 : PA_2 = PB_1 : PB_2$$

于是,在 $\triangle PA_1B_1$ 和 $\triangle PA_2B_2$ 中,两组对应边成比例,且其夹角要么重合,要么作为对顶角而相等.因此,$\triangle PA_1B_1$ 和

$\triangle PA_2B_2$ 相似,这就是所要证明的.

证法 2[①] 因为圆 k_1 和 k_2 相切,我们可以通过它们的切点作两圆的公切线 MN(图 119).

由于弦切角和它所夹的圆弧上的圆周角相等,于是当两圆内切时,有
$$\angle PB_1A_1 = \angle MPA_2 = \angle PB_2A_2$$
当两圆外切时,有
$$\angle PB_1A_1 = \angle MPA_1 = \angle NPA_2 = \angle PB_2A_2$$
对另一组角也可同样论证. 总之,无论在哪种情况下,总有 $\triangle PA_1B_1 \backsim \triangle PA_2B_2$.

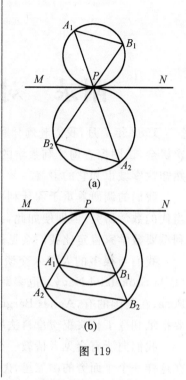

图 119

---

① 系中译者补加.

附录 对匈牙利数学的一次采访[①]

1988年7月,我们赴匈牙利的布达佩斯参加第6届国际数学教育会议.我们决定利用这次机会,试图探查匈牙利数学的传奇性名声的缘由.我们中的一个(V. J.-S.)是布达佩斯人,熟知这座城市和它的语言.

我们的调研着重于匈牙利数学活动的历史、教育与社会政治方面,并不尝试去评价匈牙利当代的数学研究.但即便如此,我们的时间对我们的雄心而言还显得太短了,我们漏掉的匈牙利重要数学家肯定比我们会见过的更多.

我们与很多的人深入交谈,而且正式会见了以下8位:在匈牙利的有卓科法勒维-纳吉(Béla Szökefalvi-Nagy),厄多斯(Paul Erdös),Tibor Gallai(最近去世),István Vincze, Lajós Pósa;在美国的有, Agnes Berger, John Horváth, Peter Lax(当我们在布达佩斯期间,两家主要报纸刊登了长文祝贺卓科法勒维-纳吉的75岁诞辰).

我们向所有会见者请教一个问题:匈牙利的数学怎么这样突出?在两次大战之间的时期,在这样一个小而穷的国家里,怎么可能产生那么多著名的数学家?

在我们的交谈,也在我们的阅读中,我们得到两种十分不同类型的回答.类型1是内在的,它关联着数学领域内部的研究与实践.另一种,类型2,则是外在的,它关联着匈牙利一般的历史与社会生活的趋势与条件.或许本附录的一个贡献就是指出这两类回答都是重要的.可以想象,两种类型的有利条件:数学活动中的以及大范围社会—政治—经济生活中的,对于产生如20世纪20年代到30年代的匈牙利数学这样辉煌的成就都是必须的.用Mihály Csikszentmihályi 和 Rick Robinson 在他们关于创造性问题的研究[5]中的语言来说,或许必须正好具备两方面的条件,"领域"——创造性工作的地盘,"环境"——周围的文化.

Bolyais,父与子

从一定意义上,匈牙利的数学始于鲍耶《János Bolyai,1802—1860》,非欧几何的创始人之一,以及他的父亲Farkas(1775—1856),也是一位有创造力的重要的数学家.他们在生前是完全被国内外所忽视的."一种广泛被接受的观点是,Farkas Bolyai 是匈牙利第一位有创新成果的数学家"([4]).他于1796年到1799年在哥廷根(Göttingen)学习时与同学高斯建立了持久的友谊([4]).他和高斯同时对"平行公设问题"(欧几里得第五公设的独立性)发生了兴趣.Farkas返回匈牙利,并于1804年成为特兰西瓦尼亚(今属罗马尼亚)地区的毛罗什瓦萨尔海伊改革派学院的数学教授.

1832~1833年,他用拉丁文出版了两卷本教科书 *Tentamen juventutem studiosam in ele-*

[①] 原题:A Visit to Hungarian Mathematics. 译自:The Mathematical Intelligencer, Vol. 15, No. 2, 1993, pp. 13-26.

附录 对匈牙利数学的一次采访
Appendix An Interview of Hungary's Mathematics

menta matheseos introducendi,1896 年和 1904 年曾加以重印.

鲍耶继承了他父亲对于平行公设问题的兴趣. 事实上,除了一个例外,Farkas 是唯一能理解和欣赏鲍耶发现的非欧"双曲"几何的人. 当 Farkas 把他儿子的发现寄给高斯时,高斯答复道,"我不能太赞扬这项工作,因为这样做就是在赞扬我自己."高斯领先鲍耶的发现有几十年,他决定暂时不发表自己的工作,致使鲍耶不可能获得他知道应当得到的承认.

在鲍耶于 1860 年去世后不久,外国数学家开始注意到他. 1868 年,贝拉特拉米(Eugenio Beltrami)在意大利发表了他关于伪球面的发现. 他发现这个曲面是 Bolyai-Lobatchevsky 双曲几何的一个模型,因而为这种几何提供了一个相对相容性证明. 克莱因(Felix Klein)于 1871 年,庞加莱于 1882 年相继发表了他们的双曲平面(hyperbolic plane)模型. 1891 年,得克萨斯(Texas)大学的 C. B. Halsted 出版了鲍耶的称作"附录"的关于双曲几何的工作的英译本. 他探访了鲍耶墓,并为争取鲍耶应获得的奖励做了不懈的努力.

从此匈牙利开始认识到它的最优秀的国民之一是一位数学家. 匈牙利科学院设立了鲍耶奖:10 000 金克朗,每 5 年一次奖给前 25 年内对数学进展贡献最大的数学家. 第一届颁奖的评委会由康尼格(Gyula König,1849—1913),拉多什(Gusztáv Rados,1862—1942),达布(Gaston Darboux)及克莱因组成. 首次鲍耶奖于 1905 年授予庞加莱;第二次于 1910 年授予 David Hilbert. 不幸的是,第一次世界大战的后果之一是该项奖金的基金贬值,从此就再没有领过奖.

奥匈协定及解放

匈牙利从 1526 年在土耳其手中丧失其独立以后,几个世纪都处于被占领状态,首先是被奥斯曼帝国,随后是被哈布斯堡帝国. 1848 年的革命废除了封建制度. 1848~1849 年,一场反对奥地利帝国的独立战争爆发了,但未获得成功. 随后是若干年的消极抵抗. 1866 年,奥地利国王 Franz Joseph 耻辱地被普鲁士战败,加之面临着捷克、罗塞尼亚、罗马尼亚、塞尔维亚和克罗地亚民族主义的兴起,这位国王给予了匈牙利人颇大程度的经济与文化的独立. 作为报偿,马扎尔人[①]恢复了他们对他的忠诚. 这一结盟形成了著名的奥匈协定,即"协约"一年后,非匈牙利人的少数民族被赐予公民权,尤其是占匈牙利人口 5% 的匈牙利犹太人获得了解放. 他们第一次被允许为国家工作,包括在它的学校中教课. Laura Fermi 写道([7]):"他们由农民和小贩转成为商人、银行家和金融家;他们涌入独立的商业和各种行业. 随之他们进入了所有的文化领域,终于达到了犹太人民的最高目标——从事智力劳动."

奥匈协定持续了 40 个轰轰烈烈的年头. 随着布达佩斯工商业的发展,开始了教育系统的创建,包括若干大学,大学预科学校和一所技术学院,很多预科学校属于各宗教教派——天主教、新教或犹太教;大多数学校招收男孩子,也有些是为女孩子设立的. 所有这些都导致数学教师与教授的出现,而其中不乏卓越而有创造力之辈.

Laura Fermi 的报道为布达佩斯知识界的活动提供了一幅生动的图景([7]),亦见 John Lukács 的近著([69]).

---

① 匈牙利民族的旧称.——译者注

布达佩斯的知识分子大多是不愿意顺从的个人主义者,他们在咖啡馆里彼此抛出意见,在报刊上阐述进步的或离经叛道的理论,在剧院里贬损那些在别国受到喝彩的艺术家或者把不知名的艺术家捧为新星.……很多学生参加了由哲学家 Gyula Pikler 和未来的社会学家 Károly Polányi 于 1908 年建立的进步大学生的 Galilei 俱乐部(波利亚是成员之一).……大多数未来的移民住在布达佩斯或为求学而去到那里.……在布达佩斯,他们必须为了竞争而尽心尽职保持警惕,为了不致被淹没,他们必须充分发展自己的才能.

她继续写道:

在文化高潮的兴起中,匈牙利人之所以才华盛开,应归因于世纪交替时期匈牙利获得的特殊的社会与文化环境,那时,一个强大的中产阶级已经出现并维护着自身的利益.应需要兴起的这个阶级,贵族们没有意识到要去加入这一行列,而农民们又不可能去加入,它的大部分是犹太人,而且被犹太人在智力方面雄心所激励而生气勃勃.这个中产阶级的知识分子群集中在首都,它创造了一种独特的微妙风气,并且在不断的刺激下保持着它的成员.20 世纪 20 年代政治上的排犹太主义极猛烈地打击着这部分人,同时进一步迫使知识分子为优胜与生存而奋斗.在这种环境下,才华不可能继续潜伏着,它终于盛开了.

这无疑是属于类型 2(环境)的解释的.

第一次世界大战期间,过度的经济负荷影响了布达佩斯的生活.然后,战争中的失败导致奥匈帝国解体.在匈牙利,曾经建立起苏维埃共和国,但只延续了 4 个月.布尔什维克政权被一支入侵的罗马尼亚军队推翻.后者又被海军上将霍尔蒂(Horthy)的教权主义统治所替代,它最终变成希特勒的同盟者之一.

国际联盟对待匈牙利,不是把它当成如斯洛伐克和克罗地亚那样的被占领国,而是作为像奥地利和德国那样的战败国来对待的.特里阿农(Trianon)条约把匈牙利的三分之二划给了罗马尼亚、捷克斯洛伐克、奥地利及南斯拉夫,匈牙利本来是一个农业国,现在它必须靠出口制成品来维持生活.但是世界市场已萧条,新的竞争者又很多,匈牙利从未恢复到 Franz Joseph 时代的安定繁荣.然而在数学方面,它在战后的地位却变得甚至比战前更具影响.

John Horváth 提出了某种类似于类型 2 的解释.

你可以把 1900 年当费耶尔(Fejer)坐下来证明了他的关于傅里叶(Fourier)级数的塞萨里(Cesaro)和定理(这项工作后面会介绍)的那一天,称为匈牙利数学隆重开始的日子.在那以前,仅有很少的人搞数学,但是从那以后,每一年都有人成为知名数学家出现在国际舞台上.就像 1812 年在普鲁士犹太人获得解放后,立即就有如雅可比(Jacobi)那样的人成为哥尼斯堡(Königsberg)大学的教授.在克莱因的《19 世纪数学史》中,他做了一个小的注记说,随着这次解放,新的能源被释放了.还有另一件事也是我不时提及的,它十分奇怪,二次世界大战后在匈牙利有那么多数学专家竟然都是基督教牧师的儿子,如 Szele,Kertész,Papp,还有许多.我猜想其理由多半是相同

附录 对匈牙利数学的一次采访
Appendix An Interview of Hungary's Mathematics

的,那些孩子希望(通过此途径)成为基督教牧师,就像老一辈的孩子想成为拉比①一样.

注 当 Horváth 把潜在的牧师与潜在的拉比做类比时,当然并非暗示基督徒与犹太人的社会法律地位是相等或相似的. Peter Lax 曾指出,György Hajós(见后)就是从研究工作开始而取得牧师职位的.

另一个属于类型 2 的解释来自 John von Neumann([59]):"这是诸文化因素的一种结合:加在中欧部分的整个社会上的外部压力,个人的极端不安全感,以及要么做出非凡成绩要么就面临灭亡的抉择."

竞赛与刊物

当波利亚被问及如何解释 20 世纪早期匈牙利出现了那么多杰出的数学家时,他给了两种解释([1]). 首先是一般性的:"数学是最便宜的科学. 它不像物理和化学,不需要任何昂贵的设备. 对于数学,全部的必须品只是一支笔和纸.(匈牙利从未享有过富庶国家的地位)"

然后是三个属于类型 1 的解释:

1.《中学数学》杂志(*The Mathematical Journal for Secondary School*)(Középiskolai Mathematikai Lapok,1894 年由 Dániel Arany 创立). "这份杂志激发了许多人对数学的兴趣,并为 Eötvös 竞赛准备了学生."

2. Eötvös 竞赛. "这个竞赛引起了人们的兴趣,吸引了年轻人去研究数学."(这条解释是相当令人惊异的,因为当波利亚本人还是学生的时候,曾在竞赛中拒绝交出自己的答卷!)

3. Fejér 教授. "他曾不仅通过正式讲课,而且通过与学生的非正式讨论,成功地吸引了许多年轻人关注数学."

后面我们还将更多地说及 Fejér 教授,至于 Középiskolai Mathematikai Lapok 与 Eötvös 竞赛,只要与任何一位匈牙利数学家交谈或读悉他们,不听到对这两项措施所给予的激励与鼓舞的赞扬,简直是不可能的.

在[1]中,厄多斯被问及:"匈牙利的数学如此繁荣,你认为应归功于什么?"

"这必然有很多因素. 有一份面向中学的数学杂志,还有竞赛,这些在 Fejér 以前就开始了. 而一旦它们开始,多少便自动地延续下去了.[领域,类型 1.]匈牙利是一个穷国,由于经费原因,自然科学是难以从事的,所以聪明人就去搞数学.[环境,类型 2.]但是这种事情可能不止一个理由,很难说得确切."

在与厄多斯的会见中,我们追问起这个话题.

RH②:你感觉你的数学研究曾受到这份中学数学刊物 *Középiskolai Mathematikai Lapok* 的影响吗?

厄多斯:当然是. 你从中可以具体地学习如何解决问题. 而许多优秀数学家很早

---

① 犹太教的宗教导师.——译者注
② Reuben Hersh 名字的缩写.——译者注

就表现出他们是有才能的.

我们的会见者之一 Agnes Berger,一位从哥伦比亚大学退休的统计学教授,生动地回忆起《Középiskoiai Mathematikal Lapok》:"这份刊物每月一期.解答是以如下方式公布的:每一个给出正确解答的人都列出其名字,而最好的一个或几个答案则被登出来.所以在这儿,你立刻受到的教育是不仅看重答案,而且应是最好的答案、最美的答案.它被称作模范答案(minta válasz).它是一种极好的娱乐.那些做得好的、提出许多答案、经常解答问题的人,在年末还要登出他们的照片."

我们就 *Középiskolai Mathematikai Lapok* 询问 Tihor Gallai.

Gallai:世界上没有其他地方有这样的中学期刊,而这件事情比其他任何事情更有效地造就了匈牙利数学的优势.

RH:为什么这会发生在匈牙利,你有什么想法?什么原因使此事在这个国家成为可能?

Gallai:1894 年与 1895 年,Loránd Eötvös(1848—1919)是教育部部长,在他去世后,有一所大学以他命名.他深深关注着匈牙利文化科学的发展.当他任职时,成立了以改进中学教师的训练为目的的 Eötvös 委员会.所以他是促进我们发展的重要人物.

PH:与多年前相比,你觉得现在的竞赛和学生怎么样?

Gallai:现在的质量要高得多.60 年前当我第一次参加的时候,解出问题的学生的名字很容易被刊登,因为那时不过 30 名或 40 名,而现在有 600 名,不可能登出所有人的姓名.

Vera Sós:现在,问题更难了,需求量也更大了,有一大群有志于数学的年轻人,他们更具实力和基础.

虽然就学生天赋与才能而言,匈牙利的教学教育从美国的角度看来是令人羡慕的,但并非所有匈牙利的数学教育工作者都满意于他们的状况. Lajos Pósa,他曾是厄多斯发现的最有前途的人物之一,近年来致力于师范与普通学生而不仅是优秀学生的数学教育,他觉得现行体系对这些学生并不公平,教师们虽然被要求用解题方法进行教学,却常常不认为解题是必要的或愉快的,而许多学生并不能如他们能够和希望的那样把握数学.

Eötvös 竞赛创立于 1894 年,与 Középiskolai Mathematikai Lapok 同一年问世.竞赛是由匈牙利数学与物理学会在 Gyula König 运动中创办的,名为"学生数学竞赛".这一竞赛是为了向学会的奠基人与主席,著名物理学家 Baron Loránd Eötvös 表示敬意(见前面,Tibor Gallai 曾经提到此事),他那一年正担任教育部部长.科尼格(König)是一位有权势的人物,他曾统治匈牙利数学界达数十年之久.他在研究方面最著名的事迹似乎是 Cantor 连续统假设的一个不正确的证明.(他采用了 Felix Bernstein 的一条错误的引理.除了 Bernstein 引理外,科尼格的讨论还是正确的.科尼格自己对此证明的贡献作为集合论的一条重要定理被保留下来.)科尼格写了一本集合论的早期著作,但是它的影响由于 Hausdorff 在大约同一时期关于同一主题的著名的书而被抵消了. König 的儿子,Dénes(死于 1944 年),是作为图论之父而知名的(详情

附录 对匈牙利数学的一次采访
Appendix An Interview of Hungary's Mathematics

见后).

在两次大战之间,竞赛以"Eötvös Loránd 学生数学竞赛"的名义继续举办. 现在改成了 József Kürschák (1864—1933)的名字,他是因把绝对值的概念扩充到一般域而特别知名的. 他曾是布达佩斯的多科工业大学的教授及匈牙利科学院院士. 1929 年,他编辑了《数学竞赛问题集》的匈牙利文初版,并写了前言. 1961 年,它被用英文出版,题为《匈牙利问题集》([38]). 初版《问题集》是纪念 Eötvös 逝世十周年而出的. 1929 年前的优胜者以后成为知名人士的包括:Lipót Fejér (1880—1959),Dénes König,Theodore von Kármán (1881—1963),Alfréd Haar (1885—1933),Ede Teller(后来在美国以 Edward 为人所知),Marcel Riesz (1886—1969),Gábor Szegö (1895—1985),László Rédei (1900—1986),以及 László Kalmár (1900—1976).

英文版[38]包含了 Gábor Szegö 写的一篇前言. 他写道:

> 为了一次成功的数学竞赛,某种引发公众兴趣的准备工作是很重要的,在匈牙利,这一目标是由一本《中学数学》杂志达到的. ……我清楚地记得当年我贪读这本杂志的情景(1908~1912 年). 我热切地等待着这本期刊的到来,而我最关心的是寻找问题栏目,几乎是屏着气息,毫不迟延地开始设法解决问题. 干着同一事业的其他人的名字我很快就知道了,我常常怀着极大的羡慕,阅读他们怎样成功地解决了我不能完全把握的某些问题,或者他们怎样找到了比我已寄出的答案更好的解答(更简单、更优美或更机智的).

从 Theodore von Kármán——近代航空学的卓越奠基人那里,我们获得了 20 世纪早期匈牙利中学数学教育的令人难忘的图景,其中也包括 Eötvös 竞赛. 在他的自传[65]中,他说及关于他的中学,Minta 或模范预科学校(Model Gymnasium)的情形.

> 它成了所有匈牙利中学的模范,数学是用日常统计学的语言来教授的. 我们查找匈牙利小麦的产量,列成表、画出图,学会了什么是"变化率",从而把我们带到了微积分的边缘. 我们从来不从书本里死记规则,我们试图自己去发现它们. Minta 是匈牙利第一所这样的学校,它结束了那时普遍存在的教师与学生之间的僵硬关系. 学生可以在课堂外与教师交谈,可以讨论与学校不太有关的事情. 这在匈牙利也是第一回,教师可以做到诸如在课堂外与一个偶然遇到的学生握握手.
>
> 每一年,中学对数学上的优胜者授予国家奖金,这就是著名的 Eötvös 奖. 挑选出来的学生呆在一间封闭的教室里,解答某些困难的、需要创造性甚至大胆思考的数学问题. 获奖学生的教师将赢得极大的荣誉,所以竞争十分激烈,教师们为准备他们最好的学生而努力工作. 我曾奋力尝试与很有造诣的学生们竞争这项奖励,令我高兴的是我终于取胜. 现在我注意到,一半以上移居国外的著名匈牙利科学家,以及几乎全部在美国的知名人士都曾获得这项奖励. 我想,这类竞赛对于我们的教育体系是必不可少的,我希望在美国及其他国家都能看到和鼓励这样的竞赛.

在匈牙利于 1945 年从纳粹手中获得解放以后,竞赛的规模大大扩大了. 每年秋季的

Kürschák 竞赛吸引了约 500 名竞争者. 前 10 名优胜者被免试保送进入大学.

对于第 7 年级和第 8 年级的学生,有一个特殊的 3 期(3-session)竞赛.(如果他们提出要求,也可以进入更高年级生的竞赛.)对于第一年和第二年的高中学生,有"Dániel Arany"竞赛. 在师资培训学院还有专门的竞赛.

除了所有这些有奖竞赛之外,鲍耶学会还注意到,有些在数学上有才华的青少年未必在测试条件下发挥得好. Középiskolai Matematikai Lapok 的出版就是另一条辨识人才的路径. 除问题栏目外,还包括学生们与年轻的研究者的文章. 厄多斯告诉我们,"我在这些竞赛中发挥得并不十分好",但就在不几年后,他在数论中的发现获得了国际的公认.

在较低年级水平上,那里有丰富的各种课外活动. 对于初年级学生,有"少年数学友谊小组",由科学普及协会组织. 对于高中学生,数学会组织了每月一次的"高中数学午后活动",而对于其中最优秀的(大约 60 人左右),则有"青年数学小组". 该小组在圣诞节和复活节举行全国会议.

在竞赛层次上水平最高是的"Miklós Schweitzer 纪念数学竞赛". 它是对大学与高中学生两者开放的,由 10 道或 12 道"非常难"的问题组成,可以拿回家做.

"Schweitzer 竞赛在我们数学界是一项重要的活动. 所提出的问题要经过多日讨论. 那些在竞赛中获奖或其结果被发表的人都被认为他们有很广的数学知识与研究能力. 颁奖典礼并不单是授予奖金,它是鲍耶学会的一次正规学术会议. 所有的问题都在这个会上解答."[33]

但 Schweitzer 是谁? 这里有摘自《Commemoration》[26]中的一段话,是 Pál Turán 为纪念在大战与大屠杀(Holocaust)中牺牲的匈牙利数学家,于 1949 年 3 月写给鲍耶数学会的一封信中的一段:

"Miklós Schweitzer 于 1941 年从中学毕业,并于同年在 Loránd Eötvös 数学竞赛中获二等奖. 1945 年 1 月 28 日,在他如此渴望的解放的到来前仅几天,他在带嵌齿的铁道附近身中了一颗德国子弹. 在那一刻,他知道他的最大愿望——成为一名全日制的大学生,是永远不能实现了. 他只活了很短的时日——暴风雨般的、不安定的日子,但他活得很充实."

然后 Turán 继续用三页的篇幅,介绍了 Schweitzer 在古典分析中的发现. 带嵌齿的铁道位于布达佩斯,它运载着乘客前往自由大厦.

匈牙利特色

匈牙利的数学包含许多主流方向与 20 世纪的特点. 但是有三个领域特别具有匈牙利特色:Lipót Fejér 风格的古典分析;黎兹(Fridrich Riesz,1880—1956)风格的线性泛函分析;厄多斯与 Pál Turán 风格的离散数学.

Fejér 与黎兹都生于 1880 年. 他们每人都由很多重要的发现而知名,但更知名的也许是他们优美的风格,利用简单而熟知的工具获得深刻而出乎意料的成果的妙策.

Fejér 出生在佩奇(Pécs)省城. 他的父亲 Samuel Weisz,是一位零售商(在匈牙利语中,"白色"(white)读作"fehér". "Fejér"是一种古老的拼法). 这个家族在佩奇有很深的根基;Fejér 的外曾祖父 Dr. Samuel Nachod,于 1809 年获得医师学位. 在中学,Lipót Fejér 即成为 Középiskolai Matematikai Lapok 问题的忠实解答者. 据报道,László Rácz,一位曾在布达佩斯领导一个问题研究班的中学教师,常常用这句话来做他聚会的开场白:"Lipót Weisz 又寄来了

附录 对匈牙利数学的一次采访
Appendix An Interview of Hungary's Mathematics

一份漂亮的答案."（这位 Rácz 以后又鉴识出 János Neumann（1903—1957）为卓越的数学人才！）1897 年，Fejér 在 Eötvös 竞赛中获得二等奖，然后他进入布达佩斯的多科工业大学. König, Kürschák 和 Eötvös 在那里当过他的教师.

1900 年 12 月，当他还是四年级大学生时，他发表了他最著名的成果. 这就是用 Cesàro 和（部分和的平均）求连续但非光滑函数的傅里叶级数之和. 这一方法使人们能对任意连续的边界数据解圆盘上的 Dirichlet 问题（如果边界数据非逐段光滑，用通常的部分和可能失败）. Fejér 的这一结果至今对傅里叶分析的实践仍是重要的. 这是他的博士论文的核心部分. 傅里叶分析与级数求和继续成为他长期的兴趣所在. 在以后 5 年间，Fejér 未能找到一份持久的全日的工作. 其间他所担任的临时工作之一是在一处天文台观测流星.

1905 年，Poincaré 来到布达佩斯接受第一届鲍耶奖. 当他下火车时，他受到了高级部长与秘书们的迎接（可能因为他是 Raymond Poincaré 堂兄弟，后者是一名政治家，以后曾任第三共和国总统与四任总理）. 根据流行至今的故事，他环顾四周然后说："Fejér 在哪里？"部长和秘书们面面相觑说："Fejér 是谁？"Poincaré 说："Fejér 是匈牙利最伟大的数学家，也是世界最伟大的数学家之一."一年之内，Fejér 成了特兰瓦尼亚地区的 Kolozsvár 大学教授. 五年之后，主要由于 Loránd Eötvös 的安排，他在布达佩斯的大学中获得了席位.

我们的会见者 Agnes Berger 是 Fejér 的学生之一.

RH：你能描述一下 Fejér 的教学吗？

Berger：Fejér 的授课每次都很短，很精彩. 总是不到一小时. 你花很长时间坐在那里等他来. 当他进来时，常常是一副怒容. 当你首次观察他时，他的样子是很难看的，实际上他有一副带着许多表情与苦相的生动面孔. 他的课在很多细节处思虑周到，并且带有戏剧性的结局，就像一场演出.

RH：你们接着做什么呢？

Berger：插补（课上的内容）. Turán 是我实际上的导师. 在那里的教授的行为举止与这里的很不一样. 当我在美国见到一位数学教授总是与研究生坐在一起时，我是十分惊异的. 这与在布达佩斯碰到的完全不同. 你必须对教授说："我对这或那有兴趣."然后你终归要回头向他说明你在做什么. 没有任何像这里有的那种把握得住的东西. 我知道这里的人每周都与自己的学生见面. 你们听到这种事情吗？幸好，我还有 Turán，他对我就像导师一样. 我不把 Fejér 认作大学教师. 在全匈牙利只有一个 Fejér. 在塞格德市还有黎兹. 全国就只有这么两个. 那是非常高贵的位置.

Pál Turán 写道："在匈牙利，是 Fejér 首创了一个有凝聚力的数学学派."[55]. 波利亚说道："我的同龄群体中的几乎每一个人都是被 Fejér 吸引到数学中来的."除波利亚外，Fejér 的学生还包括 Marcel Riesz, Ottó Szász, Jenö Egerváry, Mihály Fekete (1886—1957), Ferenc Lukács, Gábor Szegö, Simon Sidon，稍后的 Pál Csillag (1896—1944)，以及更晚的 Pál Erdös 与 Pál Turán. "Fejér 常同他的学生们坐在一家布达佩斯咖啡馆里解决有兴趣的数学问题，告诉他们他所知道的数学家们的故事. 一整套文化围绕着这个人而发展. 他的授课被认为是一生的经验之谈，但他在课堂外的影响甚至更加显著"[2].

当然，光辉的经历并非没有阴影. "不用说，第一次世界大战是对他的一个打击，其间的

1916 年,他大病了一场.反革命时期的影响表现在他的论文表上三年的空缺,他一直未能克服那些时期的影响,这可以从他的暗示中一再体会到."[55]. Turán 所指的"那些时期"对于生活在其中的匈牙利人是明显的.他是指"白色恐怖",镇压了匈牙利苏维埃之后的霍尔蒂统治下的早期.

在两次大战间的某个时间,Fejér 曾在他布达佩斯大学的办公室里接受过一位就某项学术问题寻求 Fejér 帮助的教授的访问.在礼貌性会谈以后,一定是 Fejér 想起了要做某件他必须做的公务,访问者向 Fejér 递交了他的名片之后就离开了.可能他忘记了他在这张名片背后已经写上了一句提醒自己的话:"去见这个犹太人." Fejér 保存了这张名片,并出示给 John Horváth 看,后者就是告诉我们这件事的人.

据报道,由于某种缘由,Fejér 与 Béla Kerékjártó(1898—1946)的关系不太融洽,后者是一位拓扑学家,他与黎兹和哈尔(Alfréd Haar)在塞格德市占尽数学风光,直至 20 世纪 30 年代末迁到布达佩斯为止.大概是一次与 Kerékjártó 不太满意的会面以后,Fejér 发表了他那令人难忘的尖锐评价:"Kerékjártó 说的话跟真理只是拓扑等价."

1927 年,由于那时的政治气候,Fejér 未能获足够的选票进入匈牙利科学院.1930 年,在他被选入哥廷根与加尔各答科学院之后,才最终被匈牙利科学院接纳.

这一时期的政治在今天是很难理解的.霍尔蒂承认犹太资本在匈牙利的地位,他甚至与某些上层犹太人士有社会交往.虽然如此,他设立了一个限额制度来限制犹太人进入大学的企求,犹太学生不能超过 5%.至于教授的位置,他们实际上是完全被排除的,即使是如厄多斯之辈.

20 世纪 20 年代,布达佩斯有才华、有雄心的年轻犹太人明白了,如果他们要达到他们有能力达到的目标,他们就必须离开.Von Neumann 先去了柏林,然后去了普林斯顿;波利亚去了苏黎世,然后去斯坦福;Szegö 去了柏林、哥尼斯堡,然后到斯坦福;von Kármán 去了哥廷根、亚琛,然后到 Cal Tech;黎兹去了隆德;Mihaly Fekete 去了耶路撒冷;等,幸亏 Teller, Eugene Wigner, Leo Szilárd, Arthur Erdélyi, Cornelius Lánczos,以及 Ottó Szasz(1884—1952),还有 Fejér 与黎兹,这些较老的人仍然留在匈牙利占有原有的位置.

这些移民中的大多数是在纳粹发起攻击以前的 1920 年离开的.他们有时间循一条合法的路线迁移,不致损害他们的前程或创造力.

1944 年,Fejér 被迫作为一名异国分子而退休.十月的一个夜晚,住在 Tátra 街的他的家人被箭十字党徒①逼着排成一列,行走到多瑙河岸.他们由于一名勇敢的官员的电话而得救,而其他的布达佩斯的犹太人却在河岸旁被枪杀.解放后,人们在 Tátra 街上一家"环境难以形容的"急诊医院中找到了 Fejér.但是随着战争的结束,他依然受到匈牙利国内外的尊敬.

厄多斯报道说,在他的晚年,Fejér 不再有他年轻时那样思如泉涌、怡然自得的机智了."有一次他告诉 Turán,'我觉得自己在 20 世纪 30 年代已经耗尽了一切.'他仍然做了很多很好的事情,但他觉得他已没有任何显著的新思想.当他 60 岁时,他动了一次前列腺手术,这以后就没有做太多的事.他的身体状况稳定了十五六年,然后就变得衰老了.那时是很悲哀的.他知道自己衰老了,常说像这样的话:'自从我变成一个完全的白痴以来,……'当他不想到这件事时

---

① 二战中匈牙利的法西斯组织.——译者注

他还是快乐的.他一直能认出我的母亲和我.在医院里他受到很好的护理,直到1959年由于脑溢血而去世."

黎 兹

两次大战之间匈牙利数学界的另一主要人物是黎兹.他的弟弟 Marcel 也是一位著名数学家,但他大部分时间住在匈牙利国外.

黎兹兄弟都出生于 Györ 城,他们的父亲 Ignácz 是位医生.1911年,Marcel 接受 Gosta Mittag-Leffier 的邀请在斯德哥尔摩(瑞典)讲授三门课.从此他留在那里并成为瑞典最具影响的数学家之一,从1926年到1952年,又从1962年到1969年在隆德(Lund)大学主持讲座.Lars Garding 和 Lars Hörmander 是他的两个最著名的学生.

Frigyes 一生中的大部分时间在塞格德(Szeged)担任教授,那是距布达佩斯约100千米的一座靠近南斯拉夫南部边界城市.主要由于他的原因,这所塞格德的大学成了数学研究的知名中心.对于我这一代战后的学生,他的名气来自他和他著名的学生与同事 Béla Szökefalvi-Nagy 合著的重要著作《泛函分析》[44].这本书的第一部分是近代实分析,第二部分是线性算子.这两部分都是以确实令人陶醉的优美风格写成的.基本的原则是"以少胜多".用初等的、具体的工具——三角、平面几何、初等微积分,获得既一般又清晰的结论,这是真正的匈牙利风格.

Ray(Edgar R.) Lorch 1934年曾在塞格德与黎兹一起工作.我们感谢他就这本书是如何问世的做了一个说明.

对那些与他合作写文章或书的人,黎兹是一个危险人物.在写作过程中,他经常有新思想,而最后的思维产儿才是最受宠的.这常使他的合作者左右为难,老是跟不上趟.一个例子是他的前助教 Tibor Radó 告诉我的.在学年中,黎兹经常担任测度论与泛函分析课,而由 Radó 记详细的笔记.当暑假来临时,黎兹会去一个比较凉爽的地方(Györ),而 Radó 则需流上三个月汗,按黎兹的要求补充上所有的材料,到秋天要写成适合于出版的形式,在开学前的9月底,黎兹总是把他的第一天花在学院里,Radó 来到图书馆拜见他的这位前辈,自豪地带着摞得整整齐齐的800页稿纸,怀着十分满意的心情放到黎兹的膝盖上.黎兹瞥了一眼手稿,认出了这摞东西是什么,然后抬起他一双兼含着仁慈与感激的眼睛,与此同时脸上闪过一丝笑意,就好像他玩成了一个恶作剧:"呵,很好.是的,干得很漂亮,确实漂亮.不过让我告诉你,暑期间我有了一个想法.我们将用另一种方法来做.我再讲课时你就会明白的.你会喜欢的."一连很多年都是如此.大约十八年后,可能是年龄增大带来的压力,黎兹才与卓科法勒维-纳吉合作写成了这本书.而如我们所知,"Lecons d'Analyse Fonctionnelle"这本书是几十年间国际上的畅销书.

Frigyes 相继在苏黎世多科工业大学和哥廷根大学学习,然后在布达佩斯取得他的博士学位.在哥廷根和布达佩斯,他分别受到希尔伯特与 Hermann Minkowski, König 与 Kürschák 的影响.他在巴黎和哥廷根做博士后研究,然后到 Löcse(现称 Leviče,在斯洛伐克)和布达佩斯教中学.

1911 年,他被聘到科洛斯堡大学,它是 1872 年创建的. 这是一个重要的学术中心,在某种程度上比布达佩斯的大学更先进. 1920 年,依照 Trianon 条约,特兰西瓦尼亚地区被割让给罗马尼亚,科洛斯堡市重新命名为克卢日(Cluj). 在匈牙利的塞格德则建立了一所新的大学. 说匈牙利语的科洛斯堡大学的学生与教授应邀去塞格德. 黎兹首先于 1918 年去布达佩斯,然后同哈尔一起于 1920 年到塞格德,哈尔在科洛斯堡时也是教授. Lipót Fejér 则已于 1911 年从科洛斯堡去了布达佩斯.

在塞格德,黎兹与哈尔创建了鲍耶学会,又于 1922 年创建了杂志 Acta Scientiarum Mathematicarum,它很快就达到了国际水平. 黎兹的最伟大的研究成果是紧线性算子理论,人们必然还会提到黎兹表现定理,不用测度论而重建 Lebesgue 积分,以及作为位势理论基本工具而引入的下调和函数. 他引进了函数空间 L^p,H^p 和 C,对其上的线性泛函做了基本的工作. 他证明了遍历定理. 他证明了单调函数是几乎处处可微的. 黎兹-Fischer 定理是抽象希尔伯特空间的一个中心结果,又是证明 Schrödinger 波动力学与 Heisenberg 矩阵力学之间的等价性的一个本质工具.

下面,我们援引 István Vincze[63] 的一段文字:

> 黎兹的讲演效果多少有些不可预料. 他对于讲演并不总是做充分的准备. 碰到这种时候,他就向他的助教 László Kalmár 求助. 但 Kalmár 并不总是在他身旁. (像黎兹一样,László Kalmár(1900—1976)出生于犹太世家并信仰 Calvin 教. 是一位全能数学家,也作为一名极好的教师被许多人忆及. —R. Hersh 注)虽然如此,我们发现黎兹确是一位第一流的科学阐释者. 在他的讲演中,每件事情都自然地以历文的眼光加以阐发,这是有很强的教育意义的,当他没有很好准备时、他经常花时间说一些有趣的题外话,有一次,他对为什么科学工作是容易的给了一个绝妙的解释."每个人都是有思想的,要么是正确的思想,要么是错误的思想,"他说:"科学工作仅在于把它们加以区别."

> Lipót Fejér 只比黎兹晚出生两周多(1880 年 2 月 9 日;而黎兹生于 1 月 22 日),他们常拿这一点彼此揶揄. 例和 Fejér 常申明说,他实际上比黎兹年长,因为黎兹早产了一个月.

> 黎兹爱好安静、平稳的生活,他喜欢秩序. 他是快活的,甚至有几分贵族气派. 他的大部分社交生活是在几个上流的赛艇与击剑俱乐部里度过的,那里也不乏从城市和军队来的头脑空虚的"名人"们. 他加入了塞格德最高级的赛艇俱乐部,并且从早春直到晚秋常去那里. 在晚上,他可能去击剑俱乐部或是打桥牌.

> 他竭力支持 László Kalmáx,希望他会成为一位卓越的数学家(他也的确做到了). 但是他期望 Kalmár 保持独身,把他的全部生命都贡献给科学(就像黎兹本人,还有 Marcel Riesz,Alfréd Haar,Lipót Fejér,Dénes König 以及厄多斯一样). 不过,Kalmár 还是结了婚. 这多少让黎兹有些生气,有一段时间他对 Kalmár 相当神经质和不耐烦,然后他终于平息下来. Kalmár 的妻子也是一位有能力的数学家,而黎兹同我们大家一样喜欢她. 黎兹能看到,Kalmár 的科学目标并未受到婚姻的损害.

> 在读数学杂志时,他有时会叹一口气:"他终于懂了."(意思是,作者终于懂得了

附录 对匈牙利数学的一次采访
Appendix An Interview of Hungary's Mathematics

黎兹与其他人早就发现的东西.)黎兹曾说过,一本好的数学书——当然要证明所有的定理——应当比只是一系列定理与证明有更多的内容.它应当讨论这些定理的意义,从不同的观点加以阐明,说明它们与数学其他部分的联系.

所幸的是,黎兹在大战期间没有受到任何伤害与拘留,由于他的一些教授同事向政府请求,在从1943年开始进行的对犹太人的放逐中他幸免遇难,依照朋友们的劝告,他于1944年初去布达佩斯.当犹太人被放逐的行动在各省日益加剧时,他正在布达佩斯.当年夏天,他返回塞格德,而到10月11日塞格德幸好在几乎没有战斗的情况下落入苏联军队之手(布达佩斯没有这么幸运).苏联军队从塞格德上下两头渡过蒂萨河并且包围了它,因而德国人放弃了塞格德并炸毁了所有桥梁.它们的匈牙利盟友在河的东部被歼灭.

几年以后,黎兹终于实现了他长达10年之久的愿望,获得布达佩斯大学的教授席位.在布达佩斯,黎兹过着安静、舒心的生活.他并不完全满意他的新的社会地位,那与他在两次世界大战间所享受的地位有很大区别.但是这些改变并没有太干扰他.他的新的体育运动是在Gellért温泉或玛格丽特岛上的Palatinus温泉游泳.他喜欢读犯罪小说,偶尔抽抽雪茄.

他没有很多亲传弟子.Edgar R. Lorch,卓科法勒维-纳吉,Tibor Radó以及Alfréd Rényi(1921—1970)都是很著名的,他从不拒绝任何向他求助的人,但这样的事是少有的.虽然如此,他教导了世界上的每一位数学家.即使到今天,所有的数学家仍从他那优美的论证与深邃的思想中得到教益.

除了黎兹,哈尔,卓科法勒维-纳吉和Kalmár外,还有另两位我们已经提到的数学家在塞格德起着重要作用,他们是:Kerékjártó与Radó.Kerékjáxtó是一位拓扑学家.Radó是一位分析学家,他关于曲面面积的研究最为人知,他是一位去美国的早期数学移民.他于1931年成为俄亥俄州立大学教授.1932年,他在American Mathematical Monthly [37]上发表了一篇论匈牙利Eötvös竞赛的文章.

卓科法勒维-纳吉和John Horváth告诉我们一件关于黎兹兄弟的逸事(Horváth是Macel Riesz的一位老朋友与同事.)故事说Marcel有一次向塞格德的杂志Acta投了一篇稿(Frigyes是Acta的奠基人与主编).那的确是一篇好文章,但Frigyes写信给他的兄弟说,"Marcel Riesz,你早已写过更好的东西了."

公平地说,Marcel在塞格德的Acta上发表过论文.在1921~1923年的卷Ⅰ与卷Ⅱ上,他有四篇文章.作为一份新杂志,Acta在那些年里积极地约稿.因为Macel Riesz的这些文章都是有关傅里叶级数的,很可能是他在若干年前写成的,那时他还在匈牙利,也许还在Fejér的影响之下.

这里还有另一个Horváth从黎兹那里听来的故事.当希尔伯特写出他论Dirichlet问题的积分方程解法的文章时,他非常希望弗兰克林(Fredholm)能欣赏它,但弗兰克林从未读过它,当黎兹写出他的许多文章时,他又非常希望希尔伯特欣赏它们,但希尔伯特也从未读过.无巧不成书,当Marcel写他论双曲型Cauchy问题的大文章,以及在他研究这一问题的整个时期,他都试图使他的哥哥能理解他所写的,但Frigys也从未去读它.

(不幸的是,在数学界这类故事太具代表性了)

我总是好奇,为什么卓科法勒维-纳吉的《泛函分析》一书最初是用法文出版的.对于这个问题,卓科法勒维-纳吉教授给出了一个简单的回答.

Nagy:之所以用法文出版是因为我们是用法文写的,首先,我俩都懂法文;至少可以用来写数学.黎兹法文写得很好.我俩都懂德文.但那时恰在战后,德国的名声被法西斯主义极大地污损了.

RH:是.

Nagy:当然,我们无意反对德国的伟大数学家.

RH:我理解.

Nagy:英文吗? 那时冷战已经开始了……

RH:我明白.

Nagy:俄文吗? 我们俩谁都不懂俄文.

RH:所以必然用法文.不过,它很快就翻成英文了.

Nagy:它被翻译成德文、英文、俄文、日文,甚至中文.

RH:黎兹是怎样熬过战争的? 他怎样渡过1944,1945那些年份?

Nagy:那是不容易的.他为人宽容,受到各种人的景仰与尊敬,在战争的最后一年,匈牙利被Hitler占领.1944年3月19日,德国人进驻塞格德.从此,同盟国的轰炸开始了.塞格德从南到北受到英国轰炸机的轰炸.然后又是犹太人的大批沦丧.

虽然黎兹是犹太血统,他并未被拘捕.但直到10月红军包围塞格德之前,离开他的公寓对他是不安全的,当然,黎兹有一些很好的朋友,他们并不是犹太人.我每两、三天去看他一次,他收拾好他的行李,随时准备出走.

RH:他怎么获得食物呢?

Nagy:我告诉过你,他有不少朋友.其中有一位年轻的女士,是一所医科学校教授的女儿,学校的看门人隔天一次去安排他洗澡.

RH:给他带食物会有危险吗?

Nagy:问题确实存在,但不是物质上的,而是精神上的,知道你的生存要依赖一群疯子,总是很糟糕的.

RH:他在家里还能做数学工作吗?

Nagy:能做,但是是低强度的.他尽量多听无线电广播,他还能收到许多书籍与期刊.他能勉强熬下去,但是处在前途未卜的压力之下.从1944年4月开始到同年10月这一段时期是困难的.然后红军就到来了,教授们推举他当了大学校长.

围城期间我正在布达佩斯,那里的情况糟得多.我妻子的父母住在布达佩斯,她害怕与他们失去联系.幸好我们没有失去任何亲人.但有好几个月,我们必须在远非愉快的条件下同许多其他的人躲在一间地下室里.

RH:围城持续了多久?

Nagy:从1944年12月中直到2月12日.在那以后也还发生过战斗.

RH:人们怎样才能免于饿死呢?

Nagy:那是每个人必须自己设法解决的问题.我在事先就想到了,所以贮存了一些土豆和猪油.即使在围城期间.如果你在半夜前起床,在清晨日出赶到某个地方,站在那里一直等到他们开门,或许你有机会得到一千克或两千克面包.直到围城的几乎最后一天这都是可能的,之后就没有任何东西了.商店既不开门也不关门:它们的入口已经给炸掉了.很多人处于饥饿之中.那是战争呀!战斗中有倒毙的马,没有医生检查过它们.虽然如此,在早上仍有很多人试图去割下几千克马肉.那真是困难的日子.3月中我只身返回塞格德,乘一段火车,一段卡车,一段马车,有一段只好步行,我发现塞格德已被苏联红军接管,街上挂着和平的旗帜,商店也开门了.我在塞格德找到了黎兹.他不憎恨别人.他虽然也有某些尖锐批评的词语,但从来不是很激烈的.

RH:你是否认为,他后来决定去布达佩斯,部分原因是他对塞格德的某些人有坏的印象?

Nagy:不.我认为那是因为他终身未娶,而他渐渐又老了.在布达佩斯有黎兹的另一位兄弟,他是一位律师,已婚.黎兹与他住在一起.黎兹还有学生在布达佩斯,Horváth 是其中的一名.还有 János Aczél,你知道他吗? 他现在加拿大的滑铁卢大学.还有 Ákos Császár,他现在是鲍耶数学会主席暨布达佩斯 ICME 委员会主席.

黎兹于 1956 年初在一所医院病逝,可能是由于血管的毛病,这困扰了他一段时间.

奇怪的是,这位匈牙利最伟大的数学家竟然等待了那么多年才应邀到他的国家的最高学府任职.在 Horthy 统治下,更不用说在 Hitler 统治下,在 Péter Pázmány 大学(1952 年前称为布达佩斯 Loránd Eötvös 大学)的一个系里不能接受多于一个的犹太人.Fejér 从 1911 年起就在那里了.战后,这类规定已不再适用.

厄多斯与图兰(Turán)

在 20 世纪 30 年代,除 Fejér 和黎兹倡导下的匈牙利数学研究的两个主要潮流外又有第三个参加进来,这就是"离散"数学,包括组合论、图论、组合集论、数论以及泛代数.

这项研究始于 Dénes König-Gyula Kömig 的儿子.厄多斯与图兰参加了他的讨论班.König 写了关于图论的第一本书:《有限与无穷图的理论》(Theory of Finite and Infinite Graphs)于 1936 年出版,直到 1958 年仍是这一主题的仅有的专著.近年重印了它的德文版并翻译成英文.Mathematical Reviews 评论道:"它堪称为图论的经典……是这一主题许多分支的可靠的入门书,又是一种有价值的史料."

在 20 世纪 20 年代末与 30 年代初,一小群朋友非正式地私下聚在一起搞数学,即便在他们离开大学以后也如此.他们的兴趣在组合学、图论及其他种类的离散数学.

他们常在布达佩斯的 Liget 公园聚会,地点靠近一座"Béla 王的无名历史学家"的塑像,因此他们称自己为"无名小组"这个小组没有任何人有职业;在 20 世纪 30 年代初他们找不到工作.像其他失业的布达佩斯数学家一样,他们靠为预科学校学生做家教挣得一块面包.顺便提及一下不是无名小组成员而做过家教的三个人:一位是 Rózsa Péter,他做过 Peter Lax 的家教,另两位是 Mihály Fekete 和 Gábor Szegö,他们做过 János Neumann 的家教,János 后来在美国以 John von Neumann 为人熟知.

无名小组的领头人是厄多斯,凭着他的独创性、多产和对数学的整体贡献,他是当之无愧的.厄多斯由于对 Chebychev 定理的优美的新证明而赢得他的最初的名声,这个定理是说:

"在任一个数与它的两倍之间至少存在一个素数."他与 Atle Selberg 分享发现素数定理的第一个初等证明的荣誉. 他开创了现今称为"极值组合学"或"极图理论"的数学领域:"给定 n 个元上有限集系统的某个函数,这个函数可以取到的最大值是什么?"通常能找到的回答,即使有的话,也只是当 n 很大时的渐近解. 厄多斯于 1934 年离开匈牙利去英国. 他认为到那一年匈牙利显然已很不安全了.

这个小组的其他成员有 Márta Wachsberger, Géza Grunwald (1910—1943), Anna Grünwald, András Vázsonyi, Annie Beke, Dénes Lázár, Esther(Eppie) Klein, Tibor Gallai, György Szekeres, László Alpár 以及 Pál Turán. Esther Klein 的功劳是把一个关于有限集的问题带到这个小组(并解答了它),(他们事后得知)这是英国的 Frank Ramsey 早先考虑过的一种类型的问题."Ramsey 理论"后来成了厄多斯,图兰,Szekeres 及其他人的工作中反复出现的课题之一. Szekeres 与 Klein 结了婚,并经由上海逃亡到澳大利亚. 在那里,他们帮助启动了匈牙利类型的问题竞赛. Gallai 成了著名的研究学者和教师. 同厄多斯一样,他也在我们会见的人之列. Alpár 成为一个共产主义者,他在法国被捕直到二次世界大战结束. 然后他返回匈牙利,又一次被斯大林主义的匈牙利政权拘捕. 第二次出狱后,他首次以全部时间从事数学. 二次大战期间,图兰在一所法西斯劳动营服役. 在那之前和之后,他有过才气焕发的研究经历. 在他于 1976 年去世时,他已是国际数学界的一位重要人物.

由于有像厄多斯这样的领头人的提倡,也由于与计算机科学相互激励的关系,离散数学成为当代数学的一个颇受注意的部分. 研究离散数学是匈牙利当今数学研究的最大的特色. 在这一领域,匈牙利是最优秀的,它输出的组合学家在美国一流的数学系工作.

结　　语

在匈牙利数学的上述"样本"陈列中,我们肯定忽略了某些重要人物. Jenö Hunyadi (1838—1889) 与 Manó Beke (1862—1946) 是我们应当记住的先驱. György Hajós (1912—1970) 由于证明关于单位立方体的格点填充的 Minkowski 猜想而赢得了名声.

Lajos Schlesinger (1846—1933) 是德国莱比锡大学的教授,也是第一位在德国大学中获得席位的匈牙利数学家. 他写了两本关于常微分方程的重要著作[70, 71]. 今天从事等单值形变(isomonodromy deformation)的数学家们仍然采用"Schlesinger 变换". Peter Lax 写道, "Schlesinger 的某些结果最近由于对 Painlevé 方程与完全可积性的联系重新感兴趣而受注意. 他的书具有 Lazarus Fuchs 的风格,看来他必定是后者的学生,我们也知道他还是后者的女婿."

(匈牙利 20 世纪前的数学的详细历史可见 B. Szénássy 的书[12])

我们不打算评述二战后的匈牙利数学家,但有某些人仍是必须提及的. László Fejes-Tóth (生于 1915 年) 在研究二维和三维的填充、覆盖与嵌装方面是著名的,他在这些课题上已创建了一个小小的学派.

Rózsa Péter (1905—1977) 作为 Peter Lax 的家庭教师前面已提到过. 她是一位很特殊的人物, Morris 与 Harkleroad [32] 称她为"创建递归函数理论之母". 是她最先提出(在 1932 年苏黎世国际数学家大会上)应当为了其自身的目的而研究递归函数. 她就此发表了重要的文章,还出版了有关这一主题的第一本书[35]. 她的小书《玩味无穷》(《Playing with infinity》)

[36]是为普通读者而写的一本极好地介绍近代数学的书.她还是一位诗人,是 László Kalmár 的亲密朋友,后者我们已在前面作为黎兹的助教说到过.她的小诗可见[32].

László Rádei(1900—1980)是一位有影响的代数学家,他专攻代数数论与皮尔(Pell)方程.他爱好的问题的类型之一是寻找其所有真子构造具有某些特殊性质的代数构造(群、半群、环).Rédei 于 1922 年在布达佩斯获博士学位,然后在匈牙利的米什科尔茨,迈泽图尔和布达佩斯的中学教书直到 1940 年.当他还是一名预科学校教师时,已经为匈牙利的数学研究团体吸收为成员.1940 年,他成为塞格德大学的学科负责人,首先是几何学科的,其后是代数与数论学科的.1967 年到 1971 年.他领导了匈牙利科学院数学研究所的代数研究室.他发表了近 150 篇研究论文和 5 本书,其中包括《有限域上的缺项多项式》(*Lacunary Polynomials over Finite Fields*)和《有限生成的交换半群理论》(*The Theory of Finitely Generated Commutative semigroups*).

"László Rédei 全部经历的主要特点是勤奋而大胆的工作;在这方面他为每位数学家做出了范例.这也许可以解释.为什么过了 75 岁他还能继续坚持工作.有些时候,他冒着完全失败的风险,苦攻那些似乎无望的问题.他的努力常常是在好多年后才获得成果.在有些问题上他持续干了差不多十年.他常以一种高度独创性的方式来考虑问题,而与所有其他数学家的期望相悖…….他总觉得他的学生是他的合作伙伴,他从不拒绝向他们学习."[68]

最后,我们很高兴来介绍一位值得纪念的伟人,他的名字在美国数学家中间不是很熟知的,他就是 Alfréd Rényi.

Alfred Rényi

Rényi 生于布达佩斯,是一位"有广博知识的"工程师的儿子,他的外祖父 Bernát Alexander 是布达佩斯的一位"最有影响的"哲学与美学教授,他的舅舅 Franz Alexander 是著名的精神分析学家.他上了一所人文(而非理科)预科学校,并且毕生保持着对古希腊的兴趣.1944 年,他被残忍地投进法西斯劳动营,但当他的同伴被转运到西部时他却设法逃脱了.有半年时间他用假身份证隐藏起来[39].那时 Rényi 的父母被抓到布达佩斯的犹太人区.Rényi"搞到一套士兵的制服,走进犹太人区,把他的父母救了出来…….只有熟悉当时环境的人才能懂得,为了完成这一行动,需要多高的谋略与胆识."[60]

解放后,他在塞格德师从黎兹获得博士学位.他在莫斯科和列宁格勒做博士后,同 Yu. V. Linnik 一起在 Goldbach 猜想方面工作.他在那里发现了一个方法,按图兰的说法,那是"当今解析数论的最强的方法之一."

从 1950 年起,他担任匈牙利科学院数学研究所所长.1952 年他在布达佩斯的 Loránd Eötvós 大学创立了概率论讲座席位.在他的领导下,数学研究所成为一个国际研究中心,也是匈牙利数学活动的心脏,他在纯粹与应用数学方面都具有罕见的得心应手的能力.他是概率论的第一流的研究者,又是我们时代重要的数论学家之一,同时对组合分析、图论、积分几何及傅里叶分析都作出了贡献.他发表的著作超过 350 篇,其中包括好几部书."一次,当一位天才的青年数学家告诉他,自己的工作能力强烈地依赖于外部环境时,伦伊(Renyi)回答说:'如果我不快活,我就搞数学使自己变得快活;如果我快活,我就搞数学以保持快活.'"[57]

他有三部书使每个人都会感到亲切的,当然,包括无论什么领域和什么水平的一切数学家在内.《关于数学的对话》(*Dialogues on Mathematics*)[39]是一部出色的哲学与文学著作. 它包含三篇对话, 即与 Socrates, Archimedes 以及 Galileo 的对话. 它们以深刻而独创的见解讨论数学哲学中的基本问题, 而其轻松的笔调与激动人心的见解使任何人都愿意读它们, "看在宙斯的分上务请告诉我," Rényi 的 Socrates 问道, "一个人对于并不存在的事物比对确实存在的事物知道得更多, 这不是不可思议吗?" Socrates 不仅问了这个聪明的问题, 他还回答了它.

《关于概率的信件》(*Letters on Probability*)[40]包含 Blaise Pascal 致 Pierre Fermat 的四封热情洋溢的私人信件, 传达了 Pascal 对于概率论的起源与基础的充满热情的观点和思想. 这些信是以帕斯卡(Pascal)与费马时代的文学风格用复杂的语句写成的, 显示了对他们的生活与工作多么熟悉. 虽然如此, 正如 Rényi 在一封"致读者的信"里说明的, 这些信实际的作者是 Rényi 而非帕斯卡. 这样的佳作在当代数学家的著作中无疑是唯一的. 其中的第四封信对于对概率基础感兴趣的读者特别有益. 对概率持频率主义解释的帕斯卡(也就是 Renyi)在信中像写小说似的讲述了在 d'Aiguillon 夫人的沙龙里与他的浮夸的朋友"Damien Miton"的一场争论, 后者是一位主观主义观点的支持者.

同前面两本书一样,《关于信息论的日记》(*Diary on Information Theory*)[41]也是"藏在假面具下"写的. 日记是某位"Bonifac Donat"记的, 包含 Bonifac 对"Rényi 教授"五次讲课的"笔记", 加上 Bonifac 自己为一次讲演准备的一些材料. 最后一篇日记的开头写道: "教授看起来不怎么好, 但愿没有什么严重的问题." 事实上, Rényi 教授的身体的确相当不好, 以致无力结束其最后一章, 靠了他过去的一位学生 Gyula Katona 才得以完稿. Rényi 于 1970 年 2 月 1 日去世, 年仅 49 岁.

考虑到他们所受的苦难, 再看看匈牙利数学家们无论是贫困还是失业, 无论在劳动营或是在被围城时, 仍然能够坚持干下去并进行创造, 这实在是令人吃惊的, 我们援引图兰一段难忘的文字作为本节的结语:

> 这个故事听起来难以相信, 但确是真实的. 这要回到 1940 年, 当时我收到一封我的朋友 George Szekeres 寄自上海的信. 他叙述了为证明著名的 Burnside 猜想(后来被否认了)的一次不成功的尝试. 他的尝试的失败本来可以由 Ramsey 定理的一种特殊情形得出, 但 Ramsey 的文章, 除了其存在性而外, 其内容在当时的匈牙利是一无所知的.
>
> 那时我的大部分收入来自做私人家教, 我必须在我的学生家里给他们上课. 当我奔走于两名学生的家之间时, 我默想着这封信的内容. 我的思路把我引向了有限型, 从而引向了如下的极值问题. 在有 n 个顶点且不包含带 k 个顶点的完全子图的图中, 它的最大棱数是多少? 虽然我觉得这个问题肯定是有趣的, 我还是把它搁置起来了, 因为我当时的主要兴趣是解析数论中的问题.
>
> 1940 年 9 月, 我首次被召到劳动营服役. 我们被抓到特兰西瓦尼亚为建设铁路干活. 我们的主要工作是搬运铁路枕木. 这并不是很困难的活儿, 但任何一位旁观者都可以看出我们多数人是很笨拙的. 我也不例外. 有一次, 我们中一位干活较熟练的同志竟这样明白地说出这个事实, 甚至公然提到我的名字. 一名官员正站在近旁监督我们工作. 当他听到我的名字时, 他问这名同志, 我是不是一位数学家. 原来这名官员叫 Joseph Winkler, 是一名工程师, 年轻时参加过数学竞赛; 当官之前是一家出版社

附录 对匈牙利数学的一次采访
Appendix An Interview of Hungary's Mathematics

的校对,那里负责出版第三类学院(数学与自然科学)的定期刊物,他在那里看过我写的某些手稿.

他能帮我做的一切就是把我派到一个木料场,那里按大小分类堆放着修铁路用的圆木.我的任务是向进来取木料的人指示何处可以找到所需大小的圆木.这项活儿当然是不坏的,我成天在户外行走,那里有美丽的风景和未被污染的空气.我在 8 月份考虑过的问题又回到我的脑海中来了,不过我不可能用纸笔来检验我的思路.但是我想清了极值问题的严格提法,并且立刻感觉到,这在我所处的环境下是非常合适思考的问题.

我简直无法形容我在此后几天中的感受.对付一个异乎寻常的问题所得的快乐,问题的优美,解答的层层推进以致最后完全获得解决,这一切实在令人心醉神迷.在这种心醉神迷之外,就只剩下智力的奔放与某种程度精神压力的解除了.

这段美好的回忆发表在 *Journal of Graph Theory* 创刊号[58]上图兰的"随记"("Note of Welcome")中.当他写这篇文章时,他正与他最后的病魔作斗争.他于 1976 年 12 月 26 日病逝,而该杂志的创刊号发行于 1977 年.

致谢.(略)

参考文献

[1] ALBERS D J, ALEXANDERSON G L. Mathematical People[M]. Boston: Boston Bikhauser,1985.

[2] ALEXANDERSON G L. (Obituary of George Pólya) Bull Soc[C]. Math, 1987(19): 559-608.

[3] ALPÁR L, EGY EMBER. Aki a számok világában él[M]. Magyar: Magyar Tudomány Beszélgetés Erdós Pál akadémikussal, 1988.

[4] BOLYAI J. The theory of space, Introduction by F. Kárteszi[M]. Budapest: Budapest Akadémiai Kiadó,1987.

[5] STERNBERG R J, DAVIDSON J E. eds[S]. Cambridge University Press, 1986.

[6] ERDÖS P, THE ART of COUNTING. Selected writings[M]. Cambridge: Cambridge MIT Press,1973.

[7] FERMI L. Illustrious Immigrants[M]. Chicago: The University of Chicago Press, 1968.

[8] GARDING L. Marcel Riesz in Memoriam[J]. Acta: Mathematica, 1970(124). See also: RIESZ M. Collected Papers[M]. New York: Springer-Verlag, 1988.

[9] GLUCK M. George Lukács and his generation 1900~1918[M]. Harvard University Press, Cambridge:Harvard University Pres, 1985.

[10] GRAHAM R L, SPENCER J H. Spencer, Ramsey theory[J]. Scientific American: 1990(7): 112-117.

[11] GRATTAN-GUINNESS I. Biography of F Riesz, Dictionary of Scientific Biography[M]. New York: Charles Scribner's Sons,1975.

[12] SZÉNÁSSY B. History of Mathematics in Hungary until the 20th Century[M]. New York: Springer-Verlag, 1992.

[13] HALMOS P. Riesz Frigyes munkássága[J]. Matematikai Lapok, 1981(29): 13-20.

[14] HANDLER A. The Holocaust in Hungary[M]. University, Ala: University of Alabama Press, 1982.

[15] HEIMS S J. John von Neumann and Norbert Wiener[M]. Cambridge: Cambridge MIT Press, 1980.

[16] HOFFMAN P. The Man Who Loves Only Numbers[J]. Atlantic Monthly,1987(11).

[17] HORVÁTH J. Riesz Marcel matematikai munkássága[J]. Matematikai Lapok, 1975(26): 11-37.

[18] INGHAM A E. Review of P. Erdös, On a new method in elementary number theory which leads to an elementary proof of the prime number theorem[J]. Mathematical Re-

views, 595-596.

[19] JÉNOS A C. The Politics of Backwardness in Hungary[M]. Princeton: Princeton University Press,1982.

[20] KAC M. Enigmas of Chance[M]. New York: Harper and Row,1985.

[21] KAHANE J P. Fejér életmüvenek jelentösége[J]. Matematikai Lapok, 1981(29):21-31.

[22] KAHANE J P. La Grande Figure de Georges Pólya[J]. Proceedings of the Sixth International Congress on Mathematical Education. János Bolyai Mathematical Society, Budapest, 1986.

[23] (1)KALMIÁR L. Mathematics teaching experiments in Hungary[M]. Amsterdam: North-Holland Publishing Company, 1967.
(2)KALMIÁR L. Problems in the Philosophy of Mathematicas ed by I Lakatos[M]. Amsterdam: North-Holland Publishing Company, 1967.

[24] KLEIN S. The Effects of Modern Mathematics[M]. Budapest: Akadémiai Kiadó, 1987.

[25] TURÁN P. Collected Papers[M]. Budapest: Akadémiai Kiadó, 1990.

[26] TURÁN P. Megemlékezés[J]. Matematikai Lapok, 1949(1):3-15.

[27] MÁRTON L. Biography of L. Eövös, Dictionary of Scientific Biography[M]. New York: Charles Scribner's Sons, 1975.

[28] MÁRTON S. Matematika-történeti ABC[M]. Budapest: Budapest Tankönyvkiadó, 1987.

[29] MCCAGG W O. Jewish Nobles and Geniuses in Modern Hungary[J]. Boulder East European Quarterly,1972.

[30] MIKOLÁS M. Biography of L. Fejér, Dictionary of Scientific Biography[M]. New York: Charles Scribner's Sons,1975.

[31] MIKOLÁS M. Some historical aspects of the development of Mathematical analysis in Hungary[J]. Historia Math, 1975(2):304-308.

[32] MORRIS E, HARKLEROAD L, RÓZSA PÉTER: Recursive Function Theory's Founding Mother[J]. The Mathematical Intelligencer, 1990,12(1):59-11.

[33] PALÁSTI I. A fiatal kutatók helyzete a Matematikai Kutató Intézetben[J]. Magyar Tudomány, 1973(5):299-312.

[34] PAMLÉNYI E. A History of Hungary[M]. Budapest: Corvina Press,1973.

[35] PÉTER R. Rekursive Funktionen[M]. Budapest: Akadémiai Kiadó,1951.

[36] PÉTER R. Playing With Infinity[M]. New York: Dover,1976.

[37] RADÓ T. On mathematical life in Hungary, Amer. Math[J]. Monthly, 1932(87):85-90.

[38] RAPAPORT T. Hungarian Problem Book I and II[M]. New York: Random House, 1963.

[39] RÉNYI A. Dialogues on Mathematics Holden Day[J]. San Francisco, 1967.

[40] RÉNYI A. Letters on Probability[M]. Detroit: Wayne State University Press,1972.

[41] RÉNYI A. A Diary on Information Theory[M]. Budapest: Akadémiai Kiadó, 1984.

[42] REID C. Hilbert[M]. New York: Springer-Verlag,1970.

[43] REID C. Courant in Göttingen and New York[M]. New York: Springer-Verlag,1976.

[44] RIESZ F, SZÖKEFALVI-NAGY B. Functional Analysis[M]. New York: Ungar, 1955.

[45] RIESZ F. Oeuvres complètes[J]. Académie des Sciences de Hongrie,1960.

[46] RIESZ F. Obituary[J]. Acta Scientiarum Mathematicarum Szeged,1956,7.

[47] ROSENBLOOM P C. Studying under Pólya and Szegö at Stanford[J]. The Mathematical Intelligencer, 1983.

[48] SZEGÖ G. Collected Papers[M]. Boston: Birkhäuser,1981.

[49] SZÉNÁSSY B. A magyarországi matematika története[M]. Budapest: Akadémiai Kiadó,1970.

[50] SZÖKEFALVI-NAGY B. Riesz Frigyes tudományos munkásságának ismertetése[J]. Matematikai Lapok, 1953(5):170-182.

[51] SZÖKEFALVI-NAGY B. Riesz Frigyes élete és személyisége[J]. Matematikai Lopok, 1981(29):1-5.

[52] TAKÁCS L. Chance or Determinism? The Craft Probabilistic Modelling[M]. New York: Springer-Verlag,137-149.

[53] TANDORI K. Fejér Lipót élete és munkássága[J]. Matematikai Lapok, 1981(29):7-11.

[54] TETTAMANTI E. The Teaching of Mathematics in Hungary[J]. National Institute of Education, Budapest ,1988.

[55] TURÁN P. "Leopold Fejér's Mathematical Work," lecture to the Hungarian Academy of Sciences[J]. February, 1950(27).

[56] TURÁN P. The Fiftieth Anniversary of Pál Erdös[J]. Matematikai Lapok,1963(14): 1-28.

[57] TURÁN P. The Work of Alfréd Rényi[J]. Matematikai Lapok,1970(21):199-210.

[58] TURÁN P. A note of welcome[J]. Graph Theory, 1977(1):7-9.

[59] ULAM S M. Adventures of a Mathematician[J]. Charles Scribner's Sons, New York, 1983.

[60] ULAM F. Non-mathematical personal reminiscences about Johnny, Proc. Symp[J]. Pure Math, 1990(50):9-13.

[61] UNGAR P. Personal communication[J]. October, 1989(10).

[62] VINCZE I. Az MTA Matematikai Kutató Intézetének huszónot eve[J]. Magyar Tudomány, 1976(2).

[63] VINCZE I. Vallomások Szegedröl[J]. Somogyi Könyvtari mühély, 1983:2-3.

[64] VINCZE I. Emlékezes Riesz Frigyes Professzor Úrra. Unpublished manuscript.

[65] VON KÁRMÁN T, EDSON L. The Wind and Beyond[J]. Little, Brown, 1967.

[66] VONNEUMANN N A. John von Neumann as seen by his brother[J]. Meadowbrook, Pa, 1987.
[67] WIESCHENBERG A A. The Birth of the Eötvös Competition[J]. The College Mathematics Journal, 1990(21,4):286-293.
[68] MÁRKI L, STEINFELD O, SZÉP J. Short review of the work of László Rédei, Studia Sci[J]. Math Hungar, 1981(16):3-14.
[69] LUKÁCS J. Budapest 1900[M]. New York: Weindenfeld and Nicolson, 1988.
[70] SCHLESINGER L. Handbuch der Theorie der linearen Differentialgleichungen[M]. Vols. 1, 2:1, 2:2. Leipzig: Teubner, 1895.
[71] SCHLESINGER L. Einführung in die Theorie der Differentialgleichungen mit einer unabhängigen Variabeln, 2nd ed[J]. Göschen Leipzig, 1904.

哈尔滨工业大学出版社刘培杰数学工作室
已出版(即将出版)图书目录

书　名	出版时间	定　价	编号
新编中学数学解题方法全书(高中版)上卷	2007—09	38.00	7
新编中学数学解题方法全书(高中版)中卷	2007—09	48.00	8
新编中学数学解题方法全书(高中版)下卷(一)	2007—09	42.00	17
新编中学数学解题方法全书(高中版)下卷(二)	2007—09	38.00	18
新编中学数学解题方法全书(高中版)下卷(三)	2010—06	58.00	73
新编中学数学解题方法全书(初中版)上卷	2008—01	28.00	29
新编中学数学解题方法全书(初中版)中卷	2010—07	38.00	75
新编中学数学解题方法全书(高考复习卷)	2010—01	48.00	67
新编中学数学解题方法全书(高考真题卷)	2010—01	38.00	62
新编中学数学解题方法全书(高考精华卷)	2011—03	68.00	118
新编平面解析几何解题方法全书(专题讲座卷)	2010—01	18.00	61
新编中学数学解题方法全书(自主招生卷)	2013—08	88.00	261
数学眼光透视	2008—01	38.00	24
数学思想领悟	2008—01	38.00	25
数学应用展观	2008—01	38.00	26
数学建模导引	2008—01	28.00	23
数学方法溯源	2008—01	38.00	27
数学史话览胜	2008—01	28.00	28
数学思维技术	2013—09	38.00	260
从毕达哥拉斯到怀尔斯	2007—10	48.00	9
从迪利克雷到维斯卡尔迪	2008—01	48.00	21
从哥德巴赫到陈景润	2008—05	98.00	35
从庞加莱到佩雷尔曼	2011—08	138.00	136
数学奥林匹克与数学文化(第一辑)	2006—05	48.00	4
数学奥林匹克与数学文化(第二辑)(竞赛卷)	2008—01	48.00	19
数学奥林匹克与数学文化(第二辑)(文化卷)	2008—07	58.00	36'
数学奥林匹克与数学文化(第三辑)(竞赛卷)	2010—01	48.00	59
数学奥林匹克与数学文化(第四辑)(竞赛卷)	2011—08	58.00	87
数学奥林匹克与数学文化(第五辑)	2015—06	98.00	370

哈尔滨工业大学出版社刘培杰数学工作室
已出版(即将出版)图书目录

书　名	出版时间	定　价	编号
世界著名平面几何经典著作钩沉——几何作图专题卷(上)	2009—06	48.00	49
世界著名平面几何经典著作钩沉——几何作图专题卷(下)	2011—01	88.00	80
世界著名平面几何经典著作钩沉(民国平面几何老课本)	2011—03	38.00	113
世界著名平面几何经典著作钩沉(建国初期平面三角老课本)	2015—08	38.00	507
世界著名解析几何经典著作钩沉——平面解析几何卷	2014—01	38.00	264
世界著名数论经典著作钩沉(算术卷)	2012—01	28.00	125
世界著名数学经典著作钩沉——立体几何卷	2011—02	28.00	88
世界著名三角学经典著作钩沉(平面三角卷Ⅰ)	2010—06	28.00	69
世界著名三角学经典著作钩沉(平面三角卷Ⅱ)	2011—01	38.00	78
世界著名初等数论经典著作钩沉(理论和实用算术卷)	2011—07	38.00	126

发展空间想象力	2010—01	38.00	57
走向国际数学奥林匹克的平面几何试题诠释(上、下)(第1版)	2007—01	68.00	11,12
走向国际数学奥林匹克的平面几何试题诠释(上、下)(第2版)	2010—02	98.00	63,64
平面几何证明方法全书	2007—08	35.00	1
平面几何证明方法全书习题解答(第1版)	2005—10	18.00	2
平面几何证明方法全书习题解答(第2版)	2006—12	18.00	10
平面几何天天练上卷·基础篇(直线型)	2013—01	58.00	208
平面几何天天练中卷·基础篇(涉及圆)	2013—01	28.00	234
平面几何天天练下卷·提高篇	2013—01	58.00	237
平面几何专题研究	2013—07	98.00	258
最新世界各国数学奥林匹克中的平面几何试题	2007—09	38.00	14
数学竞赛平面几何典型题及新颖解	2010—07	48.00	74
初等数学复习及研究(平面几何)	2008—09	58.00	38
初等数学复习及研究(立体几何)	2010—06	38.00	71
初等数学复习及研究(平面几何)习题解答	2009—01	48.00	42
几何学教程(平面几何卷)	2011—03	68.00	90
几何学教程(立体几何卷)	2011—07	68.00	130
几何变换与几何证题	2010—06	88.00	70
计算方法与几何证题	2011—06	28.00	129
立体几何技巧与方法	2014—04	88.00	293
几何瑰宝——平面几何500名题暨1000条定理(上、下)	2010—07	138.00	76,77
三角形的解法与应用	2012—07	18.00	183
近代的三角形几何学	2012—07	48.00	184
一般折线几何学	2015—08	48.00	203
三角形的五心	2009—06	28.00	51
三角形的六心及其应用	2015—10	68.00	542
三角形趣谈	2012—08	28.00	212
解三角形	2014—01	28.00	265
三角学专门教程	2014—09	28.00	387

Ⅱ

哈尔滨工业大学出版社刘培杰数学工作室
已出版(即将出版)图书目录

书　名	出版时间	定　价	编号
距离几何分析导引	2015—02	68.00	446
圆锥曲线习题集(上册)	2013—06	68.00	255
圆锥曲线习题集(中册)	2015—01	78.00	434
圆锥曲线习题集(下册)	即将出版		
近代欧氏几何学	2012—03	48.00	162
罗巴切夫斯基几何学及几何基础概要	2012—07	28.00	188
罗巴切夫斯基几何学初步	2015—06	28.00	474
用三角、解析几何、复数、向量计算解数学竞赛几何题	2015—03	48.00	455
美国中学几何教程	2015—04	88.00	458
三线坐标与三角形特征点	2015—04	98.00	460
平面解析几何方法与研究(第1卷)	2015—05	18.00	471
平面解析几何方法与研究(第2卷)	2015—06	18.00	472
平面解析几何方法与研究(第3卷)	2015—07	18.00	473
解析几何研究	2015—01	38.00	425
解析几何学教程.上	2016—01	38.00	574
解析几何学教程.下	2016—01	38.00	575
几何学基础	2016—01	58.00	581
初等几何研究	2015—02	58.00	444
俄罗斯平面几何问题集	2009—08	88.00	55
俄罗斯立体几何问题集	2014—03	58.00	283
俄罗斯几何大师——沙雷金论数学及其他	2014—01	48.00	271
来自俄罗斯的5000道几何习题及解答	2011—03	58.00	89
俄罗斯初等数学问题集	2012—05	38.00	177
俄罗斯函数问题集	2011—03	38.00	103
俄罗斯组合分析问题集	2011—01	48.00	79
俄罗斯初等数学万题选——三角卷	2012—11	38.00	222
俄罗斯初等数学万题选——代数卷	2013—08	68.00	225
俄罗斯初等数学万题选——几何卷	2014—01	68.00	226
463个俄罗斯几何老问题	2012—01	28.00	152
超越吉米多维奇.数列的极限	2009—11	48.00	58
超越普里瓦洛夫.留数卷	2015—01	28.00	437
超越普里瓦洛夫.无穷乘积与它对解析函数的应用卷	2015—05	28.00	477
超越普里瓦洛夫.积分卷	2015—06	18.00	481
超越普里瓦洛夫.基础知识卷	2015—06	28.00	482
超越普里瓦洛夫.数项级数卷	2015—07	38.00	489
初等数论难题集(第一卷)	2009—05	68.00	44
初等数论难题集(第二卷)(上、下)	2011—02	128.00	82,83
数论概貌	2011—03	18.00	93
代数数论(第二版)	2013—08	58.00	94
代数多项式	2014—06	38.00	289
初等数论的知识与问题	2011—02	28.00	95
超越数论基础	2011—03	28.00	96
数论初等教程	2011—03	28.00	97
数论基础	2011—03	18.00	98
数论基础与维诺格拉多夫	2014—03	18.00	292

哈尔滨工业大学出版社刘培杰数学工作室
已出版（即将出版）图书目录

书 名	出版时间	定 价	编号
解析数论基础	2012—08	28.00	216
解析数论基础(第二版)	2014—01	48.00	287
解析数论问题集(第二版)(原版引进)	2014—05	88.00	343
解析数论问题集(第二版)(中译本)	2016—04	88.00	607
数论入门	2011—03	38.00	99
代数数论入门	2015—03	38.00	448
数论开篇	2012—07	28.00	194
解析数论引论	2011—03	48.00	100
Barban Davenport Halberstam 均值和	2009—01	40.00	33
基础数论	2011—03	28.00	101
初等数论100例	2011—05	18.00	122
初等数论经典例题	2012—07	18.00	204
最新世界各国数学奥林匹克中的初等数论试题(上、下)	2012—01	138.00	144,145
初等数论(Ⅰ)	2012—01	18.00	156
初等数论(Ⅱ)	2012—01	18.00	157
初等数论(Ⅲ)	2012—01	28.00	158
平面几何与数论中未解决的新老问题	2013—01	68.00	229
代数数论简史	2014—11	28.00	408
代数数论	2015—09	88.00	532
数论导引提要及习题解答	2016—01	48.00	559
谈谈素数	2011—03	18.00	91
平方和	2011—03	18.00	92
复变函数引论	2013—10	68.00	269
伸缩变换与抛物旋转	2015—01	38.00	449
无穷分析引论(上)	2013—04	88.00	247
无穷分析引论(下)	2013—04	98.00	245
数学分析	2014—04	28.00	338
数学分析中的一个新方法及其应用	2013—01	38.00	231
数学分析例选：通过范例学技巧	2013—01	88.00	243
高等代数例选：通过范例学技巧	2015—06	88.00	475
三角级数论(上册)(陈建功)	2013—01	38.00	232
三角级数论(下册)(陈建功)	2013—01	48.00	233
三角级数论(哈代)	2013—06	48.00	254
三角级数	2015—07	28.00	263
超越数	2011—03	18.00	109
三角和方法	2011—03	18.00	112
整数论	2011—05	38.00	120
从整数谈起	2015—10	28.00	538
随机过程(Ⅰ)	2014—01	78.00	224
随机过程(Ⅱ)	2014—01	68.00	235
算术探索	2011—12	158.00	148
组合数学	2012—04	28.00	178
组合数学浅谈	2012—03	28.00	159
丢番图方程引论	2012—03	48.00	172
拉普拉斯变换及其应用	2015—02	38.00	447
高等代数.上	2016—01	38.00	548
高等代数.下	2016—01	38.00	549
高等代数教程	2016—01	58.00	579

哈尔滨工业大学出版社刘培杰数学工作室
已出版(即将出版)图书目录

书　名	出版时间	定　价	编号
数学解析教程.上卷.1	2016—01	58.00	546
数学解析教程.上卷.2	2016—01	38.00	553
函数构造论.上	2016—01	38.00	554
函数构造论.下	即将出版		555
数与多项式	2016—01	38.00	558
概周期函数	2016—01	48.00	572
变叙的项的极限分布律	2016—01	18.00	573
整函数	2012—08	18.00	161
近代拓扑学研究	2013—04	38.00	239
多项式和无理数	2008—01	68.00	22
模糊数据统计学	2008—03	48.00	31
模糊分析学与特殊泛函空间	2013—01	68.00	241
谈谈不定方程	2011—05	28.00	119
常微分方程	2016—01	58.00	586
平稳随机函数导论	2016—03	48.00	587
量子力学原理·上	2016—01	38.00	588
受控理论与解析不等式	2012—05	78.00	165
解析不等式新论	2009—06	68.00	48
建立不等式的方法	2011—03	98.00	104
数学奥林匹克不等式研究	2009—08	68.00	56
不等式研究(第二辑)	2012—02	68.00	153
不等式的秘密(第一卷)	2012—02	28.00	154
不等式的秘密(第一卷)(第2版)	2014—02	38.00	286
不等式的秘密(第二卷)	2014—01	38.00	268
初等不等式的证明方法	2010—06	38.00	123
初等不等式的证明方法(第二版)	2014—11	38.00	407
不等式·理论·方法(基础卷)	2015—07	38.00	496
不等式·理论·方法(经典不等式卷)	2015—07	38.00	497
不等式·理论·方法(特殊类型不等式卷)	2015—07	48.00	498
不等式的分拆降维降幂方法与可读证明	2016—01	68.00	591
不等式探究	2016—03	38.00	582
同余理论	2012—05	38.00	163
[x]与{x}	2015—04	48.00	476
极值与最值.上卷	2015—06	28.00	486
极值与最值.中卷	2015—06	38.00	487
极值与最值.下卷	2015—06	28.00	488
整数的性质	2012—11	38.00	192
完全平方数及其应用	2015—08	78.00	506
多项式理论	2015—10	88.00	541
历届美国中学生数学竞赛试题及解答(第一卷)1950—1954	2014—07	18.00	277
历届美国中学生数学竞赛试题及解答(第二卷)1955—1959	2014—04	18.00	278
历届美国中学生数学竞赛试题及解答(第三卷)1960—1964	2014—06	18.00	279
历届美国中学生数学竞赛试题及解答(第四卷)1965—1969	2014—04	28.00	280
历届美国中学生数学竞赛试题及解答(第五卷)1970—1972	2014—06	18.00	281
历届美国中学生数学竞赛试题及解答(第七卷)1981—1986	2015—01	18.00	424

哈尔滨工业大学出版社刘培杰数学工作室
已出版(即将出版)图书目录

书　名	出版时间	定　价	编号
历届 IMO 试题集(1959—2005)	2006—05	58.00	5
历届 CMO 试题集	2008—09	28.00	40
历届中国数学奥林匹克试题集	2014—10	38.00	394
历届加拿大数学奥林匹克试题集	2012—08	38.00	215
历届美国数学奥林匹克试题集:多解推广加强	2012—08	38.00	209
历届美国数学奥林匹克试题集:多解推广加强(第 2 版)	2016—03	48.00	592
历届波兰数学竞赛试题集.第 1 卷,1949～1963	2015—03	18.00	453
历届波兰数学竞赛试题集.第 2 卷,1964～1976	2015—03	18.00	454
历届巴尔干数学奥林匹克试题集	2015—05	38.00	466
保加利亚数学奥林匹克	2014—10	38.00	393
圣彼得堡数学奥林匹克试题集	2015—01	38.00	429
匈牙利奥林匹克数学竞赛题解.第 1 卷	2016—05	28.00	593
匈牙利奥林匹克数学竞赛题解.第 2 卷	2016—05	28.00	594
历届国际大学生数学竞赛试题集(1994—2010)	2012—01	28.00	143
全国大学生数学夏令营数学竞赛试题及解答	2007—03	28.00	15
全国大学生数学竞赛辅导教程	2012—07	28.00	189
全国大学生数学竞赛复习全书	2014—04	48.00	340
历届美国大学生数学竞赛试题集	2009—03	88.00	43
前苏联大学生数学奥林匹克竞赛题解(上编)	2012—04	28.00	169
前苏联大学生数学奥林匹克竞赛题解(下编)	2012—04	38.00	170
历届美国数学邀请赛试题集	2014—01	48.00	270
全国高中数学竞赛试题及解答.第 1 卷	2014—07	38.00	331
大学生数学竞赛讲义	2014—09	28.00	371
亚太地区数学奥林匹克竞赛题	2015—07	18.00	492
日本历届(初级)广中杯数学竞赛试题及解答.第 1 卷(2000～2007)	2016—05	28.00	641
日本历届(初级)广中杯数学竞赛试题及解答.第 2 卷(2008～2015)	2016—05	38.00	642
高考数学临门一脚(含密押三套卷)(理科版)	2015—01	24.80	421
高考数学临门一脚(含密押三套卷)(文科版)	2015—01	24.80	422
新课标高考数学题型全归纳(文科版)	2015—05	72.00	467
新课标高考数学题型全归纳(理科版)	2015—05	82.00	468
王连笑教你怎样学数学:高考选择题解题策略与客观题实用训练	2014—01	48.00	262
王连笑教你怎样学数学:高考数学高层次讲座	2015—02	48.00	432
高考数学的理论与实践	2009—08	38.00	53
高考数学核心题型解题方法与技巧	2010—01	28.00	86
高考思维新平台	2014—03	38.00	259
30 分钟拿下高考数学选择题、填空题(第二版)	2012—01	28.00	146
高考数学压轴题解题诀窍(上)	2012—02	78.00	166
高考数学压轴题解题诀窍(下)	2012—03	28.00	167
北京市五区文科数学三年高考模拟题详解:2013～2015	2015—08	48.00	500
北京市五区理科数学三年高考模拟题详解:2013～2015	2015—09	68.00	505
向量法巧解数学高考题	2009—08	28.00	54
高考数学万能解题法	2015—09	28.00	534
高考物理万能解题法	2015—09	28.00	537
高考化学万能解题法	2015—11	25.00	557
高考生物万能解题法	2016—03	25.00	598

哈尔滨工业大学出版社刘培杰数学工作室
已出版(即将出版)图书目录

书　名	出版时间	定　价	编号
高考数学解题金典	2016—04	68.00	602
高考物理解题金典	2016—03	58.00	603
高考化学解题金典	即将出版		604
高考生物解题金典	即将出版		605
我一定要赚分:高中物理	2016—01	38.00	580
数学高考参考	2016—01	78.00	589
2011~2015年全国及各省市高考数学文科精品试题审题要津与解法研究	2015—10	68.00	539
2011~2015年全国及各省市高考数学理科精品试题审题要津与解法研究	2015—10	88.00	540
最新全国及各省市高考数学试卷解法研究及点拨评析	2009—02	38.00	41
2011年全国及各省市高考数学试题审题要津与解法研究	2011—10	48.00	139
2013年全国及各省市高考数学试题解析与点评	2014—01	48.00	282
全国及各省市高考数学试题审题要津与解法研究	2015—02	48.00	450
新课标高考数学——五年试题分章详解(2007~2011)(上、下)	2011—10	78.00	140,141
全国中考数学压轴题审题要津与解法研究	2013—04	78.00	248
新编全国及各省市中考数学压轴题审题要津与解法研究	2014—05	58.00	342
全国及各省市5年中考数学压轴题审题要津与解法研究	2015—04	58.00	462
中考数学专题总复习	2007—04	28.00	6
中考数学较难题、难题常考题型解题方法与技巧.上	2016—01	48.00	584
中考数学较难题、难题常考题型解题方法与技巧.下	2016—01	58.00	585
北京中考数学压轴题解题方法突破	2016—03	38.00	597
助你高考成功的数学解题智慧:知识是智慧的基础	2016—01	58.00	596
助你高考成功的数学解题智慧:错误是智慧的试金石	2016—01	58.00	643
高考数学奇思妙解	2016—04	38.00	610
数学奥林匹克在中国	2014—06	98.00	344
数学奥林匹克问题集	2014—01	38.00	267
数学奥林匹克不等式散论	2010—06	38.00	124
数学奥林匹克不等式欣赏	2011—09	38.00	138
数学奥林匹克超级题库(初中卷上)	2010—01	58.00	66
数学奥林匹克不等式证明方法和技巧(上、下)	2011—08	158.00	134,135
新编640个世界著名数学智力趣题	2014—01	88.00	242
500个最新世界著名数学智力趣题	2008—06	48.00	3
400个最新世界著名数学最值问题	2008—09	48.00	36
500个世界著名数学征解问题	2009—06	48.00	52
400个中国最佳初等数学征解老问题	2010—01	48.00	60
500个俄罗斯数学经典老题	2011—01	28.00	81
1000个国外中学物理好题	2012—04	48.00	174
300个日本高考数学题	2012—05	38.00	142
500个前苏联早期高考数学试题及解答	2012—05	28.00	185
546个早期俄罗斯大学生数学竞赛题	2014—03	38.00	285
548个来自美苏的数学好问题	2014—11	28.00	396
20所苏联著名大学早期入学试题	2015—02	18.00	452
161道德国工科大学生必做的微分方程习题	2015—05	28.00	469
500个德国工科大学生必做的高数习题	2015—06	28.00	478
德国讲义日本考题.微积分卷	2015—04	48.00	456
德国讲义日本考题.微分方程卷	2015—04	38.00	457

哈尔滨工业大学出版社刘培杰数学工作室
已出版(即将出版)图书目录

书　　名	出版时间	定　价	编号
中国初等数学研究　2009卷(第1辑)	2009—05	20.00	45
中国初等数学研究　2010卷(第2辑)	2010—05	30.00	68
中国初等数学研究　2011卷(第3辑)	2011—07	60.00	127
中国初等数学研究　2012卷(第4辑)	2012—07	48.00	190
中国初等数学研究　2014卷(第5辑)	2014—02	48.00	288
中国初等数学研究　2015卷(第6辑)	2015—06	68.00	493
中国初等数学研究　2016卷(第7辑)	2016—04	68.00	609
几何变换(Ⅰ)	2014—07	28.00	353
几何变换(Ⅱ)	2015—06	28.00	354
几何变换(Ⅲ)	2015—01	38.00	355
几何变换(Ⅳ)	2015—12	38.00	356
博弈论精粹	2008—03	58.00	30
博弈论精粹.第二版(精装)	2015—01	88.00	461
数学 我爱你	2008—01	28.00	20
精神的圣徒　别样的人生——60位中国数学家成长的历程	2008—09	48.00	39
数学史概论	2009—06	78.00	50
数学史概论(精装)	2013—03	158.00	272
数学史选讲	2016—01	48.00	544
斐波那契数列	2010—02	28.00	65
数学拼盘和斐波那契魔方	2010—07	38.00	72
斐波那契数列欣赏	2011—01	28.00	160
数学的创造	2011—02	48.00	85
数学美与创造力	2016—01	48.00	595
数海拾贝	2016—01	48.00	590
数学中的美	2011—02	38.00	84
数论中的美学	2014—12	38.00	351
数学王者　科学巨人——高斯	2015—01	28.00	428
振兴祖国数学的圆梦之旅:中国初等数学研究史话	2015—06	78.00	490
二十世纪中国数学史料研究	2015—10	48.00	536
数字谜、数阵图与棋盘覆盖	2016—01	58.00	298
时间的形状	2016—01	38.00	556
数学解题——靠数学思想给力(上)	2011—07	38.00	131
数学解题——靠数学思想给力(中)	2011—07	48.00	132
数学解题——靠数学思想给力(下)	2011—07	38.00	133
我怎样解题	2013—01	48.00	227
数学解题中的物理方法	2011—06	28.00	114
数学解题的特殊方法	2011—06	48.00	115
中学数学计算技巧	2012—01	48.00	116
中学数学证明方法	2012—01	58.00	117
数学趣题巧解	2012—03	28.00	128
高中数学教学通鉴	2015—05	58.00	479
和高中生漫谈:数学与哲学的故事	2014—08	28.00	369
自主招生考试中的参数方程问题	2015—01	28.00	435
自主招生考试中的极坐标问题	2015—04	28.00	463
近年全国重点大学自主招生数学试题全解及研究.华约卷	2015—02	38.00	441
近年全国重点大学自主招生数学试题全解及研究.北约卷	2016—05	38.00	619
自主招生数学解证宝典	2015—09	48.00	535

哈尔滨工业大学出版社刘培杰数学工作室
已出版(即将出版)图书目录

书 名	出版时间	定 价	编号
格点和面积	2012—07	18.00	191
射影几何趣谈	2012—04	28.00	175
斯潘纳尔引理——从一道加拿大数学奥林匹克试题谈起	2014—01	28.00	228
李普希兹条件——从几道近年高考数学试题谈起	2012—10	18.00	221
拉格朗日中值定理——从一道北京高考试题的解法谈起	2015—10	18.00	197
闵科夫斯基定理——从一道清华大学自主招生试题谈起	2014—01	28.00	198
哈尔测度——从一道冬令营试题的背景谈起	2012—08	28.00	202
切比雪夫逼近问题——从一道中国台北数学奥林匹克试题谈起	2013—04	38.00	238
伯恩斯坦多项式与贝齐尔曲面——从一道全国高中数学联赛试题谈起	2013—03	38.00	236
卡塔兰猜想——从一道普特南竞赛试题谈起	2013—06	18.00	256
麦卡锡函数和阿克曼函数——从一道前南斯拉夫数学奥林匹克试题谈起	2012—08	18.00	201
贝蒂定理与拉姆贝克莫斯尔定理——从一个捡石子游戏谈起	2012—08	18.00	217
皮亚诺曲线和豪斯道夫分球定理——从无限集谈起	2012—08	18.00	211
平面凸图形与凸多面体	2012—10	28.00	218
斯坦因豪斯问题——从一道二十五省市自治区中学数学竞赛试题谈起	2012—07	18.00	196
纽结理论中的亚历山大多项式与琼斯多项式——从一道北京市高一数学竞赛试题谈起	2012—07	28.00	195
原则与策略——从波利亚"解题表"谈起	2013—04	38.00	244
转化与化归——从三大尺规作图不能问题谈起	2012—08	28.00	214
代数几何中的贝祖定理(第一版)——从一道IMO试题的解法谈起	2013—08	18.00	193
成功连贯理论与约当块理论——从一道比利时数学竞赛试题谈起	2012—04	18.00	180
素数判定与大数分解	2014—08	18.00	199
置换多项式及其应用	2012—10	18.00	220
椭圆函数与模函数——从一道美国加州大学洛杉矶分校(UCLA)博士资格考题谈起	2012—10	28.00	219
差分方程的拉格朗日方法——从一道2011年全国高考理科试题的解法谈起	2012—08	28.00	200
力学在几何中的一些应用	2013—01	38.00	240
高斯散度定理、斯托克斯定理和平面格林定理——从一道国际大学生数学竞赛试题谈起	即将出版		
康托洛维奇不等式——从一道全国高中联赛试题谈起	2013—03	28.00	337
西格尔引理——从一道第18届IMO试题的解法谈起	即将出版		
罗斯定理——从一道前苏联数学竞赛试题谈起	即将出版		
拉克斯定理和阿廷定理——从一道IMO试题的解法谈起	2014—01	58.00	246
毕卡大定理——从一道美国大学数学竞赛试题谈起	2014—07	18.00	350
贝齐尔曲线——从一道全国高中联赛试题谈起	即将出版		
拉格朗日乘子定理——从一道2005年全国高中联赛试题的高等数学解法谈起	2015—05	28.00	480
雅可比定理——从一道日本数学奥林匹克试题谈起	2013—04	48.00	249
李天岩—约克定理——从一道波兰数学竞赛试题谈起	2014—06	28.00	349
整系数多项式因式分解的一般方法——从克朗耐克算法谈起	即将出版		
布劳维不动点定理——从一道前苏联数学奥林匹克试题谈起	2014—01	38.00	273
伯恩赛德定理——从一道英国数学奥林匹克试题谈起	即将出版		
布查特—莫斯特定理——从一道上海市初中竞赛试题谈起	即将出版		

哈尔滨工业大学出版社刘培杰数学工作室
已出版(即将出版)图书目录

书　名	出版时间	定　价	编号
数论中的同余数问题——从一道普特南竞赛试题谈起	即将出版		
范·德蒙行列式——从一道美国数学奥林匹克试题谈起	即将出版		
中国剩余定理:总数法构建中国历史年表	2015－01	28.00	430
牛顿程序与方程求根——从一道全国高考试题解法谈起	即将出版		
库默尔定理——从一道IMO预选试题谈起	即将出版		
卢丁定理——从一道冬令营试题的解法谈起	即将出版		
沃斯滕霍姆定理——从一道IMO预选试题谈起	即将出版		
卡尔松不等式——从一道莫斯科数学奥林匹克试题谈起	即将出版		
信息论中的香农熵——从一道近年高考压轴题谈起	即将出版		
约当不等式——从一道希望杯竞赛试题谈起	即将出版		
拉比诺维奇定理	即将出版		
刘维尔定理——从一道《美国数学月刊》征解问题的解法谈起	即将出版		
卡塔兰恒等式与级数求和——从一道IMO试题的解法谈起	即将出版		
勒让德猜想与素数分布——从一道爱尔兰竞赛试题谈起	即将出版		
天平称重与信息论——从一道基辅市数学奥林匹克试题谈起	即将出版		
哈密尔顿－凯莱定理:从一道高中数学联试试题的解法谈起	2014－09	18.00	376
艾思特曼定理——从一道CMO试题的解法谈起	即将出版		
一个爱尔特希问题——从一道西德数学奥林匹克试题谈起	即将出版		
有限群中的爱丁格尔问题——从一道北京市初中二年级数学竞赛试题谈起	即将出版		
贝克码与编码理论——从一道全国高中联试试题谈起	即将出版		
帕斯卡三角形	2014－03	18.00	294
蒲丰投针问题——从2009年清华大学的一道自主招生试题谈起	2014－01	38.00	295
斯图姆定理——从一道"华约"自主招生试题的解法谈起	2014－01	18.00	296
许瓦兹引理——从一道加利福尼亚大学伯克利分校数学系博士生试题谈起	2014－08	18.00	297
拉姆塞定理——从王诗宬院士的一个问题谈起	2016－04	48.00	299
坐标法	2013－12	28.00	332
数论三角形	2014－04	38.00	341
毕克定理	2014－07	18.00	352
数林掠影	2014－09	48.00	389
我们周围的概率	2014－10	38.00	390
凸函数最值定理:从一道华约自主招生题的解法谈起	2014－10	28.00	391
易学与数学奥林匹克	2014－10	38.00	392
生物数学趣谈	2015－01	18.00	409
反演	2015－01	28.00	420
因式分解与圆锥曲线	2015－01	18.00	426
轨迹	2015－01	28.00	427
面积原理:从常庚哲命的一道CMO试题的积分解法谈起	2015－01	48.00	431
形形色色的不动点定理:从一道28届IMO试题谈起	2015－01	38.00	439
柯西函数方程:从一道上海交大自主招生的试题谈起	2015－02	28.00	440
三角恒等式	2015－02	28.00	442
无理性判定:从一道2014年"北约"自主招生试题谈起	2015－01	38.00	443
数学归纳法	2015－03	18.00	451
极端原理与解题	2015－04	28.00	464
法雷级数	2014－08	18.00	367
摆线族	2015－01	38.00	438
函数方程及其解法	2015－05	38.00	470
含参数的方程和不等式	2012－09	28.00	213
希尔伯特第十问题	2016－01	38.00	543
无穷小量的求和	2016－01	28.00	545

Ⅹ

哈尔滨工业大学出版社刘培杰数学工作室
已出版(即将出版)图书目录

书　名	出版时间	定　价	编号
切比雪夫多项式:从一道清华大学金秋营试题谈起	2016—01	38.00	583
泽肯多夫定理	2016—03	38.00	599
代数等式证题法	2016—01	28.00	600
三角等式证题法	2016—01	28.00	601
中等数学英语阅读文选	2006—12	38.00	13
统计学专业英语	2007—03	28.00	16
统计学专业英语(第二版)	2012—07	48.00	176
统计学专业英语(第三版)	2015—04	68.00	465
幻方和魔方(第一卷)	2012—05	68.00	173
尘封的经典——初等数学经典文献选读(第一卷)	2012—07	48.00	205
尘封的经典——初等数学经典文献选读(第二卷)	2012—07	38.00	206
代换分析:英文	2015—07	38.00	499
实变函数论	2012—06	78.00	181
复变函数论	2015—08	38.00	504
非光滑优化及其变分分析	2014—01	48.00	230
疏散的马尔科夫链	2014—01	58.00	266
马尔科夫过程论基础	2015—01	28.00	433
初等微分拓扑学	2012—07	18.00	182
方程式论	2011—03	38.00	105
初级方程式论	2011—03	28.00	106
Galois 理论	2011—03	18.00	107
古典数学难题与伽罗瓦理论	2012—11	58.00	223
伽罗华与群论	2014—01	28.00	290
代数方程的根式解及伽罗瓦理论	2011—03	28.00	108
代数方程的根式解及伽罗瓦理论(第二版)	2015—01	28.00	423
线性偏微分方程讲义	2011—03	18.00	110
几类微分方程数值方法的研究	2015—05	38.00	485
N 体问题的周期解	2011—03	28.00	111
代数方程式论	2011—05	18.00	121
动力系统的不变量与函数方程	2011—07	48.00	137
基于短语评价的翻译知识获取	2012—02	48.00	168
应用随机过程	2012—04	48.00	187
概率论导引	2012—04	18.00	179
矩阵论(上)	2013—06	58.00	250
矩阵论(下)	2013—06	48.00	251
对称锥互补问题的内点法:理论分析与算法实现	2014—08	68.00	368
抽象代数:方法导引	2013—06	38.00	257
集论	2016—01	48.00	576
多项式理论研究综述	2016—01	38.00	577
函数论	2014—11	78.00	395
反问题的计算方法及应用	2011—11	28.00	147
初等数学研究(Ⅰ)	2008—09	68.00	37
初等数学研究(Ⅱ)(上、下)	2009—05	118.00	46,47
数阵及其应用	2012—02	28.00	164
绝对值方程—折边与组合图形的解析研究	2012—07	48.00	186
代数函数论(上)	2015—07	38.00	494
代数函数论(下)	2015—07	38.00	495
偏微分方程论:法文	2015—10	48.00	533
时标动力学方程的指数型二分性与周期解	2016—04	48.00	606
重刚体绕不动点运动方程的积分法	2016—05	68.00	608
水轮机水力稳定性	2016—05	48.00	620

哈尔滨工业大学出版社刘培杰数学工作室
已出版(即将出版)图书目录

书　名	出版时间	定　价	编号
趣味初等方程妙题集锦	2014—09	48.00	388
趣味初等数论选美与欣赏	2015—02	48.00	445
耕读笔记(上卷):一位农民数学爱好者的初数探索	2015—04	28.00	459
耕读笔记(中卷):一位农民数学爱好者的初数探索	2015—05	28.00	483
耕读笔记(下卷):一位农民数学爱好者的初数探索	2015—05	28.00	484
几何不等式研究与欣赏.上卷	2016—01	88.00	547
几何不等式研究与欣赏.下卷	2016—01	48.00	552
初等数列研究与欣赏·上	2016—01	48.00	570
初等数列研究与欣赏·下	2016—01	48.00	571

书　名	出版时间	定　价	编号
火柴游戏	2016—05	38.00	612
异曲同工	即将出版		613
智力解谜	即将出版		614
故事智力	即将出版		615
名人们喜欢的智力问题	即将出版		616
数学大师的发现、创造与失误	即将出版		617
数学味道	即将出版		618

书　名	出版时间	定　价	编号
数贝偶拾——高考数学题研究	2014—04	28.00	274
数贝偶拾——初等数学研究	2014—04	38.00	275
数贝偶拾——奥数题研究	2014—04	48.00	276
集合、函数与方程	2014—01	28.00	300
数列与不等式	2014—01	38.00	301
三角与平面向量	2014—01	28.00	302
平面解析几何	2014—01	38.00	303
立体几何与组合	2014—01	28.00	304
极限与导数、数学归纳法	2014—01	38.00	305
趣味数学	2014—03	28.00	306
教材教法	2014—04	68.00	307
自主招生	2014—05	58.00	308
高考压轴题(上)	2015—01	48.00	309
高考压轴题(下)	2014—10	68.00	310

书　名	出版时间	定　价	编号
从费马到怀尔斯——费马大定理的历史	2013—10	198.00	Ⅰ
从庞加莱到佩雷尔曼——庞加莱猜想的历史	2013—10	298.00	Ⅱ
从切比雪夫到爱尔特希(上)——素数定理的初等证明	2013—07	48.00	Ⅲ
从切比雪夫到爱尔特希(下)——素数定理100年	2012—12	98.00	Ⅲ
从高斯到盖尔方特——二次域的高斯猜想	2013—10	198.00	Ⅳ
从库默尔到朗兰兹——朗兰兹猜想的历史	2014—01	98.00	Ⅴ
从比勃巴赫到德布朗斯——比勃巴赫猜想的历史	2014—02	298.00	Ⅵ
从麦比乌斯到陈省身——麦比乌斯变换与麦比乌斯带	2014—02	298.00	Ⅶ
从布尔到豪斯道夫——布尔方程与格论漫谈	2013—10	198.00	Ⅷ
从开普勒到阿诺德——三体问题的历史	2014—05	298.00	Ⅸ
从华林到华罗庚——华林问题的历史	2013—10	298.00	Ⅹ

哈尔滨工业大学出版社刘培杰数学工作室
已出版（即将出版）图书目录

书　名	出版时间	定　价	编号
吴振奎高等数学解题真经(概率统计卷)	2012—01	38.00	149
吴振奎高等数学解题真经(微积分卷)	2012—01	68.00	150
吴振奎高等数学解题真经(线性代数卷)	2012—01	58.00	151
钱昌本教你快乐学数学(上)	2011—12	48.00	155
钱昌本教你快乐学数学(下)	2012—03	58.00	171
高等数学解题全攻略(上卷)	2013—06	58.00	252
高等数学解题全攻略(下卷)	2013—06	58.00	253
高等数学复习纲要	2014—01	18.00	384
三角函数	2014—01	38.00	311
不等式	2014—01	38.00	312
数列	2014—01	38.00	313
方程	2014—01	28.00	314
排列和组合	2014—01	28.00	315
极限与导数	2014—01	28.00	316
向量	2014—09	38.00	317
复数及其应用	2014—08	28.00	318
函数	2014—01	38.00	319
集合	即将出版		320
直线与平面	2014—01	28.00	321
立体几何	2014—04	28.00	322
解三角形	即将出版		323
直线与圆	2014—01	28.00	324
圆锥曲线	2014—01	38.00	325
解题通法(一)	2014—07	38.00	326
解题通法(二)	2014—07	38.00	327
解题通法(三)	2014—05	38.00	328
概率与统计	2014—01	28.00	329
信息迁移与算法	即将出版		330
三角函数(第2版)	即将出版		627
向量(第2版)	即将出版		628
立体几何(第2版)	2016—04	38.00	630
直线与圆(第2版)	即将出版		632
圆锥曲线(第2版)	即将出版		633
极限与导数(第2版)	2016—04	38.00	636
美国高中数学竞赛五十讲.第1卷(英文)	2014—08	28.00	357
美国高中数学竞赛五十讲.第2卷(英文)	2014—08	28.00	358
美国高中数学竞赛五十讲.第3卷(英文)	2014—09	28.00	359
美国高中数学竞赛五十讲.第4卷(英文)	2014—09	28.00	360
美国高中数学竞赛五十讲.第5卷(英文)	2014—10	28.00	361
美国高中数学竞赛五十讲.第6卷(英文)	2014—11	28.00	362
美国高中数学竞赛五十讲.第7卷(英文)	2014—12	28.00	363
美国高中数学竞赛五十讲.第8卷(英文)	2015—01	28.00	364
美国高中数学竞赛五十讲.第9卷(英文)	2015—01	28.00	365
美国高中数学竞赛五十讲.第10卷(英文)	2015—02	38.00	366

哈尔滨工业大学出版社刘培杰数学工作室
已出版(即将出版)图书目录

书 名	出版时间	定 价	编号
IMO 50 年.第 1 卷(1959—1963)	2014—11	28.00	377
IMO 50 年.第 2 卷(1964—1968)	2014—11	28.00	378
IMO 50 年.第 3 卷(1969—1973)	2014—09	28.00	379
IMO 50 年.第 4 卷(1974—1978)	2016—04	38.00	380
IMO 50 年.第 5 卷(1979—1984)	2015—04	38.00	381
IMO 50 年.第 6 卷(1985—1989)	2015—04	58.00	382
IMO 50 年.第 7 卷(1990—1994)	2016—01	48.00	383
IMO 50 年.第 8 卷(1995—1999)	2016—06	38.00	384
IMO 50 年.第 9 卷(2000—2004)	2015—04	58.00	385
IMO 50 年.第 10 卷(2005—2009)	2016—01	48.00	386
IMO 50 年.第 11 卷(2010—2015)	即将出版		646
历届美国大学生数学竞赛试题集.第一卷(1938—1949)	2015—01	28.00	397
历届美国大学生数学竞赛试题集.第二卷(1950—1959)	2015—01	28.00	398
历届美国大学生数学竞赛试题集.第三卷(1960—1969)	2015—01	28.00	399
历届美国大学生数学竞赛试题集.第四卷(1970—1979)	2015—01	18.00	400
历届美国大学生数学竞赛试题集.第五卷(1980—1989)	2015—01	28.00	401
历届美国大学生数学竞赛试题集.第六卷(1990—1999)	2015—01	28.00	402
历届美国大学生数学竞赛试题集.第七卷(2000—2009)	2015—08	18.00	403
历届美国大学生数学竞赛试题集.第八卷(2010—2012)	2015—01	18.00	404
新课标高考数学创新题解题诀窍:总论	2014—09	28.00	372
新课标高考数学创新题解题诀窍:必修 1~5 分册	2014—08	38.00	373
新课标高考数学创新题解题诀窍:选修 2—1,2—2,1—1,1—2 分册	2014—09	38.00	374
新课标高考数学创新题解题诀窍:选修 2—3,4—4,4—5 分册	2014—09	18.00	375
全国重点大学自主招生英文数学试题全攻略:词汇卷	2015—07	48.00	410
全国重点大学自主招生英文数学试题全攻略:概念卷	2015—01	28.00	411
全国重点大学自主招生英文数学试题全攻略:文章选读卷(上)	即将出版		412
全国重点大学自主招生英文数学试题全攻略:文章选读卷(下)	即将出版		413
全国重点大学自主招生英文数学试题全攻略:试题卷	2015—07	38.00	414
全国重点大学自主招生英文数学试题全攻略:名著欣赏卷	即将出版		415
数学物理大百科全书.第 1 卷	2016—01	418.00	508
数学物理大百科全书.第 2 卷	2016—01	408.00	509
数学物理大百科全书.第 3 卷	2016—01	396.00	510
数学物理大百科全书.第 4 卷	2016—01	408.00	511
数学物理大百科全书.第 5 卷	2016—01	368.00	512
劳埃德数学趣题大全.题目卷.1:英文	2016—01	18.00	516
劳埃德数学趣题大全.题目卷.2:英文	2016—01	18.00	517
劳埃德数学趣题大全.题目卷.3:英文	2016—01	18.00	518
劳埃德数学趣题大全.题目卷.4:英文	2016—01	18.00	519
劳埃德数学趣题大全.题目卷.5:英文	2016—01	18.00	520
劳埃德数学趣题大全.答案卷:英文	2016—01	18.00	521

哈尔滨工业大学出版社刘培杰数学工作室
已出版(即将出版)图书目录

书 名	出版时间	定 价	编号
李成章教练奥数笔记.第1卷	2016—01	48.00	522
李成章教练奥数笔记.第2卷	2016—01	48.00	523
李成章教练奥数笔记.第3卷	2016—01	38.00	524
李成章教练奥数笔记.第4卷	2016—01	38.00	525
李成章教练奥数笔记.第5卷	2016—01	38.00	526
李成章教练奥数笔记.第6卷	2016—01	38.00	527
李成章教练奥数笔记.第7卷	2016—01	38.00	528
李成章教练奥数笔记.第8卷	2016—01	48.00	529
李成章教练奥数笔记.第9卷	2016—01	28.00	530
zeta函数,q-zeta函数,相伴级数与积分	2015—08	88.00	513
微分形式:理论与练习	2015—08	58.00	514
离散与微分包含的逼近和优化	2015—08	58.00	515
艾伦·图灵:他的工作与影响	2016—01	98.00	560
测度理论概率导论,第2版	2016—01	88.00	561
带有潜在故障恢复系统的半马尔柯夫模型控制	2016—01	98.00	562
数学分析原理	2016—01	88.00	563
随机偏微分方程的有效动力学	2016—01	88.00	564
图的谱半径	2016—01	58.00	565
量子机器学习中数据挖掘的量子计算方法	2016—01	98.00	566
量子物理的非常规方法	2016—01	118.00	567
运输过程的统一非局部理论:广义波尔兹曼物理动力学,第2版	2016—01	198.00	568
量子力学与经典力学之间的联系在原子、分子及电动力学系统建模中的应用	2016—01	58.00	569
第19~23届"希望杯"全国数学邀请赛试题审题要津详细评注(初一版)	2014—03	28.00	333
第19~23届"希望杯"全国数学邀请赛试题审题要津详细评注(初二、初三版)	2014—03	38.00	334
第19~23届"希望杯"全国数学邀请赛试题审题要津详细评注(高一版)	2014—03	28.00	335
第19~23届"希望杯"全国数学邀请赛试题审题要津详细评注(高二版)	2014—03	38.00	336
第19~25届"希望杯"全国数学邀请赛试题审题要津详细评注(初一版)	2015—01	38.00	416
第19~25届"希望杯"全国数学邀请赛试题审题要津详细评注(初二、初三版)	2015—01	58.00	417
第19~25届"希望杯"全国数学邀请赛试题审题要津详细评注(高一版)	2015—01	48.00	418
第19~25届"希望杯"全国数学邀请赛试题审题要津详细评注(高二版)	2015—01	48.00	419
闵嗣鹤文集	2011—03	98.00	102
吴从炘数学活动三十年(1951~1980)	2010—07	99.00	32
吴从炘数学活动又三十年(1981~2010)	2015—07	98.00	491
物理奥林匹克竞赛大题典——力学卷	2014—11	48.00	405
物理奥林匹克竞赛大题典——热学卷	2014—04	28.00	339
物理奥林匹克竞赛大题典——电磁学卷	2015—07	48.00	406
物理奥林匹克竞赛大题典——光学与近代物理卷	2014—06	28.00	345
历届中国东南地区数学奥林匹克试题集(2004~2012)	2014—06	18.00	346
历届中国西部地区数学奥林匹克试题集(2001~2012)	2014—07	18.00	347
历届中国女子数学奥林匹克试题集(2002~2012)	2014—08	18.00	348

联系地址:哈尔滨市南岗区复华四道街10号 哈尔滨工业大学出版社刘培杰数学工作室
网　　址:http://lpj.hit.edu.cn/
邮　　编:150006
联系电话:0451-86281378　　13904613167
E-mail:lpj1378@163.com